彩图 1　抛秧效果

彩图 2　水稻机插秧

彩图 3　机械收获早稻

彩图 4　晚稻抛秧

彩图 5　有序抛秧作业

彩图 6　水稻机械条播

彩图 7　适宜收获的完熟期稻穗

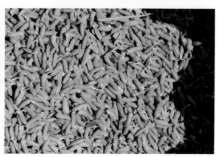

彩图 8　催好芽待播的种子

彩图 9　催芽器催芽（岳云杰提供）

彩图 10　吊篮入水池

彩图 11　加入消毒剂消毒

彩图 12　人工叠盘

彩图 13　种子定位在播种纸张上

彩图 14　水稻机插育秧连栋大棚

彩图 15　连栋大棚机插育秧效果

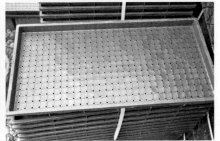

彩图 16　机械播种硬盘

彩图 17　大棚机插育秧摊盘上培养架

彩图 18　长势较好的机插秧 1 叶 1 心期

彩图 19　早稻集中育秧摆塑料软盘

彩图 20　竹片搭拱架盖农膜

彩图 21　晚稻抛秧田及时喷药防病虫害

彩图 22　高温烧苗造成的白化

彩图 23　播种不均形成的缩脚苗

彩图 24　塑料软盘泥浆育秧黄枯苗

彩图 25 机插秧"戴帽"苗

彩图 26 机插秧立枯病苗

彩图 27 水稻返青分蘖期

彩图 28 水稻拔节长穗期

彩图 29 水稻长穗期出现早穗现象

彩图 30 水稻抽穗期

彩图 31 水稻灌浆结实期

彩图 32 水稻颖花退化现象

彩图 33　水稻大青棵

彩图 34　宽幅机动喷雾器喷洒

彩图 35　施用多效唑的秧田未
翻耕插秧植株变矮

彩图 36　稻鸭共育

彩图 37　扇吸式杀虫灯

彩图 38　晚稻秧苗受蓟马为害出现黄尖现象

彩图 39　水稻恶苗病病株（高、细、颜色淡）

彩图 40　水稻苗期立枯病

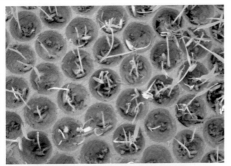

彩图 41　水稻绵腐病发病初期

彩图 42　水稻绵腐病发病后期

彩图 43　叶稻瘟

彩图 44　叶枕瘟

彩图 45　节瘟

彩图 46　穗颈瘟（梁建文提供）

彩图 47　白点型稻瘟病

彩图 48　水稻纹枯病前期发病云纹斑状

彩图 49　水稻纹枯病叶片水渍状枯死

彩图 50　水稻胡麻叶斑病病叶

彩图 51　水稻稻曲病病穗上的墨绿色稻曲球

彩图 52　感染稻曲病的病穗及黄色稻曲球

彩图 53　水稻叶鞘腐败病

彩图 54　水稻稻粒黑粉病病穗

彩图 55　水稻颖枯病病穗

彩图 56　水稻白叶枯病田间发病状

彩图 57　水稻白叶枯病发病叶

彩图 58　水稻一柱香病病穗

彩图 59　水稻细菌性条斑病
田间发病状

彩图 60　水稻细菌性条斑病叶片上
溢出的菌脓

彩图 61　水稻细菌性基腐病病株

彩图 62　水稻细菌性褐条病大田发病症状

彩图 63　水稻细菌性褐条病病叶

彩图 64　水稻条纹叶枯病田间发病状

彩图 65　水稻黑条矮缩病田间发病状　　彩图 66　水稻黑条矮缩病田间发病株叶片皱缩

彩图 67　水稻干尖线虫病病叶　　　　　　彩图 68　水稻穗腐病病穗

彩图 69　水稻赤枯病病株　　　　　　　　彩图 70　稻纵卷叶螟田间为害状

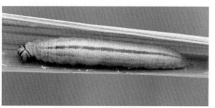

彩图 71　稻纵卷叶螟幼虫　　　　　　　　彩图 72　稻弄蝶幼虫

彩图 73　直纹稻弄蝶幼虫结的苞

彩图 74　稻螟蛉为害晚稻状

彩图 75　稻螟蛉为害成株期水稻叶片，
致其形成缺刻

彩图 76　稻螟蛉成虫

彩图 77　水稻黏虫大田为害状

彩图 78　水稻黏虫幼虫

彩图 79　福寿螺红色的卵块和成贝

彩图 80　福寿螺幼贝

彩图 81　水稻负泥甲幼虫田间为害状（唐春生摄）　　彩图 82　水稻负泥甲为害植株，使幼根不长新白根、植株矮小（图左，唐春生摄）

彩图 83　二化螟为害水稻，田间表现枯尖　　彩图 84　二化螟成虫

彩图 85　二化螟幼虫　　彩图 86　大螟为害水稻造成枯心苗

彩图 87　大螟幼虫　　彩图 88　稻瘿蚊为害后叶鞘部伸长形成淡绿色中空的葱管

彩图 89　稻秆潜蝇幼虫为害叶片状

彩图 90　稻秆潜蝇为害稻穗状

彩图 91　稻小潜叶蝇为害叶片状

彩图 92　褐飞虱造成的水稻"黄塘"状

彩图 93　褐飞虱聚集稻丛基部为害

彩图 94　水稻田白背飞虱田间为害状

彩图 95　白背飞虱若虫

彩图 96　灰飞虱为害水稻叶片状

彩图 97　黑尾叶蝉为害稻穗　　　　　　彩图 98　黑尾叶蝉雌虫刺吸叶片

彩图 99　　　　　　　彩图 100　　　　　　　彩图 101
稻蓟马为害叶片状　　　稻蓟马幼虫　　　稻黑蝽成虫刺吸水稻茎秆

彩图 102　稻绿蝽为害引起空瘪粒　　　　彩图 103　稻棘缘蝽为害稻穗造成秕粒

彩图 104 斑须蝽为害水稻叶片

彩图 105 稻水象甲成虫为害水稻叶片成
白色长条斑状

彩图 106 稻水象甲成虫

彩图 107 稗草

彩图 108 千金子

彩图 109 双雀稗草

彩图 110 异型莎草

彩图 111 稻李氏禾

彩图 112　水苋菜

彩图 113　水莎草

彩图 114　三棱草

彩图 115　鸭舌草

彩图 116　水花生

彩图 117　马唐

彩图 118　四叶萍

彩图 119　雨久花

彩图 120　水稻精噁唑禾草灵用量过大产生的药害

彩图 121　水稻草甘膦药害

彩图 122　二氯喹啉酸药害——"葱管"叶

彩图 123　分蘖期干旱

彩图 124　抽穗期干旱

彩图 125　水稻涝灾

彩图 126　水稻倒伏

粮油经济作物高效栽培丛书

水稻
优质高产问答

杨 雄 张有民 王迪轩 主编

（第二版）

化学工业出版社
·北京·

内 容 简 介

　　本书采用问答的形式，详细介绍了水稻的优质高产栽培技术、播种育苗技术、田间管理技术、主要病虫草害全程监控技术以及减灾技术等内容。书中针对农民在水稻生产中遇到的163个实际问题，提供了具体的解决方案与技术要点，具有针对性和指导性。书中附有100余张高清彩图，便于在实际生产中对照参考。

　　本书适合广大种植水稻的农民、农村专业合作化组织阅读，也可供农业院校种植、植保专业师生参考。

图书在版编目（CIP）数据

　　水稻优质高产问答/杨雄，张有民，王迪轩主编. —2版. —北京：化学工业出版社，2020.11（2025.3重印）
　　（粮油经济作物高效栽培丛书）
　　ISBN 978-7-122-37525-4

　　Ⅰ.①水… Ⅱ.①杨… ②张… ③王… Ⅲ.①水稻栽培-高产栽培-问题解答 Ⅳ.①S511-44

　　中国版本图书馆 CIP 数据核字（2020）第 148803 号

责任编辑：冉海滢　刘　军　　　　文字编辑：李娇娇　陈小滔
责任校对：王素芹　　　　　　　　装帧设计：关　飞

出版发行：化学工业出版社（北京市东城区青年湖南街 13 号
　　　　　邮政编码 100011）
印　　装：北京盛通数码印刷有限公司
880mm×1230mm　1/32　印张 7¼　彩插 8　字数 215 千字
2025 年 3 月北京第 2 版第 3 次印刷

购书咨询：010-64518888　　　　售后服务：010-64518899
网　　址：http://www.cip.com.cn
凡购买本书，如有缺损质量问题，本社销售中心负责调换。

定　　价：39.80 元　　　　　　　　版权所有　违者必究

本书编写人员

主　　编　杨　雄　张有民　王迪轩

副 主 编　刘文斌　何永梅　伍　娟　陈胜文

参编人员（按姓名汉语拼音排序）

陈胜文　符满秀　何永梅　胡世平　李慕雯

刘文斌　彭特勋　谭一丁　王迪轩　王秋方

王雅琴　伍　娟　杨　雄　张建萍　张有民

　　"粮油经济作物高效栽培丛书"自2013年1月出版以来，至今已有8个年头。该套丛书第一版有8个单行本，其中《水稻优质高产问答》《大豆优质高产问答》《棉花优质高产问答》《油菜优质高产问答》四个单行本入选农家书屋重点出版物推荐目录。近几年来，无论是种植业结构还是国家对种植业的扶持政策均不断发展，出现了不小的变化，一系列新技术得到了更进一步的推广应用，但也出现了一些新的问题，如新的病虫危害，一些药剂陆续被禁用等。因此，对原丛书中重要作物的单行本进行修订很有必要（主要是水稻、大豆、油菜、小麦、花生、玉米六个分册）。

　　针对当前农民对知识"快餐式"的吸取方式，简洁、易懂的"傻瓜式"获取知识的需求，《水稻优质高产问答（第二版）》在第一版基础上进行了修订、完善和补充。一是在内容、结构上有增删和侧重，根据近几年水稻生产的主要栽培技术对栽培技术部分进行了较大的优化。在栽培技术上突出当前的主流技术，并介绍机械点抛秧等新技术；在问题解析上，突出主要的问题及近几年出现的新问题；在病虫草害全程监控技术上，突出绿色防控技术集成。二是在形式上，体现"简洁""易懂""傻瓜式"等特点，为帮助农民朋友提升实践操作能力，精炼语言，增加图片、表格，提升图书的可读性、实用性与适用性。

　　由于时间紧迫，且编者水平有限，书中不妥之处欢迎广大读者批评指正！

编者

2020 年 6 月

水稻是一年生禾本科植物，是全球最主要的农作物，在世界上120个国家和地区广泛栽培种植，目前全世界有一半以上的人口以稻米为主食。我国是世界上最主要的水稻生产国和消费国，其播种面积占世界总面积的18.9%，稻米产量占世界总产量的31%。水稻是我国第一大粮食作物，产量占粮食总产量的40.7%，在我国粮食安全问题上具有举足轻重的地位。

2011年9月18日，在湖南省隆回县羊古坳乡种植的杂交稻"Y两优2号"亩（1亩≈666.7m^2）平均产量达926.6kg，标志着我国的超级杂交稻第三期每亩产量900kg攻关取得重大突破，我国水稻超高产育种水平迈上了一个新台阶，为保障国家粮食安全乃至世界粮食安全作出了新的贡献，也充分说明水稻的产量还是大有潜力可挖的。

近几年，水稻育种和栽培技术的研究和突破以及一些综合配套高产高效栽培模式的应用。对提高水稻单产起了重要的作用。清洁栽培是水稻优质栽培的方向，抛秧、直播、免耕等轻简栽培技术备受欢迎，特别是随着农业和农村现代化的发展，工厂化育秧、机械化插秧等机械化生产取代劳动强度大的手工操作已成目前及今后的发展方向。

虽然目前农村土地流转力度大，涌现了不少种粮大户，水稻新技术得到了较好的推广应用，但大多数还是单家独户从事水稻生产，并且从事农业生产的大多是文化程度不高、年龄较大的农民，这就制约了水稻新技术的推广应用进程，人工手插、直播栽培应用面积仍有不少，旱育秧、软盘育秧技术有待进一步规范，机械化程度有待进一步提高。农民在用药、施肥、灌溉等田间管理上仍存在不少问题，特别是随着气候条件的变化，干旱、涝灾、高温、低温等气象灾害对水稻的影响仍制约着水稻的高产稳产。

针对以上问题，编者组织部分长期在基层从事水稻新技术推广的同志，在参考大量已出版的水稻著作、网络资料及报刊文章的基础上，结合生产中的实际，以问答的形式编写了《水稻优质高产问答》。本书以农民在水稻生产中遇到的问题为基础，把理论知识融于疑难解答中，避免了枯燥的说教，语言通俗，图文并茂。

由于时间仓促，加之编者水平有限，不足之处在所难免，恳请专家和读者批评指正。

编者

2012 年 6 月

第三章　水稻田间管理技术 / 055

参考文献 / 218

参考文献 / 215

第一章

水稻优质高产栽培技术

第一节 水稻抛秧、机插栽培技术

1. 早稻抛秧、机插栽培技术要点有哪些?

（1）品种选择 选用优质、稳产、抗逆性强的早稻品种。在湖南，近几年常规稻品种选用湘早籼45号、中早39等，杂交稻选用株两优819等。每亩大田用种量：常规稻5~6kg；杂交稻每亩抛秧用种2.5kg，机插秧用种2.5~3.5kg。

（2）育秧

① 秧田准备 选择泥性偏重、肥力偏高、便于排灌的大田作秧田。在播种前15~20天开始进行第一次翻耕，翻耕后保水沤制。第二次翻耕在播种前3~4天，结合施基肥（每亩秧田施40%复合肥25kg）深翻。翻后耙平，浇浅水沉实田泥。

② 种子处理 在浸种前常规稻需晒种1~2天，杂交稻晾晒即可。利用风选、泥浆水选或盐水选等方式进行选种，去除空瘪种和杂物。

③ 消毒 方法有两种。

a.三氯异氰尿酸粉剂（强氯精）浸种 将种子用清水浸泡10~12小时后，用强氯精300~500倍液浸种24小时。再将种子捞出，用清水充分清洗后继续浸种。全程浸种72小时后进行催芽。

b.咪鲜胺浸种 对恶苗病易发品种，可用250g/L咪鲜胺乳油1500~2000倍液浸种72小时后催芽。

④ 催芽

a.催芽方式 水稻种植大户可选用蒸汽催芽、恒温暗室催芽或电控催芽桶等方式催芽。散户可利用地窖等保温方式催芽。

b.温度控制　种子破胸温度控制在 35～38℃。注意定时翻拌种子，保证种子受热均匀，破胸整齐一致。

c.芽长要求　常规稻种子破胸率≥90％，杂交稻种子破胸率≥85％，芽长宜控制在 2mm 以内，晾干谷壳后进行播种。

d.拌种或种子包衣　播种前用 20％吡虫啉可湿性粉剂拌种，使药剂均匀附着在种子上成膜后再播种。或选用旱育保姆等种子包衣剂，种子包衣按药品使用方法操作。

催芽时要注意观察和检查，防止"烧桶"、催芽不齐、芽根不同步等现象发生。

⑤ 播种

a.播种时间　根据品种生育期长短选择，湖南一般在 3 月 15 日～20 日分批播种。

b.抛秧育苗

(a) 秧盘选择　选择规格为 308 孔的抛秧育秧盘，杂交早稻每亩抛 2 万蔸，准备 90 盘；常规早稻每亩抛 2.5 万蔸，准备 110 盘。

(b) 摆盘　按南北方向或不同秧田丘块形状分厢摆放秧盘，每厢宽 1.5m，厢长 10m 以内，厢沟宽 0.6m，摆平压实，每孔置入 2/3 泥浆沉实。

(c) 播种　每盘播种杂交稻 30～40g，常规稻 60～70g，均匀播种，轻微踏泥。

(d) 盖膜　播种后每厢秧按 1m 的间距插入竹弓，覆盖地膜，四周压实，疏通秧沟，便于排灌。

c.机插育秧

(a) 秧盘选用　选用规格为长 58cm×宽 21.5cm 的秧盘，每亩大田育足 55 盘秧苗。

(b) 摆盘　按南北方向或不同秧田丘块形状分厢摆放秧盘，每厢宽 1.5m，长 10m，厢沟宽 0.6～0.8m，摆平压实，每盘置入 2/3 泥浆或育秧基质。

(c) 播种　每盘播种常规稻 100～120g，杂交稻 65～75g，均匀播种，播后踏泥或覆盖育秧基质。

(d) 盖膜　播种后，每平方米用 30％噁霉灵水剂 4～5mL，兑水稀释成 800～1000 倍液均匀喷施到厢面上，待盘面干爽后，每厢按

1m 的间距插入竹弓，小拱棚育秧插竹弓时注意秧盘两边各留 10cm 左右空位，防止盖膜后影响厢边秧苗的生长。农膜要保持干净，膜四周要用泥土压实。疏通秧沟，便于排灌。

d. 秧田管理

（a）病害防治　育秧期间，如遇低温阴雨天气，发生绵腐病或纹枯病，可选用敌磺钠、咪鲜胺或氰烯菌酯等药剂，按各药剂说明书使用。

（b）排水　早稻育秧期间，秧田要厢沟与围沟相通，确保秧田不积水，保持秧田湿润即可。

（c）温度管理　出苗前农膜要覆盖严实，温度控制在 35℃ 以内。秧苗 1 叶 1 心后温度控制在 25℃ 左右，遇晴好天气应在上午 10 时左右揭开农膜两端通风降温，秧厢较长时应同时揭开秧厢中间农膜，防止高温"烧苗"，下午 4 时左右盖膜保温。遇低温阴雨天要隔 5 天左右揭膜两头透气降湿 2 小时，防止发生绵腐病。

（d）揭膜炼苗　当秧苗长到 2 叶 1 心时，4 月上旬如遇晴天，可将秧厢两头揭膜通风。揭膜时最好选晴天下午，厢沟内灌水后再揭开两头或一侧，以防青枯死苗。揭膜后，如遇雨天或极端低温恶劣天气要继续盖膜。移栽前 3～4 天揭膜炼苗。

（e）秧龄　抛秧秧龄为 25～30 天，机插秧秧龄为 20～25 天。抢有利天气及早栽插。

（3）抛插秧苗

① 大田翻耕　在抛插秧苗前 15 天开始进行第一次翻耕，翻耕后保水沤制杂草；在抛插秧苗前 2～3 进行第二次翻耕，结合施基肥深翻，翻耕后耙平，浅水沉实田泥。第二次翻耕后，用平田耙或木板浅水平田，要求田面高低差≤3cm。

② 大田抛秧（彩图 1）

a. 抛秧时间　选冷尾暖头抛栽，在湖南，一般于 4 月 15 日至 4 月 25 日当秧苗长到 3 叶 1 心时抛栽。

b. 抛秧量　每亩大田杂交早稻抛 2 万蔸，90 盘；常规早稻亩抛 2.5 万蔸，110 盘。

c. 移密补稀　大田抛栽后，按每厢宽 3m 南北向分厢，并将抛栽较密的秧苗移入缺苗位置，使秧苗均匀分布，每亩大田基本苗常规稻应达到 10 万～13 万株，杂交稻 7 万～9 万株。

③ 大田机插（彩图2）

a.机插时间　选冷尾暖头的天气插秧，在湖南，一般于4月10日至4月25日插秧。

b.取插秧量　每亩大田取50～55盘秧苗机插。

c.插秧密度　大田插秧株行距为14cm×23.5cm，每蔸机械取秧量可根据不同品种分蘖强弱适当调整，一般每蔸在4～6株秧苗，每亩大田基本苗常规稻应达到10万～13万株，杂交稻7万～9万株。

d.补苗　机械插秧后，在四周田角或漏插的地方要及时人工补蔸。

（4）施肥　早稻应根据稻田肥力水平和品种抗倒伏性确定施肥量，每亩施肥总量控制在纯氮10～11kg，五氧化二磷5kg，氯化钾7～8kg。

① 基肥　施肥总量的70%结合翻耕平田施入。一般每亩用40%复合肥35kg作基肥。

② 分蘖肥　在早稻抛插后5～7天追施用肥总量的30%，每亩追施40%复合肥15kg作分蘖肥促早发。

（5）田间管理

① 除草　在移栽后5～7天，水稻刚刚返青时，每亩用53%苄嘧·苯噻酰可湿性粉剂80g或30%苄·丁可湿性粉剂200g拌细土（沙）或拌肥均匀撒施在稻田中。药前灌水3～5cm深，以不淹没稻心为宜，药后保持水层5～7天。

第一次除草后如发现效益不佳，每亩可用25g/L五氟磺草胺可分散油悬浮剂80～100mL加20%氰氟草酯可分散油悬浮剂100mL兑水15～30kg喷施，药后灌水3～5cm深，保水5天。

② 水分管理

a.抛栽或机插秧后应及时灌水活蔸，防止无水晒苗。

b.浅水分蘖　禾苗返青后，用浅水勤灌，促进分蘖。

c.晒田　分蘖末期至幼穗分化前期，及时排干水，看苗看田晒田。生长旺盛、深泥田适当重晒；沙田、瘦田则轻晒。防止田面裂缝过大，扯断根系。

d.后期水分管理　孕穗至抽穗期以保湿为主，保持田面有水层，抽穗期保持田间有浅水。若遇到高温或低温天气，可以灌深水。灌浆成熟期采用间歇灌溉法，干湿交替，花期以湿为主，后期以干为主，保持根系活力，以根保叶，延长功能叶寿命，防止早衰。收割前 7～10 天断水，切忌断水过早，以降低稻米镉超标风险。

③ 病虫防治　应根据当地植保部门的病虫害预测预报开展防控。坚持"以防为主、防治结合"的方针。病虫害以防为主，用三氯异氰尿酸粉剂（强氯精）浸种，预防恶苗病发生；秧田期防治 1～2 次稻蓟马和稻飞虱，预防南方黑条矮缩病。移栽前 2～3 天，打好"送嫁药"，预防螟虫、稻瘟病和南方黑条矮缩病等。

大田期根据病虫预报，及时施药防治二化螟、三化螟、稻纵卷叶螟、稻飞虱、稻瘟病、纹枯病、白叶枯病等病虫害。

（6）收获　在水稻齐穗后 25～28 天，90％黄熟时收割（彩图 3）。

2. 一季晚稻抛秧、机插栽培技术要点有哪些？

（1）品种选择　选用优质、稳产、抗逆性强的品种。在湖南，近几年适宜的常规稻品种有黄华占、创宇 9 号、华润 2 号等，杂交稻选用泰优 390、Y 两优 9918、隆两优华占等。每亩大田用种量：常规稻 3kg，杂交稻抛秧 1.5kg，机插秧 1～1.5kg。

（2）育秧

① 秧田准备　选择泥性偏重、肥力偏高、便于排灌的大田作秧田，每亩大田用苗床 15m^2。在播种前 15～20 天进行第一次翻耕，翻耕后保水沤制。在播种前 2～3 天进行第二次翻耕，每 15m^2 秧田施 45％复合肥 5kg＋尿素 2kg，翻后耙平，浇浅水沉实田泥。

② 种子处理　在浸种前常规稻需晒种 1 天，杂交稻晾晒即可。利用风选、泥浆水选或盐水选等方式进行选种，去除空瘪种和杂物。

③ 消毒　方法有两种。

a. 三氯异氰尿酸粉剂（强氯精）浸种　将种子用清水浸泡 10～12 小时后，按每 10g 强氯精兑水 3kg，浸种 12 小时，再将种子捞出，用清水冲洗 3 遍，晚上沥水，少浸多露。

b. 咪鲜胺浸种　对恶苗病易发品种，可用 250g/L 咪鲜胺乳油 1500～2000 倍液浸种，多起多落。

④ 催芽　用多起多落，少浸多露的方式，至种子破胸即可。

⑤ 播种

a. 播种时间　根据品种生育期长短确定播种时间，在湖南，一般于 5 月下旬至 6 月上旬播种。

b. 抛秧育苗

(a) 秧盘选择　选择规格为 383 孔的抛秧育秧盘，每亩大田按 55 盘育足秧苗。

(b) 摆盘　按南北方向或不同秧田丘块形状分厢摆放秧盘，每厢宽 1.5m，厢长 10m 以内，厢沟宽 0.6m，摆平，嵌入秧田中，用扫帚把泥浆扫入软盘孔中，每孔置入 2/3 泥浆沉实。

(c) 播种　均匀播种，轻微踏泥。

c. 机插育秧

(a) 秧盘选用　每亩大田选用规格为长 58cm×宽 21.5cm 的机插硬盘 25 个。

(b) 摆盘　按南北方向或不同秧田丘块形状分厢摆放秧盘，每厢宽 1.5m，长 10m，厢沟宽 0.6～0.8m，摆平压实，每盘装 4kg 基质土或置入 2/3 泥浆。

(c) 播种　每盘播种常规稻 66～100g，杂交稻 50g，均匀播种，播后踏泥或覆盖 1kg 基质土。疏通秧沟，便于排灌。

d. 秧田管理

(a) 病虫防治　一季晚稻育秧期间，应注意防治稻蓟马等。

(b) 水分管理　一季晚稻育秧期间，第一次秧田灌水，水深 2～3cm，第二次秧田灌水，水深 3～5cm。

(c) 控苗　秧苗 1 叶 1 心时每 1000 个秧盘用 15％多效唑可湿性粉剂 180～200g 喷施，达到控长、促蘖的目的。

(d) 秧龄　抛秧秧龄为 28～30 天，机插秧秧龄为 15～20 天。

（3）抛插秧苗

① 大田翻耕　6 月中旬第一次大田整田，结合旋耕每亩施 45％复合肥 30kg。结合施基肥深翻，翻耕后耙平，要求田面高低差 ≤3cm，浅水沉实田泥。

② 大田抛秧

a. 抛秧时间　在湖南，一般于 6 月下旬至 7 月初抛栽。

b. 抛秧量　每亩大田抛秧 55 盘。

c. 移密补稀　大田抛栽后，按每厢宽 3m 南北向分厢，并将抛栽较密的秧苗移入缺苗位置，保证大田抛栽密度均匀，每亩大田基本苗常规稻应达到 10 万～12 万株，杂交稻 7 万～8 万株。

③ 大田机插

a. 机插时间　在湖南，一般于 6 月中下旬机插。

b. 插秧量　每亩大田取机插秧苗 25 盘。

c. 插秧密度　大田插秧株行距为 16cm×23.5cm，每兜机械取秧量可根据不同品种分蘖强弱适当调整，一般每兜在 4～6 株秧苗，每亩大田基本苗常规稻应达到 10 万～12 万株，杂交稻 7 万～8 万株。

d. 补苗　机械插秧后，在四周田角或漏插的地方要及时人工补兜。

（4）施肥　一季晚稻应根据稻田肥力水平和品种抗倒伏性确定施肥量，每亩施肥总量控制在纯氮 11～12kg，五氧化二磷 5kg，氯化钾 7～8kg。在湖南，一般于 6 月下旬，第二次大田施肥时，结合除草，每亩施尿素 7.5kg、氯化钾 7kg。7 月上旬，第三次大田施肥时，每亩施尿素 5kg。8 月中旬，第四次大田施肥时，每亩施尿素 2.5kg。

（5）田间管理

① 除草　在移栽后 4～5 天，水稻刚刚返青时，每亩用 53％苄嘧·苯噻酰可湿性粉剂 80g 或 30％苄·丁可湿性粉剂 200g 拌细土（沙）或结合第二次大田施肥拌肥均匀撒施在稻田中。药前灌水 3～5cm 深，以不淹没稻心为宜，药后保持水层 5～7 天。

第一次除草后如发现效益不佳，每亩可用 25g/L 五氟磺草胺可分散油悬浮剂 80～100mL 加 20％氰氟草酯可分散油悬浮剂 100mL 兑水 15～30kg 喷施，药后灌水 3～5cm 深，保水 5 天。

② 水分管理

a. 抛栽或机插秧后应及时灌水活兜，防止无水晒苗。

b. 浅水分蘖　禾苗返青后，用浅水勤灌，促进分蘖。

c. 晒田　分蘖末期至幼穗分化前期，及时排干水，看苗看田晒田。生长旺盛、深泥田适当重晒；沙田、瘦田则轻晒。

d. 后期水分管理　确保抽穗时有水，湿润灌溉，干湿壮籽，收割前 7 天断水。

③ 病虫防治　应根据当地植保部门的病虫害预测预报开展防控。在湖南，7 月上中旬应注意防治二化螟和纹枯病，7 月下旬注意防治稻纵卷叶螟和二化螟、纹枯病。8 月中下旬注意防治稻纵卷叶螟、稻飞虱、二化螟、纹枯病等。

（6）收获　一般在 9 月底，水稻齐穗后 25～28 天，达 90％黄熟时收割。

3. 晚稻抛秧、机插栽培技术要点有哪些？

（1）品种选择　选用优质、稳产、抗逆性强的晚稻品种。在湖南，近几年适宜的常规晚稻品种有湘晚籼 12 号、创宇 9 号、华润 2 号等，杂交晚稻有泰优 390、桃优香占、H 优 518 等。每亩大田用种量：常规稻 4～5kg，杂交稻抛秧 1～1.5kg，机插秧 2.5～3.5kg。

（2）育秧

① 秧田准备　选择泥性偏重、肥力偏高、便于排灌的大田作秧田。在播种前 15～20 天进行第一次翻耕，翻耕后保水沤制。在播种前 2～3 天进行第二次翻耕，翻后耙平，浇浅水沉实田泥。

② 种子处理　在浸种前常规稻需晒种 1 天，杂交稻晾晒即可。利用风选、泥浆水选或盐水选等方式进行选种，去除空瘪种和杂物。

③ 消毒方法有两种。

a.三氯异氰尿酸粉剂（强氯精）浸种　将种子用清水浸泡 10～12 小时后，用强氯精 300～500 倍液浸种 8～10 小时。再将种子捞出，用清水充分清洗后继续浸种，少浸多露。

b.咪鲜胺浸种　对恶苗病易发品种，可用 250g/L 咪鲜胺乳油 1500～2000 倍液浸种，用多起多落法。

④ 催芽　用多起多落，少浸多露的方法至种子破胸即可。

⑤ 播种

a.播种时间　根据品种生育期长短选择适宜的播种时间，在湖南，一般抛秧于 6 月 10 日～20 日播种，机插秧在 6 月 20 日～30 日播种。

b.抛秧育苗

（a）秧盘选择　选择规格为 308 孔的抛秧育秧盘，每亩大田按 100 盘育足秧苗。

（b）摆盘　按南北方向或不同秧田丘块形状分厢摆放秧盘，每厢宽 1.5m，厢长 10m 以内，厢沟宽 0.6m，摆平压实，每孔置入 2/3 泥浆沉实。

（c）播种　每盘播种杂交稻 20～30g，常规稻 40～50g，均匀播种，轻微踏泥。

c.机插育秧

（a）秧盘选用　选用规格为长 58cm×宽 21.5cm 的机插秧盘，每亩大田育足 50 盘秧苗。

（b）摆盘　按南北方向或不同秧田丘块形状分厢摆放秧盘，每厢宽 1.5m，长 10m，厢沟宽 0.6～0.8m，摆平压实，每盘置入 2/3 泥浆或育秧基质。

（c）播种　每盘播种常规稻 80～100g，杂交稻 65～75g，均匀播种，播后踏泥或覆盖育秧基质。疏通秧沟，便于排灌。

d. 秧田管理

（a）病虫防治　晚稻育秧期间，应注意防治稻蓟马等。

（b）水分管理　晚稻育秧期间，晴天保持满沟水，雨天排干水，保证秧厢湿润即可。

（c）控苗　秧苗 1 叶 1 心时每 1000 个秧盘用 15％多效唑可湿性粉剂 180～200g 喷施，起控长、促蘖的作用。

（d）秧龄　抛秧秧龄为 28～30 天，机插秧龄为 15～20 天。

（3）抛插秧苗

① 大田翻耕　早稻收割后，适当清除田内多余秸秆，结合施基肥深翻，翻耕后耙平，要求田面高低差≤3cm，浇浅水沉实田泥。

② 大田抛秧

a. 抛秧时间　在早稻收割后，抢时抛栽，在湖南，一般于 7 月中下旬抛栽（彩图 4）。

b. 抛秧量　每亩大田抛秧 100 盘。

c. 移密补稀　大田抛栽后，按每厢宽 3m 南北向分厢，并将抛栽较密的秧苗移入缺苗位置，使秧苗分布均匀，每亩大田常规稻应达到 10 万～12 万株，杂交稻 7 万～8 万株。

③ 大田机插

a. 机插时间　早稻收割后抢时机插，在湖南，一般于 7 月中下旬机插。

b. 插秧量　每亩大田需机插秧 50 盘。

c. 插秧密度　大田插秧株行距为 16cm×23.5cm，每蔸机械取秧量可根据不同品种分蘖强弱适当调整，一般每蔸为 4～6 株秧苗，每亩大田基本苗常规稻应达到 10 万～12 万株，杂交稻 7 万～8 万株。

d. 补苗　机械插秧后，在四周田角或漏插的地方要及时人工补蔸。

（4）施肥　晚稻应根据稻田肥力水平和品种抗倒伏性确定施肥量，每亩施肥总量控制在纯氮 10～11kg，五氧化二磷 5kg，氯化钾

7～8kg。

① 基肥　施肥总量的 70%结合翻耕平田施入。一般每亩用 40%复合肥 35kg 作基肥。

② 分蘖肥　在抛插后 4～5 天追施用肥总量的 30%，每亩追施 40%复合肥 15kg 作分蘖肥促早发。

（5）田间管理　参见问答 2 相关技术要点。

（6）收获　在水稻齐穗后 25～28 天，达 90%黄熟时收割。

4. 超级晚稻有序（点）抛秧栽培技术要点有哪些？

（1）品种选择　选择通过品种审定的适合当地双季稻栽培的超级晚稻品种。

（2）育秧

① 种子用量　每亩大田种子用量杂交稻为 1.25～1.5kg，常规稻为 2.0～2.5kg。

② 种子处理　播种前种子翻晒 2 天，浸种 12 小时，沥干 6～8 小时，再浸种 12～15 小时，种子在常温下催芽。破口后选用 60%吡虫啉悬浮剂 5g 或 70%噻虫嗪种子处理可分散粉剂 3g＋250g/L 咪鲜胺乳油 2mL，先与少量清水混匀，再均匀拌干种子 1.5kg（杂交稻）或干种子 2.5kg（常规稻），晾 4～10 小时干后播种。

③ 播种期　根据品种生育期长短确定播种时间，在湖南一般 6 月 18 日～25 日播种，湘北宜早，湘南稍迟。

④ 秧床准备　秧田进行水耕水整，先开沟分厢，厢宽约 1.3m，沟宽约 0.3m，沟深 0.13m 左右。每亩秧田施腐熟人畜粪等优质农家肥 600kg，或 25%复混肥 30kg，在耙田或耘田时翻入土壤。

⑤ 摆盘和填泥　摆盘前将秧厢沟泥耥平，使秧床表土糊烂平整。每亩大田备足 308 孔水稻专用育秧软盘，杂交稻 80 个，常规稻 85 个。秧盘在秧厢横摆 2 排，秧盘与秧床紧贴。摆盘后，将多功能壮秧剂与厢沟泥拌和后装盘，用扫帚扫平，清除盘面烂泥杂物。

⑥ 播种　每盘播种量杂交稻 20g 左右，常规稻每盘 30g 左右。播种后用竹扫帚踏谷。

⑦ 秧田管理　在出苗前保持土壤湿润，出苗后浅水灌溉，抛栽前 5 天排干水层，保持土壤湿润。秧田期注意防治稻蓟马、稻飞虱、稻瘟病等病虫害。抛秧前 4～5 天，每亩秧田撒施尿素 4.0～4.5kg，

作"送嫁肥"。

（3）**大田耕整**　前作收获后立即灌水泡田，翻耕整地，翻耕深度15～20cm。

（4）**有序抛秧（点抛秧）（彩图5）**

① 抛秧时间　抛秧期秧龄在25天以内，在湖南一般在7月20日前抛完。

② 密度　每亩抛栽2.0万穴以上，杂交稻每穴基本苗2～3株，常规稻3～4株。

③ 抛秧方法　按厢宽2.2m拉绳分厢，人工单穴取秧，按平均株行距（约18cm×约18cm）用力向下抛掷。目前已有机械有序抛秧，如可选用2ZBP-96型乘坐式水稻钵苗抛秧机进行有序抛秧，具有抛栽效能高、禾苗返青快、作业成本相对较低的特点。

（5）**除草**　抛栽后5～7天，每亩可用900g/L禾草丹乳油100～125mL兑水喷雾，或苄嘧磺隆与丁草胺复配剂（田草光）25～30g拌细土撒施进行预防。

（6）**施肥**

① 基肥　在整地前1～2天施用，最好在下午撒施。每亩施用尿素10～12kg，过磷酸钙30～35kg，氯化钾5～6kg。如果施用复混肥，则应计算相应的养分含量。提倡施用有机肥作基肥。

② 分蘖肥　抛栽后5～7天每亩施用尿素4～5kg。当水稻叶片无水珠时撒施。

③ 穗肥　8月15日～25日每亩施用尿素3～4kg，氯化钾5～6kg。当水稻叶片无水珠时撒施。

（7）**水分管理**

① 前期（移栽期到幼穗分化期）　秧苗抛栽后保持湿润，立苗后浅水灌溉，当田间群体苗数达到每亩20万～25万时，排水露田或晒田10～13天。提倡在稻田中间开腰沟，四周开围沟，以便中后期排水晒田。

② 中期（幼穗分化期到抽穗期）　晒田后至孕穗期前采用干湿交替法灌溉；从孕穗期到抽穗开花期，保持浅水灌溉。

③ 后期（抽穗期到成熟期）　抽穗期间保持浅水灌溉，以后干湿交替间歇灌溉，收割前10天断水。

（8）**病虫害防治**　根据当地植保部门病虫的预测预报及时防控。

（9）**收获**　当90%以上的稻谷黄熟时，及时收割。

第二节　直播稻栽培技术

5. 早稻直播栽培技术要点有哪些?

（1）品种选择　选用优质、稳产、抗逆性强的早稻品种。在湖南，近几年常规稻品种选用湘早籼45号、中早39等，杂交稻选用株两优819等。每亩大田用种量，常规稻7.5～8.5kg，杂交稻2.5～3.5kg。

（2）大田准备　选择泥性偏重、肥力偏高、便于排灌的大田。沙性偏重、地势较高或地势低洼不便于排灌的渍水田不宜直播。在播种前15～20天进行第一次翻耕，翻耕后保水沤制。在播种前3～4天进行第二次翻耕，结合施基肥深翻。翻后，浇浅水沉实田泥。第二次翻耕后，用木板、梯子或机械浅水平田，要求田面高低差≤3cm。原田埂四周开10cm左右的围沟滤水。

（3）种子处理

① 晒种选种　在浸种前常规稻需晒种1～2天，杂交稻晾晒即可。利用风选、泥浆水选或盐水选等方式进行选种，去除空瘪种和杂物。

② 消毒　方法有两种。

a.三氯异氰尿酸粉剂（强氯精）浸种，将种子用清水浸泡10～12小时后，用强氯精300～500倍液浸种24小时。再将种子捞出，用清水充分清洗后继续浸种。全程浸种72小时后催芽。

b.咪鲜胺浸种，对恶苗病易发品种，可用250g/L咪鲜胺乳油1500～2000倍液浸种72小时后催芽。

③ 催芽

a.催芽方式　水稻种植大户可选用蒸汽催芽、恒温暗室催芽或电控催芽桶等方式催芽。散户可利用地窖等保温方式催芽。

b.温度控制　种子破胸温度控制在35～38℃。注意定时翻拌种子，保证种子受热均匀，破胸整齐一致。

c.芽长要求　常规稻种子破胸率≥90%，杂交稻种子破胸率≥85%，芽长宜控制在2mm以内，晾干谷壳后进行播种。

d. 种子包衣　选用旱育保姆等种子包衣剂。种子包衣按药品使用方法操作。

（4）播种

① 播种时间　当日平均温度稳定到 12℃ 时，抢冷尾暖头播种，在湖南，一般在 4 月 5 日至 8 日播种。

② 机械播种

a. 播种前，将直播机充分调试，确保能正常稳定作业。并将大田内积水排干，保证无水作业。

b. 按水稻生产农艺要求和不同品种特性调整好每穴粒数和穴距。保证每亩的基本苗数。

c. 机械条播（彩图 6）时，按每厢 2.5～3m 宽预留 30～40cm 作厢沟。播种后疏通厢沟、围沟。

③ 人工播种

a. 排水分厢　播种前注意将田内积水排干，保持田面湿润即可。按每厢 2.5m 宽分厢。

b. 人工撒播　根据每亩用种量和分厢面积，每厢必须定量分 2～3 次播种。第一次每厢用 70% 的种子来回撒播，余下 30% 的种子进行补播，力求播种均匀。

c. 开沟沥水　播种后将厢沟、围沟疏通，敞开田缺，确保播后田内雨停不积水。

④ 掺和物　直播杂交稻由于用种量少，不便于机械直播，可将高温煮熟晾干后的稻谷与种子按 1∶1 的比例均匀拌和后播种。

（5）施肥　直播早稻应根据稻田肥力水平和品种抗倒伏性确定施肥量，每亩施肥总量控制在纯氮 10～11kg，五氧化二磷 5kg，氯化钾 7～8kg。

① 基肥　施肥总量的 70% 结合翻耕平田施入。一般每亩用 40% 复合肥 35kg 作基肥。

② 分蘖肥　在水稻 3 叶 1 心期追施用肥总量的 25%，一般每亩追施 40% 复合肥 12.5kg。

③ 穗肥　在水稻抽穗扬花期，用施肥总量的 5% 看苗补施壮籽肥防早衰。

（6）田间管理

① 除草　早稻播种后 2～5 天，每亩用 40% 苄嘧·丙草胺可湿性

粉剂（含安全剂）100g 或 30％丙草胺乳油（含安全剂）100mL 加10％苄嘧磺隆可湿性粉剂 20g 兑水 15～30kg 喷雾。施药前排干水，保持田面湿润 5～7 天。做土壤封闭处理，防止杂草萌发。

水稻 3 叶 1 心时如发现封闭效果不佳，每亩可用 25g/L 五氟磺草胺（稻杰）可分散油悬浮剂 80～100mL 加 20％氰氟草酯可分散油悬浮剂 100mL 兑水 15～30kg 喷施，药后灌水 3～5cm 深，保水 5 天。

② 水分管理

a.播种期至 2 叶 1 心前，保持泥土湿润。

b.浅水分蘖 3 叶 1 心后，利用浅水勤灌，促进分蘖。

c.晒田 分蘖末期至幼穗分化前期，及时排干水，看苗看田晒田。生长旺盛、深泥田适当重晒；沙田、瘦田则轻晒。防止田面裂缝过大，扯断根系。

d.后期水分管理 确保抽穗时有水，湿润灌溉，干湿壮籽，收割前 7 天断水。

③ 病虫防治 根据当地植保部门病虫害的预测预报及时防控。主要防治纹枯病、稻瘟病等病害，二化螟、纵卷叶螟、稻飞虱等虫害。

（7）收获 在水稻齐穗后 25～28 天，达 90％黄熟时收割。

6. 一季晚稻直播栽培技术要点有哪些？

（1）品种选择 选用优质、稳产、抗逆性强的品种。在湖南，近几年适合作一季晚稻的常规稻品种有黄华占、华润 2 号，杂交稻品种有泰优 390、Y 两优 9918、隆两优华占等。每亩大田用种量，常规稻 2～2.5kg，杂交稻 1～1.5kg。

（2）大田准备 选择泥性偏重、肥力偏高、便于排灌的大田。沙性偏重、地势较高或地势低洼不便于排灌的渍水田不宜直播。在播种前 15～20 天进行第一次翻耕，翻耕后保水沤制。第二次翻耕在播种前 3～4 天进行，结合施基肥深翻，每亩施 45％复合肥 35kg，翻后，浇浅水沉实田泥。第二次翻耕后，用木板或梯子浅水平田，要求田面高低差≤3cm。原田埂四周开 10cm 左右围沟滤水。

（3）种子处理 参见问答 5 相关技术要点。

（4）播种

① 播种时间 根据品种生育期长短确定播种时间，在湖南，一般在 5 月下旬至 6 月上旬，生育期长的宜早播，生育期短的适当

迟播。

② 机械播种

a.播种前，将直播机充分调试，确保能正常稳定作业。并将大田内积水排干，保证无水作业。

b.按水稻生产农艺要求和不同品种特性调整好每穴粒数和穴距。保证每亩的基本苗数。

c.机械条播时，按每厢 2.5～3m 宽预留 30～40cm 作厢沟。播种后疏通厢沟、围沟。

③ 人工播种

a.排水分厢　播种前注意将田内积水排干，保持田面湿润即可。按每厢 2.5m 宽分厢。

b.人工撒播　根据每亩用种量和分厢面积，每厢必须定量分 2～3 次播种。第一次每厢用 70％的种子来回撒播，用余下 30％的种子进行补播，力求播种均匀。

c.开沟沥水　播种后将厢沟、围沟疏通，敞开田缺，确保播后田内雨停不积水。

④ 掺和物　直播杂交稻由于用种量少，不便于机械直播，可将通过高温煮熟晾干后的稻谷与种子按 1∶1 比例均匀拌和播种。

（5）追肥　一般 6 月上旬结合除草进行第一次追肥，每亩施尿素 7.5kg、氯化钾 7kg。6 月下旬再追肥一次，每亩追施尿素 5kg。8 月中旬第三次追肥，每亩追施尿素 2.5kg。

（6）田间管理　参见问答 5 相关技术要点。

（7）收获　一般在 9 月底，在水稻齐穗后 30～35 天，达 90％黄熟时收割。

第三节　再生稻栽培技术

7.再生稻配套栽培技术要点有哪些？

（1）选用良种，合理布局　选取组合时要满足的条件：一是头季产量高；二是再生能力强，再生能力强的组合头季成熟时再生芽成活率高，收割后再生萌发能力强，发苗成穗多，能保证再生稻有较多的有效穗数从而获得高产；三是生育期适中，选择组合的生育期要与当地气候条件相吻合，既能充分利用当地水稻的生长季节，又要保证再生稻安全齐穗。

在湖南省，近几年种植的中稻组合中再生产量较高产的有准两优608、Y两优911、黄华占等，全生育期125天左右，头季稻能在8月10日前收割，9月15日前安全齐穗。头季稻产量在600kg左右，再生产量每亩200kg，高的达350kg。

（2）种好头季稻　由于再生稻是利用头季稻收割后稻桩上的再生芽培育而成的，是头季稻伸长节上的高位分蘖，它的萌发伸长主要靠头季稻根和母茎提供营养，并且与头季稻灌浆结实同步进行，这就决定了再生稻对头季稻较强的依赖性。

① 适时早播　在湖南，头季稻必须在8月10日前收割，确保再生稻抽穗扬花期避开秋季低温而安全齐穗（9月15日前），即要求再生稻齐穗期日均温连续3天不得低于23℃，所以头季稻必须早播、早栽、早收，才能保证再生稻生长和安全齐穗。一般应于3月底至4月初播种，最迟不超过4月10日，可采用塑料软盘育秧抛栽、机插秧或湿润大苗移栽。

② 合理密植　应根据各地的实际情况，确定适宜的种植密度和栽插规格。在保证有足够穗数的条件下，采用宽行窄株、半旱式垄作、抛秧栽培或宽窄行栽插方式，达到稀中有密、密中有稀的效果，使群体通风透光良好，控制和减轻病虫害发生。一般以16.7cm×26.7cm或13.3cm×30cm为宜。一般湿润大苗移栽或机插秧，每亩插足1.6万穴，若采用水稻抛秧栽培，每亩抛栽1.8万穴。

③ 科学施肥　头季稻施肥量依地力、有机肥料施用量和产量水平而定。例如，亩产600～800kg的高产田，施氮肥（N）12～13kg，磷肥（P_2O_5）5～6kg，钾肥（K_2O）10～12kg。其中氮肥按3：3：1：2：1的比例作基肥、促蘖肥（移栽后5～7天）、接力肥（够苗晒田后）、穗肥（枝梗分化肥）和粒肥（剑叶露尖期）分次施用。一般基肥亩施有机肥500kg，40%水稻专用配方肥35kg。插后5～7天，每亩施尿素7.5kg、氯化钾5kg作追肥，抽穗时看禾苗长势长相适当增补肥料。

④ 合理浇水　合理灌溉，发根促蘖，确保移栽后15～20天发足相当于计划穗数的茎蘖数，整个水稻生长期间，除水分敏感期和用药

施肥时外，采用间歇浅水灌溉法，一般以无水层或湿润灌溉为主，使土壤处于富氧状态，促进根系生长，增强根系活力。

山区稻田土壤还原性强，最好采用畦厢式栽培。一般畦宽约1.6m，沟宽约25cm，沟深15～20cm。在水稻分蘖期宜浅水勤灌，够苗晒田，复水后采用间歇灌溉法，有利于改善土壤氧化还原条件，促进水稻根系的生长和头季稻收割后再生芽的萌发。

（3）适时足量施好促芽肥　促芽肥施用期及施用量，要根据再生稻品种再生芽萌发生长早晚及快慢、土壤供肥能力大小、留桩高度、气候等情况而定。在一般中等肥力的稻田，在头季稻齐穗后15～20天，或收获前7～10天，每亩撒施尿素10～15kg、过磷酸钙10～15kg、氯化钾5～7kg，促进休眠芽的生长。对头季稻生长差或穗子比往年明显增大的田块宜早施、多施。反之，可适当迟施或少施，个别高肥田可以不施。

（4）适时收割头季稻　由于早发型品种的再生芽萌发早，生长快，对收割期要求不严格，一般以成熟90%～95%收割为宜，两季产量高。迟发型品种的再生力不强，收割期偏早时再生芽的萌发力更弱，因此要适当延迟收割期，一般以完熟期（彩图7）收割为好，具体方法为：在头季稻临近收割时，田间取生长整齐的植株剥开叶鞘，检查再生芽伸长情况。当大多数再生芽生长到2cm以上或休眠芽破鞘现青时适时收割。不但休眠芽萌发多，而且可缓解高温伏旱对发苗的影响，以实现再生稻多穗高产。

头季稻收割后田内要及时移出稻草。头季稻收割时要讲究收割方式：不要人为踩伤稻桩；收后要及时扶正被压倒的稻桩。

（5）保留适当稻茬高度

① 不同地区和品种，留桩高度不同　籼型品种上位芽（倒2、倒3芽）生长快，成穗率高，宜留高桩；粳型品种下位芽成活率高，宜留低桩。地区不同，供再生稻可利用的时间长短不一致，为保证再生稻安全齐穗，采取不同的留茬高度以达到高产的目的。一般籼稻留茬高度为33～40cm，保留倒2芽。若再生稻可利用的季节长，留茬高度可适当降低。

② 不同温度地区要求的留桩高度各异，且留桩高度与休眠芽伸长萌发多少及生育期关系密切　头季稻收后季节紧的地区再生稻留桩高度应达30～50cm。相反，头季稻收后季节充足地区，留桩高度应

在 20cm 内。此外，头季稻收获时要灌水打谷，保护好稻茬，以利于发苗。

（6）再生稻的田间管理

①合理进行水分管理　头季稻收获后 10 天内，是再生蘖生长时期，及时搬出稻草，扶正稻茬，保持田间湿润。如遇高温，可在收割后 1～3 天内浇水泼稻茬，早、晚各泼浇苗 1 次，防止稻茬上部失水过快，影响再生芽萌发。收割后的 24～30 天，再生稻进入抽穗扬花期，田面应保持浅水层。灌浆期，田面保持干干湿湿，以利于养根保叶、籽粒充实饱满、提高产量。

②合理施肥　在头季稻齐穗后 20 天施用促芽肥的基础上，头季稻收割后 1～2 天，再亩施尿素 7～10kg 作再生芽苗肥。在收割当日每亩用赤霉酸 1g，兑水 50kg 喷施稻桩，可促进腋芽早生快发，争取苗齐苗匀保证有足够的苗数。在破口至抽穗期，采用根外施肥，在抽穗达 1/3 时，每亩用赤霉酸 0.5～1g，加尿素 0.2kg，兑水 50kg 喷施，可促进抽穗整齐，提高结实率，增加实粒数和千粒重，增加产量。杂草多的田应及时除草。

③防治病虫害　注意防治纹枯病、稻飞虱、叶蝉和稻纵卷叶螟等为害，并防止畜、禽践踏。在防治方法上，螟虫及纹枯病于头季收后 5 天进行防治；飞虱、叶蝉、稻纵卷叶螟于再生稻苗高 10cm 左右时开始防治。再生稻收获后要种冬季作物的田块，应在再生稻穗成熟前 10～15 天开沟排水。

第二章

水稻播种育苗技术

第一节　水稻播种育苗疑难解析

8. 如何精选种子？

秧苗 3 叶期以前，其生长所需的养分主要是由种子胚乳本身供应，种子饱满度大小与秧苗的壮弱有密切关系，充实饱满的种子是培育壮秧的物质基础，因此，选用粒饱、粒重和大小整齐的种子是培育壮秧的一项有效措施。精选种子时还可以剔除混在种子中的草籽、杂质、虫瘿和病粒等，提高种子质量。选种可用筛选、粒选、风选或溶液选等几种方法。其中盐水选种原料易得，价格便宜，溶液浓度相对稳定，选种效果好。

（1）筛选　选用筛孔适当的清选器具，人工或机械过筛，清选分级，选出饱满、充实、健壮的种子作播种材料。

（2）粒选　根据一定标准，用手工或机械逐粒精选具有该品种典型特征的饱满、整齐、完好的健壮种子，作为播种材料。

（3）风选　又称扬谷、簸谷、扬场。通过人工或动力抛掷种子，借自然风力或鼓风机或吸风机等机械风力，吹去混于种子中的泥沙杂质、残屑、瘪粒、未熟或破碎籽粒，选留饱满洁净的种子。风选方法简单易行，但易受外界自然风力不稳定性和种子中杂物种类的影响，选种不彻底。风选出的种子一般不易达到播种要求。

（4）泥水选　一般的做法是用 50L 的水，兑入 20kg 左右的黏黄泥，充分搅拌后，使黄泥中的胶粒悬浮在水中。当泥水的相对密度达到 1.08～1.13 时，用箩筐装干种置于泥水中搅拌，捞出浮在泥水上面的瘪粒、草籽及其他漂浮物。泥水的相对密度可用密度计测定，没有密度计时可用新鲜鸡蛋测试。把鸡蛋放在泥水中，蛋壳露出水面有一元硬币大小即可。泥水为悬浮液，黏土胶粒容易下沉，泥水密度随时都能改变，要不断地搅拌。选种量较多时，黏土胶粒易吸附在种子表面被带走，所以在选种过程中还要不断往泥水中加入黄泥。选好的种子必须清洗干净。泥水选种用的黄泥可以就地取材。用后的泥水可以倒掉，对环境没有任何污染。操作动作要求连续而快捷，否则选种不彻底。

（5）盐水选和硫酸铵水选 每 50L 水中加入 10～12kg 食盐或硫酸铵，配制成相对密度为 1.08～1.13 的溶液，其操作方法与泥水选种相同。盐水选好的种子，要用清水洗净附在谷粒表面的盐水后再进行浸种。剩下的盐水可以熬制土盐作饲料添加剂，不得随处乱倒，防止对环境造成污染。硫酸铵水选出的种子不必清洗，可直接浸种催芽，而硫酸铵水则可作肥料使用。盐水、硫酸铵水均为溶液，浓度变化小，选出的种子质量好。选种选出的秕粒和半仁谷粒可用清水冲洗干净后，晒干作饲料用。

杂交稻种子饱满度差，一般仅用清水选种。

9. 怎样对水稻种子进行浸种？

浸种是指播种前将种子浸泡于清水或水和药剂组成的一定浓度的溶液中的过程。

浸种时间和标准：吸足水分的稻谷壳半透明，腹白分明可见，胚部膨大突起，胚乳变软，否则说明吸水不足。浸种的水必须没过种子，使种子吸足水分，浸种时间应充分，浸种时间不足，吸水不够，种谷出芽就不齐。但也并非浸种时间越长越好，浸种时间过长，会使种子养分外溢，且易缺氧窒息，造成酒精发酵，降低发芽率和抗寒性。达到稻种萌发要求的最适水分所需的吸水时间，水温 30℃时约需 30 小时，水温 20℃时约需 60 小时，要正确掌握浸种时间。杂交稻种子不饱满，发芽势低，采用间隙浸种或热水浸种的方法，可以提高发芽势和发芽率。催芽时仍需保持稻种足水状态（以种皮湿润，谷堆不见明水为宜）。如种子缺水则根长芽短，水分过多则芽长根短，达不到根芽同长的壮芽要求。浸种前和浸种过程中种子必须洗净，经常更换浸种水，最好将稻种装入麻（草）袋容器内，直接放到流动水中浸种，从而使种子吸入新鲜水分。

10. 怎样对水稻种子进行杀菌消毒?

水稻的病虫害有些是由种子带菌或带虫传播的，为了杀死附在种子表面和颖壳与种皮之间的病原菌，如水稻的恶苗病菌、立枯病菌、稻曲病菌、白叶枯病菌、稻瘟病菌、胡麻叶斑病菌和水稻干尖线虫等，常用浸种消毒的办法，此方法是防治病虫害经济有效的措施。生产上一般将浸种和消毒结合进行，方法有以下几种。

（1）温汤浸种 先将种谷在冷水中浸 24 小时，然后用笋筐滤水后，放入 40~45℃的温水中浸 5 分钟，再移入 54℃的温水中浸 10 分钟，然后将水温保持在 15℃左右浸至种子达饱和。温汤浸种可以杀死稻瘟病菌、白叶枯病菌、恶苗病菌、干尖线虫等。

（2）草木灰浸种 用草木灰浸种，水面会形成一层灰膜，可闷杀稻种上的病原菌，并能促进种子早发芽。其方法是先筛去草木灰杂物，然后在清水中加入草木灰，取液浸泡稻种，搅拌 1 分钟，捞出浮在水面上的稻谷，静置浸泡 1~2 天，切不可碰破浸种液面上形成的灰膜，否则会降低杀菌效果。将浸好的稻种捞出后放到 55℃温水中，搅拌后浸泡 3 分钟，然后立即将稻种装入笋筐中催芽。

（3）石灰水浸种 其杀菌的原理是石灰水与二氧化碳接触而在水中形成碳酸钙结晶薄膜，隔绝了空气，从而使种子上吸水萌发的病菌得不到空气而闷死。方法是 50kg 水加入 0.5kg 生石灰。先将石灰溶解后滤去渣屑，然后把种子放入石灰水内，50L 的石灰水可以浸种 30kg，石灰水面应高出种子 17~20cm。在浸种过程中，注意不要搅动水层，以免弄破石灰水表面薄膜导致空气进入而影响杀菌效果。浸种时间因气温不同而有变化，一般情况下，温度在 10℃时，浸种 5 天左右；15℃时浸种 4 天左右；20℃时浸种 3 天；25℃时浸种 2 天。配制石灰水时一定要用清洁的水，不能用污水和死水。浸过的种子，捞出后应立即用清水冲洗干净。

（4）沼液浸种 将精选的稻种放进装有沼液的容器中浸泡，或将种子放入编织袋中，将袋口扎紧，拴上绳子吊在沼气池出料口，直接在沼气池中浸泡。当室温在 11~15℃时，浸泡 2~3 天，浸种后用清水洗种。用沼液浸种，秧苗色深，植株健壮，根系发育好。

（5）药剂拌种或浸种 防治恶苗病，可选用氰烯菌酯、咯菌腈、精甲·咯菌腈、甲·嘧·甲霜灵、乙蒜素、氟环·咯·精甲等药剂浸种或拌种。防治干尖线虫病，可选用杀螟丹及其复配剂浸种。恶苗病与干尖线虫病混发时，可选用杀螟·乙蒜素、杀螟丹加氰烯菌酯等药剂浸种或拌种。

如生产上可选用25%氰烯菌酯悬浮剂2000～3000倍液，或20%氰烯·杀螟丹可湿性粉剂600～800倍液、17%杀螟·乙蒜素可湿性粉剂200～400倍液浸种；或62.5g/L精甲·咯菌腈悬浮种衣剂300mL，加水1700mL，搅拌包衣稻种100kg；或12%甲·嘧·甲霜灵悬浮种衣剂250～500mL，加水稀释至1～2L，搅拌包衣稻种100kg；或31.9%吡虫·戊唑醇悬浮种衣剂300～900mL，加水稀释至2～3L，搅拌包衣稻种100kg。

对灰飞虱、稻蓟马发生较重地区，可用吡虫啉、噻虫嗪、噻虫胺等药剂浸种或拌种。如针对稻蓟马，可用30%噻虫嗪悬浮种衣剂100～300mL，加水1～2.5L稀释后搅拌包衣100kg稻种；或100kg水稻种子先浸种催芽至露白，再用600g/L吡虫啉悬浮种衣剂200～400mL稀释后搅拌包衣。

对细菌性条斑病、白叶枯病等细菌性病害发生区，应用三氯异氰尿酸、氯溴异氰尿酸浸种或噻唑锌拌种。40%三氯异氰尿酸可湿性粉剂300倍液浸种，先用清水预浸12小时，后用药水浸12小时，然后捞起，用清水洗净，再用清水浸至种子饱和。可预防细条病、恶苗病、白叶枯病和稻瘟病等。

对稻瘟病重发地区及其感病品种，应用24.1%异噻菌胺·肟菌酯悬浮种衣剂包衣。药剂浸种时间要保证在48～60小时，浸后不用淘洗，直接播种或催短芽播种。要注意浸匀浸透，浸种时药液要淹没稻种。

（6）种子包衣 可选用25%噻虫·咯·霜灵悬浮剂（壮籽动力）进行干籽包衣或芽籽包衣。

① 干籽包衣 精选种子后，用壮籽动力100g＋助剂，兑水1.25～1.5L，手工或机械包衣35～50kg种子，阴干（固化）后浸种催芽或播种。注意，包衣种子宜在阴凉通风处晾干固化，严禁强光暴晒。药膜阴干固化后再浸种，以免脱药降效。浸种时不换水。

② 芽籽包衣 精选种子后，浸种催芽至破胸露白，将经浸种破胸露白的种子35～50kg，用壮籽动力100g＋助剂，兑水1.25～1.5L，包衣处理，然后播种。注意不可过度催芽，至破胸露白即可，

包衣时不可大力搅拌，以免伤芽。播种时需保持田面平整、湿润（成泥浆状）、无明水、温度适宜，以确保顺利发芽。

11. 水稻种子催芽的关键技术要点有哪些？

稻种催芽就是根据种子发芽过程中对温度、水分和氧气的要求，利用人为措施，创造良好的发芽条件，使种子发芽达到"快"（2～3天催好芽）、"齐"（发芽率90％以上）、"匀"（芽长整齐一致）、"壮"（芽色白，无异味，芽长半粒谷，根长一粒谷）的目的（彩图8）。种子催芽的关键技术要点有如下几点。

（1）**高温露白**　指种谷开始催芽至破胸露白阶段。种谷露白前，呼吸作用弱，温度偏低是主要问题。可先将种谷在50～55℃温水中预热5～10分钟，再起水沥干，上堆密封保温，保持谷堆温度35～38℃，15～18小时后开始露白。种子露白前不宜过多翻动，过多翻动会使谷堆里热气散失，影响出芽时间和齐芽程度。稻种吸足了水分，还要有适宜的温度才能萌发，发芽所需温度因种而异，但一般最低温度为10～12℃，最适温度为30～32℃，最高温度为40℃。低于最低温度时萌芽缓慢，甚至停止，时间过长会引起烂种；高于最高温度时则发芽受阻，且有"烧芽"的危险，所以催芽时要严格掌握温度。如果种子露白前过多翻动谷堆导致热气散失，达不到催芽所需的适宜温度要求，就会不利于出芽。一般是破胸前温度宜高，破胸后应立即降温，保持30～32℃。因此，浸种结束上堆后10多个小时内不宜翻动，让其保温促进稻种露白。

（2）**适温催根**　种谷破胸露白后，呼吸作用大增，产生大量热能，使谷堆温度迅速上升，如果超过42℃且持续3～4小时，就会出现"高温烧芽"。露白后要经常检查，根据温度情况及时翻堆和适当淋水。为了准确掌握温度，最好在稻种中插一支温度计，定时查看种温，保持谷堆30～35℃，促进齐根。

（3）**保湿促芽**　齐根后要控根促芽，使根齐芽壮。根据"干长根、湿长芽"的原理，适当淋浇25℃左右温水，保持谷堆湿润，促进幼芽生长。但要防止淋水过多，造成谷堆里氧气稀少，不能满足芽谷的呼吸需氧量，产生酒气味，使谷壳外面发黏，使得出芽不快、不齐、不壮。要保持谷堆内湿度适当，一般谷堆表面的谷壳不发白，就不需淋水，始终保持种谷既潮湿而又清爽的状态，达到湿度与供氧两者协调的要求。同时仍要注意翻堆散热保持适宜的温度，可把大堆分小，厚堆摊薄。

（4）摊晾锻炼 根芽长度达到预期要求，催芽即结束。稻种催好芽后，如果播"热谷"下田，容易影响成秧率和壮苗率，因此，播种前应把芽谷在室内摊薄，炼芽 1～2 天，以增强芽谷播后对环境的适应性。遇低温寒潮不能播种时，可延长芽谷摊晾时间，结合洒水，防止芽、根失水干枯，待天气转好时，抓住冷尾暖头，抢晴天播种。

12. 种子催芽的常用方法有哪些?

因热源和保温方法不同，有蒸汽催芽、催芽机催芽、火炕催芽、限水催芽、大堆催芽、塑料棚催芽、地窖催芽、温室催芽、酿热物温床催芽、煤灰催芽、催芽器催芽等。蒸汽催芽需要设备和燃料，技术关键较难把握，不宜普及。火炕催芽适合用种少的农户，但应加强管理，如不及时管理，上下层种子受热不均匀，发芽长短不齐。限水催芽方法简单，但需要经常浇温水和翻种，否则发芽不整齐。大堆催芽靠人工加温，保温措施较简单，种温提高得慢，发芽时间长，发芽长短不齐。塑料棚催芽，把大堆催芽和塑料大棚工艺相结合，靠自然加温，种子受热均匀，发芽整齐，而且适合在广大农村推广使用。

（1）常规催芽法 先将杂交种稻用盐水、泥水或清水进行选择，将浮出的秕谷和不饱满的种谷捞出，不饱满的可分别催芽播种，如果种子量充足则不必使用不饱满种子。

用清水洗净种子后，再放入清水中预浸 12 小时（预浸期间要每隔 4～6 小时换水一次，并洗净种子），再用三氯异氰尿酸药液（具体做法按三氯异氰尿酸说明书要求进行）浸种 12 小时，消毒药液应高出种子表面 2～3cm（消毒期间不换水），然后用清水把残留药液反复冲洗干净，洗净后继续放入清水中浸种，直至种子吸足水分为止，最后捞出种子催芽。

采用日浸夜露、多起多落的间隔浸种法，浸种时要求 4～6 小时左右洗净种子换水一次，然后露 1～2 小时，再放入清水中继续浸种，特别是质量较差的种子在浸种时更应采取多起多落的方法。

经浸种消毒的种子捞起沥干水后，用 35～40℃温水洗种预热 20 分钟左右，然后把种谷装入布袋或箩筐等器具（盛装种谷的用具必须透水、通气），四周可用农膜与无菌稻草封实保温。种谷升温后，种谷内温度应控制在 35℃ 左右。经 20 小时左右可破胸露白，种谷露白后要将温度降到 25～30℃ 进行催芽，当芽长达到半粒谷、根长 1 粒谷时即可进行播种。

在催芽过程中要注意谷内温度，如温度过高，应采用翻动或淋 30℃ 左右温水等方法降温；如果温度过低，则采用在种谷堆中放热水壶等方法进行升温。中稻播种时，气温比早春气温高，当谷种大量露白时即可播种，播种前应先把种谷摊开在常温下炼芽 3～6 小时后再播种。

（2）煤灰催芽 少量稻种宜用煤灰催芽，此方法谷芽催得好、发芽率高、方法较稳妥。方法是：先将过筛的干细煤灰（煤灰与种谷之比为 1∶0.8）加开水拌匀。动作要快，一人淋开水，一人拌煤灰。煤灰与开水的比例为 1∶0.7。拌和后，以煤灰用手捏成团抛地即散为宜。然后趁热倒入经过温水预热的种谷，快速拌和后装入编织袋中，再将稻草等覆盖物压在谷堆周围保温。上堆后 10 小时检查谷堆温度，保持谷堆中心温度不超过 40℃。当中部种谷有 90% 破胸后进行翻拌，减低谷堆厚度，使温度保持在 25～30℃，最高不超过 32℃，以免烧坏芽。若种谷上堆后 10 小时尚未破胸，应用热水袋或玻璃器皿盛热水置于谷堆中加热升温，促进破胸。如发现种子和煤灰干燥，可用 30℃ 的温水喷洒，并进行翻堆，使煤灰和种谷稍微湿润，以利于长芽。一般经 24 小时可催出破胸率达 90% 以上的标准芽。

（3）电热毯催芽法 将电热毯用新塑料农膜（不能用地膜与微膜）包 2～3 层，确保电热毯四周不会进水，以免受潮漏电。

然后选择一个保温性好的场地，打扫干净后用无菌的干稻草、锯木屑等保温物垫底（16～20cm 厚），把包好农膜的电热毯平铺在用于保温的干稻草或其他保温物上，再在电热毯上铺一床草席或其他适宜的物品，以便堆种催芽，温床四周最好用木板围住。

种子消毒：10g 三氯异氰尿酸加 45℃ 温水 5kg 搅拌均匀后，浸种 3.5kg，消毒 2 小时，然后捞出用清水洗净沥干，准备催芽。

将经消毒的种谷倒入盛有 50～55℃ 温水的容器中，边倒边搅动，静置 3～5 分钟后，再搅动 3～4 次调温，使种谷在 35℃ 左右的温水中，充分预热、吸水 1 小时左右。

将预热吸水的种谷捞出沥干，均匀地摊堆在电热毯温床上（一般 1 床单人电热毯可催种谷 15～25kg）。然后用塑料农膜把种谷盖住，在农膜上再加盖稻草等保温物,四周封牢压实,即可通电催芽。温床中插入2～3支温度计,随时观察温度,使温度始终保持25～32℃,如温度过高达到38℃以上时应停电降温。为了不烧坏电热毯,白天中午可停止通电3～5小时。催芽期间要经常检查温、湿度,如谷壳现白,水分不足时,应及时喷30℃左右的温水增湿,并翻动种谷换气,使种谷受热均匀,芽齐芽状。

用此法催芽,种谷8～10小时后开始破胸,24小时后可达90%以上。破胸出芽后,温床温度控制在25～28℃,湿度保持在80%左右,12小时后即可催出标准芽待播。其他管理方法同常规方法。

(4)塑料棚催芽 利用农村蔬菜大棚或在庭院、向阳背风高燥之处根据种子量搭建简易塑料棚,地面挖好排水沟,再铺厚10cm左右消过毒的稻草,草上铺席子。在晴天早晨把浸好的种子捞出,控去多余的水分,薄薄地铺在席子上面,靠太阳光给种子加温,隔一段时间翻动种子1次,使种子受热均匀。待下午3时左右,太阳落山前,把种子堆成大堆,在种子堆上盖上塑料薄膜。当种堆温度上升至30℃时,进行倒堆,把堆内种子翻倒到堆外层,把外层种子翻到堆内,重新盖好继续催芽。经过3天左右,即可催出健壮的种芽。

(5)薄膜暖窖催芽 选择背风向阳地方建催芽房,建成地下式或半地下式,也可采用菜窖。房架搭成坡形,其上覆盖薄膜,地面挖"井"字或"十"字沟,以防地面积水,上铺稻草和席子。将浸过种的种子控干水,堆于席上,堆高50～70cm,用温水淋种增温,再覆盖薄膜保温保湿。温度升至25℃后,进行翻动,使堆内种子受热均匀。适当淋浇温水,经3～5天即可出芽。

(6)温水预热快速大堆催芽 把浸好的稻种捞出控干后,放入盛有40℃水的大铁锅内预热,并使水温保持40℃,预热5分钟,捞出后迅速放进催芽房内,每堆稻种500kg,覆盖薄膜保温保湿。预热后堆温很快达到32～35℃,若超过35℃应散种降温,经过24小时即可齐芽。

(7)种子催芽器催芽(彩图9) 种子催芽器由微电脑控制,稳定可靠,主要由催芽筒、自动喷水装置和自动控温系统三大部分组成,喷水开启、停止间隔的时间、水温高低(<40℃)均可通过人工设定。水稻种子每次每台催芽重量可达250kg。催芽器喷水受热均匀,供氧充足,种子萌发十分整齐,时间短,并能节约种子,有利于抢好天气播种,播后秧苗素质好,苗齐苗壮。主要催芽过程:一是按

传统农艺要求浸种；二是用催芽器催芽；三是摊晾炼芽。种子催芽器催芽提高了机插育秧的机械化程度，有利于粮食生产全程机械化的发展，适合农机专业合作社使用。

此外，大型企业还可采用暗室叠盘催芽法，其方法参见本书第15问。

13. 水稻催芽中容易出现哪些问题，如何防止？

在催芽过程中由于温度、水分、氧气调节不当，不能满足种子发芽的需要，常会出现一些异常现象。

（1）"酒糟"味 催芽出现酒糟气味，多半发生在种芽破胸高峰期。

① 产生原因 因为这时种子呼吸旺盛，需要大量氧气，如不及时翻堆散热通气，种堆当中极易产生高温（40℃或更高）。高温缺氧，种子就会进行无氧呼吸，引起乙醇积累，随之产生酒糟气味，种芽也常常受到高温灼伤，被高温灼伤的种子，酶的活性会被破坏，发芽慢而不齐，甚至成为哑种。已发芽的种芽会出现畸形，根尖和芽尖变黄甚至黏手，伴有浓重的酸臭味。

② 防止措施 为防止烧芽或产生酒糟气味，在催芽过程中必须经常检查。催芽时切不可用塑料布、塑料编织袋包扎，因为其透气性差，容易造成种子缺氧，导致酒精中毒，使种子丧失活力。破胸后发现温度超过30℃，应及时翻堆降温。如有轻微酒糟气味，应立即散堆摊晾，降低种温，并用清水洗净，待多余水分控净再重新上堆升温催芽，这样可以挽救大部分种子。

（2）高温烧芽 稻种破胸后高温烧芽是催芽阶段容易发生的问题。受害严重的稻种芽、芽鞘尖和根尖枯死，轻的芽畸形，芽鞘有黄色锈斑，有的常有酒气。

① 产生原因 主要是没有掌控好发芽所需的温度。

② 防止措施 要密切注意破胸前后温度的变化，"高温破胸，适温催芽"即是这个道理。若温度过高，要及时翻堆降温。

（3）哑种 指催芽后还没有破胸的稻种。

① 产生原因 主要是种子质量差，没有发芽能力；浸种时间短，种子没有浸透，种粒硬实，温度太高，种胚受害；破胸阶段温度不够，翻拌不匀，种堆吸水及受热不均，破胸不齐。

②防止措施　浸种时间要充足，使种子吸收充足水分，同时要严格控制温度等条件。若哑种比例大，可用筛子等将哑种筛出来，以免播种后烂种。

（4）根、芽不齐

①产生原因　因催芽技术不当，出现根芽长短不齐，甚至有"有芽无根"或"有根无芽"的现象。

②防止措施　平衡温度、水分、氧气之间的矛盾。

（5）滑壳、霉口

①产生原因　浸种时间过长，稻种含水过多，种堆温度上升缓慢，破胸时间延长。或者催芽中途降温，根芽长不出来，胚乳中的营养物从种口处外流，造成滑壳，流出来的营养物作为养料，易于滋生霉菌，出现"霉口"。

②防止措施　在催芽过程中，要严格掌握技术措施，防止出现上述不良现象。如果已发生，则要积极采取措施，立即用30℃温水洗净，然后上堆催芽，并控温在25～30℃范围内。

14. 如何确定水稻的适宜播种期？

水稻播种期与各地区气候、连作制度、品种特性、病虫害发生期及劳动力的安排密切相关，在生产实践中，安排适宜的播种期能协调好上述各因素，达到趋利避害、提高产量和改进品质的目的。其中最为重要的是气候条件，如播期不当，水稻灌浆结实期遇高温，结实率、糙米率、精米率和整精米率都会降低，垩白度、垩白率显著提高，蒸煮品质变劣，食味变差。生育后期光照不足或气温过低，往往造成抽穗不畅不齐，空秕粒增加或籽粒充实不良、青米增多，既影响产量又影响品质。

（1）早播或迟播的主要依据

①提早播种　早稻播种，应能安全出苗，正常生长，增加营养生长时间，提高产量。各地分别以春季常年平均气温稳定通过10℃和12℃的初日，作为粳稻和籼稻露地育秧的最早播种期限。如果是地膜覆盖保温育秧可提早播种7～10天。

②推迟播种　晚稻播种，要在能保证安全齐穗和灌浆成熟的前提下，适当推迟播期，可以避开或减轻一些病虫为害和自然灾害，降低生产成本。各地要以秋季日平均气温稳定通过20℃、22℃、23℃

的终日，分别作为粳稻、籼稻、籼型杂交水稻的安全齐穗期。

③ 茬口衔接　北方单季稻区，包括华北单季稻带、东北早熟稻作带和西北干燥区稻作带，由于只能栽培单季稻，茬口衔接一般没问题。南方稻区因属于多熟制稻区，水稻季别和茬口多样化，播种期的确定，除了要考虑秧苗生长和齐穗灌浆的安全外，还要注意上下茬口的衔接问题，以利于全年增产。

（2）旱育秧播种期的确定　旱育秧与常规湿润育秧播种期的差异主要在于最早播种临界温度起点不同。旱育秧苗床由于孔隙度增加，土壤氧气充足而含水量下降，导致苗床土壤升温快、温度高。由于空气和水在热容量上的巨大差异，故白天旱育秧苗床地表温度比湿润秧床高 $0.4 \sim 8.9$℃，地中 5cm 处高 $0.7 \sim 6.3$℃，地中 10cm 处高 $1.4 \sim 3.2$℃；旱育秧的胚乳养分转化速度快，转化率高。旱育秧播种后 $10 \sim 15$ 天的胚乳转化效率为 $45.5\% \sim 66.0\%$，明显高于水育秧（$32.4\% \sim 46.7\%$）。所以，旱育秧在播种起点临界温度上，可由日平均气温 $12 \sim 14$℃降低到 $8 \sim 10$℃。因而旱育秧可比常规育秧提早 $7 \sim 9$ 天播种。

虽然旱育秧可以提早播种，充分利用早期温光条件，但最佳播种期的确定，仍然要根据常规育秧最佳播种期确定的基本原则综合考虑，使抽穗灌浆结实期处于当地最佳温光条件下，保证安全开花抽穗。旱秧并非一定要早播，只有在生育期短的地区，才能早播。但要注意分蘖和次生根发生的最低温度为 15℃，日平均气温稳定在 15℃以上，才是安全移栽期，过早移栽会造成僵苗。

15. 早稻常规浸种育秧技术要点有哪些？

（1）品种选择　早稻要选择优质与高产并重、抗性较强、有利于与晚稻品种搭配的品种。在湖南，最近几年选择湘早籼 45 号、中早 39、中早 35、株两优 819 等。

（2）种子处理

① 晒种　常规稻种子提前 $1 \sim 2$ 天晒种，杂交稻种子只需适当通风晾晒。

② 浸种消毒　一般用 250g/L 咪鲜胺乳油 $1500 \sim 2000$ 倍液浸种 $2 \sim 3$ 天或用 25% 氰烯菌酯悬浮剂 2000 倍液浸种 24 小时，种子捞出后直接催芽。

③ 催芽　目前的主要催芽方法有温室催芽法、催芽器催芽法、暗室叠盘催芽法等。以催芽器催芽法和暗室叠盘催芽法最为安全。催芽器催芽法将温度设定在 32℃，一般经 18 小时左右，即可破胸，中途注意加水。暗室叠盘催芽法是将浸种播好的秧盘放入暗室，将温度设定为 32℃，湿度为 90%，经 48 小时左右秧盘中竖针立苗。暗室叠盘催芽法具有安全、迅速、量大等特点，有利于形成"1+N"育供秧模式，杜绝传统催芽方法易出现的滑壳和烧苞现象。

④ 种子包衣　一是用旱育保姆包衣。一般 500g 旱育保姆可包衣常规种子 2.5～3kg，种子数量少的可沥干水后用箩筐等拌种包衣；种子数量多的可将种子沥干水后，在水泥地上用铁锹翻拌，使旱育保姆均匀附着在种谷表面，晾干后即可播种。

二是用精甲·咯菌腈（亮盾）和芸苔素内酯拌种。62.5g/L 精甲·咯菌腈悬浮种衣剂 10mL＋0.02% 芸苔素内酯粉剂 2g，可拌种 15kg，该包衣方法有利于机械播种，可有效防止绵腐病和立枯病等烂秧病害的发生。机械插秧则必须进行种子包衣，可避免立枯病等蔓延发生。

（3）播种

① 播种时期　在湖南，地膜矮秧棚育秧一般在 3 月 20 日左右抢晴播种，最好抢冷尾暖头播种，以利于播种和秧苗迅速扎根扶针。机插秧首批播种也宜在 3 月 20 日左右，大田可根据机械等情况分批播种，确保批批适龄插秧。

② 播种方法　常规稻一般每亩用种量 7～8kg，杂交稻每亩用种 2～3kg，实现以苗代蘖和以苗代肥，增加主穗成穗率和适当减少化肥用量。

秧厢要整平沉实，摆盘不能出现翘盘现象，要用扫帚打平压实。盘孔营养泥要达到 2/3 以上，最好进行两次扫泥，防止盘孔泥少甚至无泥的现象出现。

每亩大田用 308 孔秧盘 110～120 个，为提高成秧率和有效防止烂秧，要求催芽播种。并分厢过秤，多次来回撒播，确保播种均匀。若是农户自留种子，应适当增加播种量，且适当增加秧盘数量，才能达到秧足、秧壮的目的。

机播秧每亩大田用盘 55～60 个，并每亩育 10 个秧盘的抛秧苗用于补蔸。

（4）**苗期管理** 如果没有进行包衣剂拌种的，播后每亩秧田要用70%敌磺钠可溶粉剂300g，兑水15～30kg喷施，及时盖膜，并压严压实。

播种期至1叶1心期，以保温保湿为主，促进迅速扎根扶针；1叶1心期至2叶1心期，适当通风降温降湿，降低病害发生概率，标准化大棚洒水不要太多，以叶不卷筒为宜，注意降温降湿，促健壮生长；2叶1心后密切关注天气变化，当气温达到25℃左右，矮拱棚要注意揭膜通风降温，严防揭膜通气不及时，造成秧苗灼伤。抛插秧前要喷施五氟磺草胺进行除稗和喷施送嫁药。

16. 水稻机插秧密室叠盘快速催芽齐苗育秧技术要点有哪些？

水稻密室叠盘育秧，也称水稻机插秧密室叠盘快速催芽齐苗育秧，由全自动播种流水线、育秧密室、炼苗大棚等组成。基本流程是将消毒浸透甩干的稻种经包衣后，在全自动播种流水线上均匀播入秧盘，秧盘立体叠放入催芽密室，智能自动化控温控湿，48小时内催芽出苗。出苗后再将秧盘放到大田炼苗大棚，20天左右可培育出机插秧苗，是中国水稻研究所的一项新技术。

（1）**品种选择** 选择适合机械播种、机械栽插的高产优质品种。早稻宜使用早、中熟品种，有利于晚稻安全齐穗。种子质量应符合GB/T 4404.1—2008《粮食作物种子 第1部分：禾谷类》中的常规稻良种标准和杂交稻大田用种标准。每批次育秧的品种超过1个以上时应有明显标志，严防品种混杂。

（2）**种子用量** 常规早稻品种6～6.5kg。杂交早稻品种3～3.5kg。

（3）**种子处理**

① 种子处理流程 晒种→选种→发芽试验→浸种消毒→脱水待播。

② 晒种 浸种前晒种1～2天，提高发芽率、发芽势。

③ 选种 采取风选、泥水选等方式选种，或直接选用已经选好的良种。若采用泥水选种，泥水相对密度应为1.06～1.12，选种后应立即用清水淘洗。杂交稻种子饱满度差，一般用清水选种，饱满种子和不饱满种子用尼龙网袋分装浸种；常规稻只保留饱满种子。

④ 分装 将已选好的种子分装成10～15kg一袋，以利于浸种消毒及脱水处理。

（4）**浸种消毒**

① 方式 将装好袋的种子放进吊篮（彩图10），在水池中进行浸

种消毒处理（彩图 11）。

②时间　常规稻浸种 48 小时，杂交稻浸种 36 小时，其中咪鲜胺浸种消毒 24 小时。

③药液浓度　选用三氯异氰尿酸粉剂（强氯精）与水配制成 1∶（400～500）的药液浸泡杀菌，药液质量为稻种质量的 1.5～2.0 倍，消毒时间为 24 小时，然后用清水冲洗，换水继续浸种。将浸好的稻种捞出，用清水冲洗后，沥至稻种不滴水，立即用旱育保姆拌种，选准型号：旱育保姆有早稻专用型和中、晚稻专用型，早、中、晚稻要分别选用对应的型号。确定用量：每千克旱育保姆包衣稻种 3～4kg。每包 350g，一般拌 1.2～1.5kg 种子。将种衣剂置于圆底容器中，然后将浸湿的稻种慢慢地加入容器内进行滚动包衣，边加边搅拌，直至将种衣剂全部包裹到种子上为止。拌种后稍晾干，即可播种。

（5）脱水待播　将已经浸种消毒的种子用航吊送到脱水区，用脱水机进行脱水处理后等待播种。

（6）播种操作流程

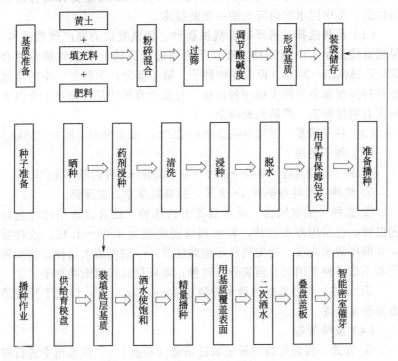

① 供给育秧盘　采用自动供盘机或手动供盘。

② 底层基质　厚度约 1.5cm。

③ 底水　调至最大，保证底土吸足水分，并有水下渗。

④ 播种量　常规稻每盘播 150g 左右，杂交稻每盘播 80～100g 左右。

⑤ 用基质覆盖表面　盖土厚约 0.3cm，具体以表面喷水后不见种谷为宜。

⑥ 表面喷水　以喷匀喷湿为目的，喷水以播种盘下有少量水渗出为宜。

（7）叠盘　采用叠盘机或人工叠盘（彩图 12）。

① 叠盘放置　先在钢构托架上放一块木心板，然后将叠盘放在木心板上，每个托架上放 8 墩（2 排×4 墩），每墩 20 个，共 160 盘。

② 叠盘存放　每放满一个托盘架，盖上木心板，用叉车运至叠盘存放区。

（8）催芽齐苗　每批次播种结束后，用叉车将叠盘运至智能密室进行统一催芽齐苗。

① 分区　一般将智能密室分为两个区域，每批次用一个区域催芽齐苗。

② 温度控制　常规稻种温度控制在 30～33℃，杂交稻种温度控制在 28～32℃。

③ 湿度控制　一般要求在 95％左右。

④ 光照控制　密封遮光。

⑤ 出盘　当出芽率在 90％以上，芽长 4～6mm 时出盘。一般入室 40～48 小时即可破胸齐苗出盘。将芽长 5mm 左右的秧苗硬盘用运输工具送到育秧场所育秧。

（9）日常保养　每批次作业结束后，应及时清除各原料斗中剩余的原料。检查机器各工作部件，确保部件完好，运转正常，及时加注润滑油等。

17. 杂交水稻单本密植机插秧技术要点有哪些？

把杂交水稻的种子"印刷"在纸上，再平铺到田地里，机插杂交水稻育秧就基本完成了，种子用量少而且产量高。杂交稻单本密植机插秧栽培技术是通过单粒定位播种、低氮密植、大苗机插栽培，以培育由大穗和与其相协调的穗数组成的高成穗率群体。与传统机插杂交稻相比，种子用量减少60%以上，秧龄期延长10~15天，秧苗素质及耐机械栽插损伤能力得到大幅提高。加之，稻田泥浆育秧简便易行，节约育秧基质成本；通过增加栽插密度，减少氮肥用量。杂交稻单本密植机插秧栽培技术的核心是低氮、单本、密植，其技术要点如下。

（1）种子精选 在商品杂交稻种子精选的基础上，应用光电比色机对商品种子再次进行精选，以去除发霉变色的种子、稻米及杂物等，精选高活力的种子。一般商品杂交稻种子经光电比色机精选后，发芽率可提高约10个百分点。生产上精选杂交稻种子的大田用量，一般每亩早稻为1300g，晚稻为800g，一季稻为500g左右。

（2）种子包衣 应用商品水稻种衣剂，或者采用种子引发剂、杀菌剂、杀虫剂及成膜剂等自主研发配制成的种衣剂，将精选后的高活力种子进行包衣处理，以防止种子病菌和苗期病虫为害，提高发芽种子的成苗率。经包衣处理后的杂交稻种子，一般播种后25天以内，秧田期不需要再次进行病虫害防治。

（3）定位播种 应用杂交稻印刷播种机或者手工播种器，每盘横向播种16行（25cm行距）或20行（30cm行距），纵向均匀播种34行包衣处理的杂交稻种子。早稻定位播种2粒、晚稻和一季稻定位播种1~2粒。种子用可降解的淀粉胶粘合固定于播种纸上（彩图13），播种时边播种边进行纸张卷捆，便于运输。播种好的纸张可使用流水线作业，使自动装填基质、摆放纸张、覆盖基质、浇水浸泡等在大棚育秧或场地育秧中高效完成。

（4）泥浆育秧 选择排灌方便、交通便捷、土壤肥沃、没有杂草等的田块作秧田。播种前15天左右将秧田整耕1次，播种前3~4天整耕耙平，每亩撒施45%复合肥60kg。按厢宽140cm、沟宽50cm开沟做厢。以厢床中间为准，从田块两头用细绳牵直，四盘竖摆，中间两盘对准细绳，秧盘之间不留缝隙；把沟中泥浆掏入盘中，剔除硬块、碎石、禾蔸、杂草等，盘内泥浆厚度保持2.0~2.5cm，抹平待用（最好用泥浆机装盘省工、效率高）。对于早稻育秧，秧床需要用敌磺钠（或者甲基硫菌灵）兑水喷雾消毒。

（5）场地育秧 可在平整的旱地、水泥坪、坂田，采用软盘、硬盘育秧，或者用无纺布装填专用基质、有机发酵菌肥、营养液肥料等进行育秧。

（6）铺纸播种　铺纸播种有两种方法：一是将种子朝上铺纸，播种后用商品基质或过筛的细干土覆盖，以覆盖后不见种子为度；二是将印刷好的种子反铺在秧盘上，慢慢滚动，及时调整位置，使纸张平顺地粘在泥浆上，并使种子均匀进入盘中，后用手轻压纸张，使纸紧贴泥浆。

（7）盖膜揭膜　播种纸张摆放后，早稻、中稻用竹片搭拱，薄膜覆盖；一季晚稻和双季晚稻用无纺布紧贴盘上覆盖，厢边用泥固定，以防风雨冲荡。种子扎根长叶后，根据天气情况及时揭膜或者揭开无纺布。

（8）秧田管理　放水浸至盘面，浸泡 20～24 小时放干水，将纸张揭掉，动作轻巧，确保不带出种子。中、晚稻秧苗达 1 叶 1 心后，每亩秧苗用 150g 多效唑配成药液细水喷雾，以促根发棵；当秧苗 2 叶 1 心时，每亩秧田追尿素 3～4kg。种子破胸后、扶针前保持厢面无水而沟中有浅水，严防高温煮芽和暴雨冲刷种子；1 叶 1 心后保持平沟水，使厢面湿润不开裂，开裂则灌"跑马水"。

（9）机械插秧　播种后 20～25 天左右（最迟不超过 30 天），叶龄 4.5～4.9 叶时适时机插，早稻机插不少于 2.4 万蔸，晚稻机插不少于 2.2 万蔸，一季稻机插不少于 1.6 万蔸。30cm 行距插秧机横向抓秧 20 次，纵向取秧 34 次；25cm 行距插秧机横向抓秧 16 次，纵向取秧 34 次。

（10）大田管理

① 推荐施肥　氮肥用量早稻或晚稻为每亩 8～10kg，一季稻为每亩 10～12kg，分基肥（50%）、分蘖肥（20%）、穗（30%）3 次施用。

② 大田水分管理　分蘖期浅水灌溉，当每亩苗数达 16 万～20 万时开始晒田，晒至田泥开裂，一周后复水，干干湿湿灌溉，孕穗至抽穗期保持浅水，抽穗后干干湿湿灌溉，成熟前一周断水。

③ 病虫防治　按照当地植保部门病虫情报防治病虫害。

18. 机插软盘营养泥大田育秧技术要点有哪些？

（1）品种选择　根据不同茬口、品种特性及安全齐穗期，选择在当地生态条件下能安全成熟的优质、高产、分蘖中等、抗性好、穗粒并重的优良品种，以生育期适中偏短为宜。

（2）机插壮秧标准 秧苗整齐，秧龄 3.1～3.8 叶（一般为 15～20 天，在特殊情况下，如超稀播，育秧采用化学调控措施或控制肥水，抑制秧苗高度，秧龄也可适当延长到 4 叶 1 心），苗高 12～18cm，苗基较粗，发根数 12～15 条，根系健康有力，百株茎叶干重 2g 以上，叶片挺立有弹性，叶色鲜绿无病斑，无病虫害，秧苗发根力强，秧块盘根好，栽后活棵快分蘖早。

（3）播期确定 粳稻露地育秧最早播期为当地常年日平均气温稳定通过 10℃的初日，籼稻为当地常年日平均气温稳定通过 12℃的初日，因品种苗期的耐寒性强弱不同尚有较上述初日提早或推迟 3 天左右的变幅。机插小苗大多数采用塑料薄膜覆盖保温育秧，可比一般露地育秧的最早播期提早 5～7 天。机插小苗与手栽 30～50 天秧龄的大苗同时移栽，小苗则要较大苗推迟 15～20 天播种。各地机插稻具体品种的适播期范围，应根据当地分期播栽试验的产量和生育期的变化结果以及前茬收获期和后茬适宜播期而定。在适播期范围内，应与当地种植制度相适应，根据茬口、移栽期和品种安全高产的适宜机插秧龄等因素来确定。并根据机具、劳力和灌溉水等生产条件实施分期播种，以保证秧苗适龄移栽，不超秧龄。

（4）营养土准备

①准备营养土 在 2 月底前备齐营养土，选择肥沃的菜园土或河泥塘淤，也可以直接在稻田、旱田取土，可在冬季施用有机肥，旋耕 2～3 遍，使土块冻酥，春季施化肥后再旋，然后取表土过筛（4～6mm）堆制备用。按每亩机插大田备足营养土 $0.1m^3$（115kg）。

②调酸碱度 调至 pH 为 5，可有效防治立枯病和死苗、黄苗，促进根系生长旺盛，育成壮苗。黏性土壤（pH 为 7.0 左右），每 115kg 床土拌入硫黄粉 180g 左右；碱性沙土（pH 为 8.5）拌入硫黄粉 220g 左右。调酸碱度宜在育秧前 20 天进行，不可过早、过迟。

③培肥 培肥营养土，分两段进行，"春分"前每 $10m^3$ 营养土拌入腐熟的人粪尿或优质堆肥、厩肥 1500kg 左右（不可用新鲜的草木灰和碱性肥料）。育秧前拌入化肥，每亩机插大田的营养土（25 盘，$4.06m^2$，$0.1m^3$ 或 115kg）施用硫酸铵 420g 或氯化铵 380g，过磷酸钙 625g，氯化钾 180g。如施用高效复合肥，每亩大田营养土用

580g。对于没有调酸碱度的营养土，尤其是碱性沙土，要施用铁肥，每亩大田营养土用硫酸亚铁 20g（不能与碱性药肥和磷肥混合），以防黄苗。缺锌的土壤要用锌肥，每亩大田营养土用硫酸锌 5～10g。

为简化营养土调酸碱度、培肥和种子消毒、防病等工序，可使用"旱秧绿 3 号"（江苏省淮安市农科所研制的专用配方肥），每亩机插大田的育秧面积使用 1kg，其中 0.5kg 施于秧畦表层。也可按每100kg 细土加壮秧剂 0.5kg 充分拌匀，起到培肥、调酸碱度的作用（pH 中性至微酸性）。

（5）做好秧田

① 秧床选择　选择地势平坦、排灌方便、背风向阳、邻近大田的熟地作秧田。选取水方便的农户菜地。秧田、大田面积比宜为1:（80～100），一般每亩大田需秧田 7～10m^2。

② 床土培肥　就地培肥，早翻打匀（播前 60 天旋耕 3 次），维持适宜的土壤水分（土壤水分在土壤最大持水量的 80%～85%）。用无机肥培肥，参考用量：每亩秧田施用氮、磷、钾高浓度复合肥50～70kg，或尿素 20～30kg、过磷酸钙 40～80kg（土壤 pH＞8.0 取高限）、氯化钾 15～30kg。具体用量视取土田块的地力而定，菜园土培肥量要少，甚至不培肥。培肥后床土碱解氮含量以 250～300mg/kg为宜。不宜用厩肥等有机肥培肥。

（6）备足秧盘　软盘育秧，一般每亩大田粳稻要准备 22～25 张、杂交籼稻 15～18 张；用机械播种流水线播种，每台流水线需备足硬盘用于脱盘周转。旧盘用前要消毒杀菌。

（7）种子准备　机插秧育苗时，谷种要用密度法选种。选种液的相对密度粳稻为 1.08～1.10（鲜鸡蛋浮出水面 2 分硬币大小），籼稻为 1.06～1.08（鲜鸡蛋勉强漂浮）。杂交稻种谷一般用清水漂选，分为沉、浮两种类型，分别浸种催芽，以求同盘的种谷萌发与生长一致。选种后每 5kg 种子用 250g/L 咪鲜胺乳油 3mL＋10% 吡虫啉可湿性粉剂 10g，兑水 6～7kg 浸种，防治恶苗病及稻蓟马、稻飞虱。浸种时间应随气温而定，一般粳稻需浸足 3 天，籼稻 2 天左右，稻种吸足水分的标准是谷壳透明，米粒腹白可见，米粒容易折断而无响声。

（8）催芽　主要技术要求是"快、齐、匀、壮"。"快"是指 2 天内催好芽；"齐"是指要求发芽势达 85% 以上；"匀"是指芽长整齐一致；"壮"是指幼芽粗壮，根、芽长比例适当，颜色鲜白，气味清香，无酒味。播前种子要求破胸露白，谷芽露出 1mm 时落谷，切不可催芽过长。

（9）做好秧板 播种前 10 天精做秧板，苗床宽 1.4～1.5m，沟宽 20～30cm，深 20cm，长度视需要和地块大小而定。秧池外围沟深 50cm，围埂平实，埂面一般高出秧床 15～20cm，开好平水缺。为使秧板面平整，可先上水进行平整，秧板做好后排水晾板，使板面沉实 3～5 天，播种前 2 天铲高补低，高差不超过 0.5cm。用泥浆或细土，弥补裂缝，充分拍实，使板面达到"实、平、光、直"。实，秧板沉实不陷脚；平，板面平整；光，板面无残茬杂物；直，秧板整齐，沟边垂直。

（10）精量播种

① 顺次铺盘 秧板上平铺软盘，为充分利用秧板和便于起秧，每块秧板横排两行，依次平铺，紧密整齐，盘与盘的飞边要重叠排放，盘底与床面紧密结合。铺盘结束后，秧板四周加淤泥封好软盘横边，保证尺寸。

② 匀铺床土 将床土均匀平整地铺放在软盘内。底土厚控制在 2.0～2.5cm。

③ 补水保墒 播种前 1 天，灌平沟水，待床土充分吸湿后迅速排水，亦可在播种前直接用喷壶洒水，要求播种时土壤水饱和率达 85%～90%。可结合播种前浇水，用 65% 敌磺钠可溶粉剂与水配制成 1∶（1000～1500）的药液，对床土进行喷雾消毒。

④ 播种 播种质量直接关系到秧苗素质和机插质量，为此要准确计算播量，即根据播种密度与种子千粒重、发芽率、成苗率、芽谷/干种比，精确算出每盘或单位面积芽谷播量，实行定量播种。

　a. 手播种 铺盘、铺土、洒水、播种、盖土五道工序为手工操作，关键是要控制好底土厚度（2.0～2.5cm）；洇足底土水；按盘数逐板称芽谷播种（一般常规粳稻每盘播破胸露白芽谷 120～150g，杂交粳稻每盘播芽谷 90g 左右），如能确保在 3.2 叶期之前移栽，播量可增加 15%～20%；坚持细播匀播。

　b. 机播种 播前要认真调试播种机，使盘内底土厚度稳定在 2～2.5cm；每盘播芽谷 140～150g（指种子发芽率为 90% 时的用量，若发芽率超出或不足 90% 时，播量应相应减少或增加）；盖土厚度 0.3～0.5cm，以看不见芽谷为宜；洒水量控制在使底土水分达饱和状态，盖土后 10 分钟内盘面干土应自然吸湿无白面，播种结束后可直接脱盘于秧板，也可叠盘增温出芽后脱盘，做到紧密排放。

（11）匀撒覆土 种子播种后立即盖未培肥的过筛细土，盖土厚度 0.3～0.5cm，以不见芽谷为宜，不能过厚。注意使用未经培肥的过筛细土，不能用拌有壮秧剂的营养土。盖籽土撒好后不可再洒水，以防表土板结影响出苗。

（12）封膜保墒 盖土后灌 1 次平沟水，湿润秧板后立即排出，弥补秧板水分不足，并沿秧板四周整好盘边，保证秧块尺寸。平盖农膜（膜下板面每隔 50～60cm 放一根细芦苇或铺一薄层麦秸草或小竹竿，以防农膜粘贴床土导致闷种）并将四周封严实。

高温时，再在膜上加盖一层薄稻草（厚度以看不见农膜为宜），遮阴降温，确保膜内温度控制在 35℃以内。

对气温较低的早春育秧或倒春寒多发地区，要在封膜的基础上搭建拱棚增温育秧。拱棚高约 45cm，拱架间距 50cm，覆膜后四周要封压严实。在鼠害发生地区，要在苗床膜外四周撒上鼠药，禁止将鼠药撒入棚膜内。

（13）揭膜炼苗 此阶段主要防止高温伤芽，高温天气中午喷水于膜上覆盖物来降温，苗床温度控制在 35℃以内，若有秧苗顶土困难，及时喷水淋溶土块。齐苗至 1 叶 1 心期应及时揭膜，并上水护苗。揭膜时间应选择在傍晚或阴天，避免在晴天烈日下揭膜。播后 3～4 天，齐苗后即可揭膜。揭膜后需灌 1 次平沟水，以弥补盘内水分不足。

（14）肥料管理 床土充分培肥的，一般不追肥。基肥不足的，在秧苗 1 叶 1 心时应及时施"断奶肥"，按每盘 2g 尿素于傍晚洒施，或按每亩 8kg 兑水 1000L 浇施。施后要洒一遍清水，以防烧苗。栽前 2～3 天每盘用尿素 3g 作"送嫁肥"，并确保及时栽插。

（15）水分管理 揭膜前保持盘面湿润不发白，缺水补水；揭膜后到 2 叶期前浇平沟水，使盘面湿润不发白，盘土含水又透气，以利于秧苗盘根；2～3 叶期视天气勤灌"跑马水"，要前水不干后水不进，忌长期淹水灌溉造成烂根，移栽前 3～4 天，灌半沟水蹲苗，以利于机插。

（16）化学调控 主要用于要推迟栽插、延长秧龄（18 天以上）的秧苗，为防止秧苗旺长，控制秧苗高度以适应机插，在揭摸后秧苗

1叶1心期每亩秧田可用15％多效唑可湿性粉剂75～100g，兑水30kg喷雾，用药时要求畦面无水，并要增加秧田施肥量。使用多效唑后，5～25天内有效，10～20天抑制作用最强，故对第三、四叶的伸长有显著的抑制作用，并影响第五叶。采用多效唑拌种、浸种也有良好的控苗作用，一般每千克稻种用15％多效唑可湿性粉剂0.4～0.5g加少量水溶解后拌种。

（17）病虫防治　对立枯病和青枯死苗要勤观察，揭膜后每天清晨观察秧苗叶尖是否吐水，如有成簇的秧苗叶尖不吐水，立即用70％敌磺钠可溶粉剂1000倍液泼浇防治，或建立水层抑菌防病。出现黄苗可用硫酸亚铁500倍液喷雾1～2次。

密切注意地下害虫、飞虱、稻蓟马，以及条纹叶枯病、稻瘟病的发生。

19. 水稻机插秧大棚育秧技术要点有哪些？

（1）育秧前准备工作

① 育秧棚及育秧地选择　要选择地势平坦，背风向阳，排灌良好，土质疏松的偏酸性、无农药残留的地块建设育秧大棚；建大棚坚持就地取材、坚固方便的原则，一般大棚规格为55m×6m×2.1m，简易的可用竹木结构，拱形骨架，有条件的可用铝合金管、镀锌铁管、钢筋等材料，大棚的走向应与当地育苗期间主风向平行；大棚与大田比例为1:（70～80），棚与棚之间开好0.5m×1m的排水沟，棚内秧床要整平，育秧前清除棚内杂草，棚内中央留一条40～50cm的过道，有条件的可铺设水泥砖过道，以方便后期棚内管理工作；棚内中央离地70cm处挂好温度计，以观测棚内温度。也有大型合作社采用连栋大棚进行育苗的（彩图14、彩图15），只是一次性投入较大。

② 地坪、水、电　在大棚附近选择地势平坦处，根据大棚数量和播种流水线台数建一个播种工作间；为方便播种流水线正常工作，要求工作间附近有充足水源和220伏直流电。

③ 育秧基质准备　湖南农业大学湘晖农业技术研究所研制的水稻机插育秧基质，是根据水稻营养生理特性和壮秧机理，经高温杀菌、科学配合形成的全营养水稻秧专用基质，应用该产品育苗，安全可靠，能促进秧苗早生快发，根系发达，提高成苗率和壮苗率，是培育无病壮苗的较好基质。使用时可将基质抄拌使其蓬松不可结块，无

需向基质中添加土壤和肥料，直接将其装入育秧盘中即可。按每袋基质土（每袋 50L）装填 13～14 盘的比例备好基质土，基质土要求有机质含量高，土质疏松，通透性好，肥力较高；pH 在 4.5～5.5 范围内；土壤颗粒直径控制在 2mm 左右；氮、磷、钾三要素齐全；土中不能含有粗沙和小石块等硬质杂物，以防损坏插秧机零部件。

④ 育秧盘的准备　育秧盘可采用软盘和硬盘（彩图 16），规格为 58cm×28cm×25mm，底部要留有 280～300 个透水孔，防止浇水的时候由于不透水导致根腐烂。按照每亩 18 盘的比例备好育秧盘。

（2）种子选择及处理

① 质量选择　种子质量必须保证纯度不低于 98%，净度不低于 98%。

② 晒种　在浸种前尽可能选晴天晒种 3～4 小时或半天，可提高种子发芽率和发芽势。

③ 选种　用清水选种，浮出的秕谷要捞出，不饱满的种子要充分利用，实行分别催芽播种，重点护理以培育出整齐健壮秧苗。

④ 浸种、催芽　用清水洗净种子后，放入清水中先预浸 12 小时（预浸期间要每隔 4～6 小时换水 1 次，并洗净种子），使附在种子上的病菌孢子萌动，再用 300 倍三氯异氰尿酸药液和 0.01% 烯效唑浸种 12 小时，消毒药液应高出种子表面 3.3cm（消毒期间不换水），然后用清水反复冲洗残留药液。洗净后继续放入清水中浸种 12 小时，最后捞起催芽。

为提高发芽率，最好是采用日浸夜搁的间隔浸种法：将上述的 3 个"12 小时"放在白天（从每天早上 8 点至晚上 8 点为浸种时间），夜间捞起不浸种。杂交稻浸种时间要短，一般水温 20℃ 以下时，浸种（含消毒时间在内）总时间约 36 小时。晚稻播种期间气温与水温较高，用清水预浸 12 小时后再用 300～500 倍三氯异氰尿酸药水消毒 8～10 小时，用清水反复冲洗干净，捞起保持湿润的情况下，经 24 小时左右种子露白时即可播种。

（3）播种

① 播种期　机插秧对播种期要求较为严格，应坚持适期播种，根据大田茬口，大田耕整、沉实时间，按照秧龄 15～18 天推算播种期，早稻当日气温稳定通过 5～6℃、棚内温度在 10℃ 左右时即开始播种，南方早稻适播期从 3 月 23 日开始。晚稻必须按照品种安全齐

穗期倒推，并兼顾早稻成熟情况合理安排播种期，如果面积大要根据插秧进度，适时播种和收获前茬作物。

② 芽谷质量　种子刚刚破胸露白时即可播种，即根长达到种子长度的1/5，芽长达到种子长度的1/4时即可播种，芽长不得大于1mm，要求种子的破胸露白率90％以上，含水量不高于15％，播前将芽谷置于背风阴凉处摊晾2～3小时炼芽。

③ 播种量　南方机插每亩需用育秧盘18个左右，发芽率在90％以上的种子，杂交稻每盘播芽种130～150g。

④ 播种流水线准备工作　机械播种流水线要摆放在相对平整的地块，注意秧盘在流水线上运作时不要出现卡盘的现象，如遇卡盘，应及时调整。

⑤ 浇水　播种流水线上自带有浇水程序，播种时水要浇透，以秧盘底面有水滴渗透出来为宜。

⑥ 覆土盖种　育秧盘底土覆土深度应控制在2cm左右，覆土过深易因秧盘温度上升过慢而造成种子霉烂；表土覆土深度在0.3～0.5cm，以盖没芽种为宜，流水线在覆土过程中如遇覆土不匀，应人工及时补撒，防止因芽裸露造成秧苗后期盘根不稳。

（4）苗期管理

① 全盘催芽　将播完种后的秧盘集中堆码在大棚中央，早稻育秧于秧盘上面加盖无纺布，以达到更好的保水保温效果。早稻一般叠盘4～5天催芽，晚稻一般叠盘2天催芽，待芽长达5mm左右、根系开始下扎时及时摊盘（彩图17）。

② 水分管理　摊盘后要及时补水，第一次浇水底土要浇透；每日一般在上午10时前和下午4时后各浇水1次；出苗前要把握干湿交替的原则，以控水促根，出苗后因秧苗需水量加大，应保持床土湿润，晚稻育秧因温度过高，水分散失快，可于清晨或傍晚进行漫灌，待秧吸水1小时左右及时排干棚内多余的水分；移栽前在保证秧苗不失水的前提下适当控水，以促进盘根，方便卷筒运输；起秧前一天浇少量清水，以第二天卷苗时不散为宜，即用手按下秧块不软又不硬最好。

③ 温度管理　将温度计插于棚内两头、棚中具有代表性的秧盘，适时掌握基质内温度；播种到出苗期密封保温催芽；出苗至1叶1心期注意开始通风炼苗，可适当将棚两头的门打开，棚内温度控制在

28℃以内；秧苗1.5～2.5叶期，逐步增加通风量，棚温控制在20～25℃，严防高温烧苗和秧苗徒长；秧苗2.5～3叶期，棚温控制在20℃以下，逐步做到昼揭夜盖；移栽前将大棚边膜揭开炼苗3天左右。

④ 苗床追肥　秧苗2.5叶期后如发现脱肥，可通过叶面追肥补施低浓度的氮肥、钾肥和锌肥，喷后及时用清水洗苗；起秧前一天喷施少量"送嫁肥"，以氮素肥料为主，追肥后清水洗苗。

⑤ 多效唑促壮苗　大棚内秧苗水肥温相对充足，生长较快，可于1叶1心期（彩图18）喷施0.002%～0.003%的多效唑，达到控苗徒长、培育壮秧的效果。

⑥ 病虫害防治　大棚基质育秧能在一定程度上减轻病虫害的发生，主要是防治根腐病、恶苗病，以及稻象甲、稻飞虱、蓟马。

20. 水稻塑料抛秧软盘湿润育秧技术要点有哪些？

（1）软盘准备　软盘规格：308孔。杂交早稻亩抛2万蔸，准备90盘，常规早稻亩抛2.5万蔸，准备110盘；中稻亩抛1.6万～1.8万蔸，准备70盘；杂交晚稻和常规晚稻亩抛1.8万～2万蔸，准备75～85盘。

（2）备种　每亩杂交早稻2.5kg，常规早稻5～6kg，中稻1.25～1.5kg，杂交晚稻1.5kg，常规晚稻3kg。

（3）秧床准备　秧床应湿润。选择土壤肥沃稻田（早、中稻秧田应背风向阳）作秧床；耕翻时每亩秧田施用600kg优质腐熟农家肥，或者25%复混肥30kg；按1.3m厢面宽度分厢，沟宽30cm。

（4）播种

① 种子处理　播种前选晴天将种子翻晒2天。浸种和种子消毒结合进行，用三氯异氰尿酸粉剂（强氯精）或咪鲜胺溶液浸种12小时。早稻和中稻夜浸昼露2天，吸足水分和浸种消毒后洗净，保温催芽；晚稻夜浸昼露1天，吸足水分和浸种消毒后洗净，室温下发芽。待种子破胸露白后，将60%吡虫啉悬浮剂10g或70%噻虫嗪水分散粒剂3g，先用少量清水混匀，再均匀拌种子3kg（杂交稻）或5kg（常规稻），晾干后即可播种。

② 播种期

a.早稻　中迟熟品种一般在3月15日～25日播种，早中熟品种在 3 月下旬播种。

b.中稻　4 月上中旬播种。

c.晚稻　中迟熟品种，一般在 6 月上中旬播种，早中熟品种在 6 月下旬播种。一季晚稻：5 月下旬播种。

③ 播种方法

a.秧盘摆放（彩图 19）和装泥　在秧厢横摆 2 排，秧盘与秧床紧贴。盘与盘之间不留间隙，摆盘后，将多功能壮秧剂与厢沟泥混匀装盘，用扫帚扫平，清除盘面烂泥杂物。

b.秧盘播种　均匀撒播种子，每孔有 2～3 粒种子（杂交稻）或 3～5 粒种子（常规稻），播种后用竹扫帚踏谷，孔与孔之间不能留土，以防秧苗串根。

④ 盖膜　早稻和早播的中稻播种后，需盖膜保温，用竹片搭拱架盖农膜（彩图 20），四周绷紧，压严。晚稻播种期间温度高，出苗前可盖遮阳网或稻草以防高温灼芽，还可防止鸟雀为害。

（5）秧床管理

① 水分管理　播种到出苗一般不灌水，若盘土变白可喷湿。齐苗后，厢沟可灌水，保持盘土湿润，但水不上厢面，以防串根。移栽前 2～3 天，不再灌水，以防秧苗根部所带的土散落，不利于运输与抛秧。

② 温度调控　早稻和中稻播种后盖膜，出苗后防止高温烫苗，膜内温度不宜超过 35℃。秧苗 2 片真叶期开始炼苗，先灌水，后揭膜炼苗。第 1 天打开膜的两头，第 2～3 天可揭开一半，第 4 天可全部揭去。但若遇到强寒潮，最好重新盖上，寒潮过后再揭。晚稻采用露地育秧。

③ 养分管理

a.早、中稻　一般追肥 2 次。第一次在 2～3 叶期追施"断奶肥"，每亩施尿素 2.5kg；第二次在抛栽前 2～3 天追施"起身肥"，每亩施尿素 4～5kg。

b.晚稻　严格看苗施肥，无缺肥现象则不追肥，在抛栽前 2～3 天每亩追施尿素 2.5kg 加氯化钾 6～8kg 作"起身肥"。

④ 病虫害防治（彩图 21）　秧田期注意防治水稻立枯病、绵腐病和稻瘟病等病害，晚稻秧田还要注意防治稻蓟马、二化螟、稻飞虱等害虫。在遇到连续 7 天以上阴雨天气时，在上午 9 点以后揭开秧床两

端薄膜通风换气防止病害发生，下午 4 点以前再继续盖膜保温。在秧苗 2 叶期，可用 70％敌磺钠可溶粉剂 800 倍液喷施预防青枯病、立枯病、绵腐病。防治叶瘟，每亩用 20％三环唑可湿性粉剂 100g 或者 40％稻瘟灵可湿性粉剂 100g，兑水 40kg 喷雾；防治二化螟，可每亩用 200g/L 氯虫苯甲酰胺悬浮剂 10mL，兑水 30kg 均匀喷雾；防治稻蓟马、稻飞虱，可用 10％吡虫啉可湿性粉剂 1500 倍液，均匀喷雾。

第二节 水稻育苗田间管理疑难解析

21. 杂交早稻育秧期间有哪些注意事项？

（1）**防寒防病** 育秧期间认真做好防御"倒春寒"的准备工作：全面推广薄膜育秧；1 叶 1 心期喷施多效唑，2 叶 1 心期喷施天达 2116 等叶面肥，1 叶 1 心或 2 叶 1 心期遇低温时，旱育秧与抛秧易发生立枯病，要及时使用噁霉灵等农药喷施；低温过后遇晴天，切忌突然揭膜，应先通风炼苗再揭膜；不可盲目施尿素等速效肥，切忌突然断水。杂交早稻育秧重点抓好绵腐病、立枯病、青枯病、苗瘟等病害防治，播种前做好种子消毒，秧苗带药下田。

（2）**控水调温** 芽期要加强水分管理，做到晴天满沟水，阴天半沟水，雨天沟中排干水。这期间要保持厢面湿润，土壤中氧气充足，以利于秧苗多发根、扎好根、快立针、促全苗。2 叶后秧苗抗寒能力减弱，但通气组织已经形成，可实行浅水管理，如预报有冷空气侵入，要提前灌深水护秧。冷空气过后，天气陡晴，早晨仍要保持深水层，上午 10 时后慢慢将水放浅，防止陡然排水青枯死苗。

（3）**合理用肥** 秧田要在施足农家肥和磷钾肥作底肥的基础上，合理追肥提苗。秧苗 2.5 叶期后，如果秧苗出现褪绿变黄，说明有脱肥现象，必须及时追肥，结合浇水每平方米施尿素 6～10g，可兑水后浇施，或撒施后立即浇水释肥。对长势过旺、叶片下披的秧苗，不可再施尿素等氮肥，应排水搁田，同时喷施磷酸二氢钾等叶面肥，可壮茎控叶防倒。

22. 怎样防止杂交早稻烂秧？

杂交早稻播种育秧期间冷、暖空气活动频繁，天气变化无常，气温变化幅度大，低温阴雨天气多，容易造成烂秧。烂秧包括烂种、烂根、烂芽和死苗。

烂种，指播种以后，种谷不发芽而腐烂，原因：种子发芽力低；浸种时吸水不充分，影响了发芽率和发芽势；催芽时"烧包"或播种后"落泥"过深；播种过早，遇低温发生烂种。

烂根、烂芽，主要是缺氧、低温、病菌引起传染性烂秧，也可能由中毒而引起。防止烂根、烂芽的关键是播种后不要长时间淹水，采用湿润灌溉法，施用腐熟有机肥料。

死苗，可分为急性青枯死苗和慢性黄枯死苗，多发生在 2～3 叶期。死苗主要是低温和病原菌（腐霉菌）所致。防止措施：选用耐寒品种，掌握好播期，促进秧苗早扎根外，改善秧苗生活环境等。

23. 如何防止旱育秧死苗？

水稻旱育秧是在肥沃、疏松和严格控制苗床水分含量的生态环境中培育的，在外部形态和组织结构以及生理机制等方面，都具有较强的抗逆性。但技术应用不到位，极易发生死苗等现象，必须加强病害防治工作。

旱育秧整个过程都会发生死苗，但有两个时期最重，一是出土前至 1 叶期，死苗率可达 30％以上，表现为芽腐、腐霉、恶苗等症状；二是 1.5～2 叶期，死苗率可达 15％以上，表现为黄枯、青枯、恶苗及黄化苗等症状。

旱育秧死苗主要是由于立枯病、绵腐病、恶苗病等病害死苗，碱害死苗，低温死苗，高温烧苗（彩图 22），药害死苗，肥害死苗，青枯死苗，干枯死苗，蝼蛄、蚯蚓等地下害虫死苗、白化弱苗等。要防治这些现象，应采用综合措施，提前做好预防。

（1）提高苗床质量，防止肥害死苗

① 坚持土壤肥沃、疏松、深厚和便于管理的原则，选择旱地或菜园地作苗床。绝大多数死苗现象均发生在理化性状较差的老秧田和田头、地边及树荫隙地等质量差的苗床内。

② 提高培肥质量。苗床不提倡用化肥，不可用草木灰。可用油菜秆、稻草或麦秸秆加茶籽壳、人粪尿和土一起堆制高温肥。也可用充分腐熟的人粪便作底肥。

坚持冬前培肥，稻麦秸秆要细碎，有机肥一定要腐熟，饼肥必须泡碎堆制后才能施入苗床。冬前培肥和播前施肥后，必须多次耕耙，耕深要达 15cm 以上，使土肥充分均匀拌和。若秧苗生长偏弱偏瘦，确实需要少量使用"断奶肥"或"送嫁肥"，则"断奶肥"宜于秧苗 2～2.5 叶期使用，"送嫁肥"于起秧前 7 天每平方米苗床使用硫酸铵 40g 左右，并兑成 0.5%～1% 的肥液浇施，并及时用清水冲洗，以免肥液烧苗。

③ 发现肥害，秧苗通过灌水稀释，精心管理。待 5～6 天后查苗，根据受害程度、健壮秧苗数和计划移栽大田亩数，确定是否补种。

（2）适时揭膜，防止青枯死苗 掌握旱育秧揭膜时期和方法。具体揭膜，可视天气情况而定，在空气湿度大、温度较低的阴雨天，可在上午揭膜；晴朗天气必须在傍晚前揭膜，揭膜后要及时浇 1 次透水，可有效防止青枯死苗的发生。遇低温寒潮时，要灌水保温，若湿冷天气持续时间过长，需要在秧苗水温和地温、气温差距逐渐缩小时，采取勤灌勤排的方法，以提高水温和供给氧气，防止青枯死苗。冷害来临时要及时灌深水护苗，缓和温差，减少蒸腾，后逐渐排水。切忌在天晴时立即排水，以防秧苗体内水分收支失衡，造成生理失水，发生青枯死苗。

（3）遮阴降温，防止烧苗 在苗床上方 30cm 处放置温度计，观察温度。1 叶 1 心前最高温度不超过 35℃，2 叶 1 心前 20～25℃，3 叶 1 心期以 20℃ 为宜。低于或高于要求温度可采用膜外加覆盖物、揭膜通风、全揭膜方法来调节。4 月底 5 月初播种的秧苗，揭膜前当日均温达 20℃ 以上时，必须在薄膜上加铺一层薄薄的稻草，遮住强烈的阳光，使膜内温度稳定在 35℃ 以下，5 月上中旬播种的秧苗，播种后要及时铺盖地膜保湿出齐苗；如平盖地膜，虽然不会产生高温烧苗，但因土壤湿度保不住，导致出苗不齐，成秧率下降，还有可能出现"哑谷"或僵苗。

（4）防治地下害虫 播种时用辛硫磷毒土或毒饵防治，将毒饵撒于苗床四周；发现地下根受伤害时，以 50% 辛硫磷乳油 1000 倍液喷洒。

（5）防治立枯病、绵腐病、恶苗病等病害　如果根系发黑、变色、干枯，通常是病菌（立枯病、绵腐病）侵染、肥害、药害、碱害所致，这个过程比较缓慢，不仔细观察难以发现症状，当农户发现叶片枯黄或枯死时已为时已晚，一般无力回天。因此要加强苗期管理，苗床消毒并选择合适的拌种剂，提前做好预防。

选用抗病品种，只浸种（可用药剂处理）不催芽，尽量缩短苗床盖膜时间，齐苗即可揭膜或在温度较高季节育苗，播种后 3～5 天即可揭膜，加强苗床管理，控制膜内温度，可预防恶苗病的发生。

（6）防治白化苗　对于遗传性白化苗，应从遗传基因上改良，田间出现则难以转化。对于因低温冷害引起的白化苗，可在低温前灌水护苗；低温后增施速效氮肥，增强抗低温能力，加速恢复。

24. 水稻秧田期出现缩脚苗的原因有哪些，如何防止？

（1）症状　秧苗大小、高矮不一，部分植株矮小，只有正常株高一半左右，叶片少，根弱，苗黄瘦，甚至枯萎死苗。

（2）发生原因

① 未选种，或催芽不整齐、哑谷生长慢造成的缩脚苗。

② 在机插秧苗播种后覆土时，盖土不匀，土厚的地方易造成闷种，导致出苗相对慢，生长滞后，覆膜期间遇雨水未能及时清除膜面积水，造成"贴膏药"，影响秧苗生长。

③ 秧板不平，肥水分布不均，低处淹水、高处过干，或者少肥与多肥，秧苗生长不整齐，大小不一，形成缩脚苗。

④ 播种过密，或者稀密不均，密处苗挤苗，形成缩脚苗（彩图23）。

⑤ 露天育苗播后遇大暴雨，种芽冲刷到一起，种谷外露，幼根生长条件差，形成缩脚苗。

（3）防止措施

① 催好芽　保证发芽整齐、根芽粗壮，芽谷播入田内出苗快，且整齐一致。

② 做好秧板　避免因秧板积水或者晒干板结而造成秧苗生长不齐，产生缩脚死苗。

③ 播种均匀　防止种子堆叠。播后适当匀种塌谷或者匀苗。

④ 播后如遇大雨，要灌水护芽，防止雨水冲刷，使种谷成堆。

雨后排水，芽谷外露的要补塌谷或适当浇一些泥浆。

25. 水稻秧田期秧苗徒长的原因有哪些，如何防止？

（1）**症状** 秧苗显著蹿高，叶片披长，叶色深绿，分蘖较少。

（2）**发生原因** 一般多发于双季晚稻秧苗。温度高、湿度大、播量过大、肥秧田秧龄期长，最容易产生徒长苗。

（3）**防止措施**

① 稻种消毒 选好稻种和育苗土消毒，预防苗期恶苗病引进的秧苗徒长。

② 均匀播种 要注意稻种采用稀播匀播的方法，降低播种量，防止单位面积内秧苗过密引起徒长。

③ 加强秧田管理 适期、适量播种，播后控制肥水，还可施用多效唑，可使秧苗高度降低1/3。出苗后，加强秧田肥水管理，推迟秧苗上水时间，2叶1心前秧板保持湿润就可，2叶1心后采用浅水灌溉。早稻2叶期后晴天高温时还要做好通风炼苗工作，防止高温引起烧苗和徒长，同时要严格控制"断奶肥"的用量。

④ 喷施多效唑 连作晚稻和单季稻根据品种特性，选用多效唑喷施，多效唑可控制双季晚稻秧苗的徒长率，控制率达80%，还能促分蘖，防栽后败苗。一般在1叶1心期施用较好，宁早勿迟，一般秧苗常用剂量，晚稻秧田每亩用15%多效唑可湿性粉剂200g，兑水100kg；单季稻秧田每亩用药150g，兑水75kg。多效唑可抑制秧苗伸长，矮化植株、促进分蘖、培育壮苗。

⑤ 喷施乙烯利 在连作晚稻秧苗生长期，由于播种量大、气温高、生长速度快，植株普遍细长。适时喷施乙烯利溶液后，可降低秧苗高度10%左右，能有效地防止栽后败苗，促使发根早、返青快、分蘖早而多，防止植株后期倒伏，增产效果显著。用乙烯利250～500mg/L药液喷雾，每亩兑水喷50kg，在秧苗4叶期、6叶期各喷1次。使用时要严格掌握使用浓度，选择气温20～30℃的晴天喷施，不能与碱性农药混用。

26. 水稻秧苗期黄枯苗的发生原因有哪些，如何防止？

（1）**症状（彩图24）** 水稻幼苗叶片、叶鞘短于正常苗。叶片自上而下，并由叶尖向基部逐渐枯黄致死。根呈灰白色，似开水烫过，无弹性。用手拔苗，茎基部易与地下部稻谷处分离。一般在初期不易发现，待表现黄矮症状时，根系多已丧失活力。观察秧苗早、晚吐水情况，可以作为黄枯苗的早期诊断依据。凡叶尖很少吐水或者不吐水的秧苗，往往于几天后地上部就会出现黄枯症状。黄枯病情发展比较缓慢，通常一簇一簇发生，一般不致出现全田死苗。

（2）发生原因

① 黄枯苗发生在 1 叶 1 心至 3 叶期。此时苗体内糖量贫乏，生长不良，抗性弱，病菌乘虚而入。

② 不良气候会导致黄枯病的发生。最低气温持续低于 10℃，接着天气骤然转晴，2～3 天内最高气温超过 35℃，温差在 15℃ 以上，黄枯病发生严重。

③ 土壤环境较为疏松，为腐霉菌等好氧性病菌的繁殖和有害物质（如 NO_2 等）的产生创造了条件。一般旱育秧易发生黄枯病，半旱育秧较轻。

以上诸因素结合在一起，黄枯病发生概率极高。缺少 1 个因素，则很难发生。

（3）防止措施　防治黄枯病死苗的主要途径在于创造一个有利于秧苗健壮生长，而不利于病原菌繁殖和入侵的环境条件。

① 对已发生黄化的秧苗，应及时喷施 500 倍硫酸亚铁或硫酸铁溶液 1～2 次，并尽量提高床土的还原程度及床土温度，以解除秧苗的生理障碍。

② 以肥促苗　早施"断奶肥"，使 3 叶期秧苗处于得氮增糖期，顺利通过由异养转向自养的阶段，增强秧苗的抗逆力，培养壮苗。

③ 以水护苗　秧苗于 3 叶离乳前后，宜建立浅水层，以形成还原的土壤环境，抑制好氧性真菌的繁殖和亚硝酸的形成、积累。在低温来临或者持续低温转高温的时候，要及时上水护苗，提高地温，缓和温差。旱秧苗要做成凹秧板，有利于保水。勤浇稀水粪，保持土壤高度湿润；3 叶期前后，要增加浇水量，使根际土层水分经常呈饱和状态。

④ 施药杀菌　敌磺钠是防治腐霉菌的有效杀菌剂。1 叶 1 心期每亩泼浇 0.1% 敌磺钠可溶粉剂药液 750kg，杀菌效果可达 90% 以上。在死苗发生初期有零星枯黄时，每亩泼浇 0.25% 敌磺钠可溶粉剂药

液 750kg，可抑制病菌的繁殖并有利于病苗恢复生长。

27. 如何防止机插育秧种子出苗差？

机插育秧常出现种子出苗差、出苗不整齐或秧盘内秧苗分布不均匀等现象，从而影响机插质量，严重时甚至无法机插。主要是种子质量差、发芽率低、秧盘土处理不当等造成。

防止措施：育秧前要做好发芽试验，选择符合标准的种子进行育秧。

在育秧床土处理过程中，要选用合适的肥料种类，肥料和壮秧剂用量也要恰当。旱地土育秧取土前要求对土壤进行小规模的育秧试验，决定是否可作育秧营养土。育秧肥料应选用复合肥，且壮秧剂的施用量要适宜。禁用未腐熟的厩肥、尿素、碳酸氢铵等直接作基肥，同时播种后的盖土不能施用肥料及壮秧剂。

28. 如何防止机插秧育秧基质烧苗？

机插秧育秧时，出现苗床一块块不出苗或长得高矮不齐的现象。主要原因是采用了不合格基质，如基质有机质成分过高，或基质中使用尿素、碳酸氢铵和未腐熟的厩肥等，导致基质产生肥害而烧苗。

防止措施：选择经检测合格的水稻机插育秧基质，促进出苗整齐，提高出苗率。

29. 如何防止机插秧出现"戴帽"苗？

机插秧育苗中常有不少秧盘出现"戴帽"苗（盖土被秧苗顶起）（彩图 25），有些生长较慢的秧苗芽尖粘在被顶起的土块上而被拔起，致使白根悬于半空中。未被拔起的秧田由于没有了盖土，秧根裸露在外。出现这种现象主要是旱地土育秧上，盖土板结、过干过细、厚度不均匀以及床水过多等原因所致。

防止措施：旱地土育秧要选择适宜的盖土，覆盖均匀且厚度适宜。对已出现"戴帽"情况秧苗，可以用细树枝在床土上轻轻拍打，使顶起的土块被震碎后掉落下去，然后揭开盖膜，适当增撒一些细土，将秧根全部盖住，再轻喷些水，使秧苗根部保持湿润，同时将粘于秧叶上的泥土冲洗下去，最后将盖膜复原。

30. 如何防止机插秧秧苗发白？

大棚机插育秧，有时会形成白秧，或出现大面积叶片发白的现象。其发生的可能原因有：大棚内温度过高，水稻机插秧苗生长点嫩，高温下容易烧焦，叶片发白；或缺锌导致叶片白化，水稻苗期对锌肥敏感，当苗床基质锌肥不足时会因缺锌而引起秧苗叶片白化，严重时田间白化苗较为普遍；秧苗光照不足时，也有可能形成白秧，但一般多为心叶发白。

防止措施：加强大棚温度管理，当棚内温度高于30℃时，及时开窗通风炼苗。保障苗床基质养分均衡。如缺锌引起白苗，可叶面喷施0.2%硫酸锌或螯合锌加美洲星或海藻酸，7天一次，一般喷两次可恢复正常生长。因光照不足导致的白化苗，增加光照后能及时恢复生长。

31. 如何防止机插秧苗下部发黄？

水稻机插秧秧苗表面看起来正常，用手捋开，下部叶色发黄，严重时可影响到上部叶片。主要是育秧大棚内高温高湿，引起绵腐病、叶瘟等，导致基部叶片发黄。

防止措施：要及时开窗通风，降低大棚温度和湿度。及时用药防治，可选用30%噁霉灵水剂1200～1500倍液对土壤消毒。药液能直接被植物根部吸收后移到叶缘发挥作用，或者叶面喷施30%甲霜·噁霉灵水剂1500～2000倍液、70%敌磺钠可溶粉剂1000倍液。

32. 如何防治机插秧苗立枯病？

气温较低、温差较大，秧苗极易遭受立枯病（彩图26）的侵袭危害。立枯病是机插育秧时需要重点防治的病害，受立枯病为害时幼苗茎基部变黄至褐色枯死。机插秧一旦受到水稻立枯病为害，常易导致秧苗数量不足，漏插严重时需人工补栽。

防治措施：立枯病防治，首先做好床土配制及调酸工作，把pH调至6.0以下。其次对土壤进行消毒，可用70%敌磺钠可溶粉剂600～800倍液于播种前喷湿苗床底土，播后喷湿盖种土，底土和盖种土各喷 1 次，不能重复，以免造成药害。在秧苗 1 叶 1 心至 2 叶 1 心期，用 70％敌磺钠可溶粉剂 600 倍液进行叶面喷雾 1～2 次。

33. 如何防止机插秧青（黄）枯死苗？

由于水稻机插育秧较常规手栽稻育秧密度高，秧苗素质相对弱，在秧田期，特别是 2～3 叶期，秧苗正处于离乳期前后，遇低温冷害后，易造成青（黄）枯死苗。

青枯死苗是秧苗受低温影响，或暴晴未及时灌水，而造成秧苗失水而死的现象，属急性生理病害，通常成片发生。病害发生后从幼嫩的心叶部分开始萎蔫卷缩呈筒状，然后整株萎蔫死亡，死后叶色呈暗绿色，但秧苗茎部尚未腐烂，手拉秧苗，根部不会脱离，呈水烫状。

黄枯死苗是秧苗在低温下缓慢受害后发生的死亡现象，属慢性生理病害，通常一簇一簇发生。发病时从叶尖到叶茎，由外到内，从老叶到嫩叶，逐渐变黄褐色枯死，秧苗基部常因病菌寄生而腐烂，手拉秧苗，根部容易脱离。

防止措施：遇低温寒潮时，要灌水保温，若湿冷天气持续时间长，需要在秧田水温和土温、气温差距逐渐缩小时采取勤灌勤排或日灌夜排的方法，以提高水温和供给氧气，防止死苗。冷后暴晴要及时灌深水护苗，缓和温差，后逐渐排水。切忌在天晴时立即排干水，以防秧苗体内水分收支失去平衡，造成生理失水，发生青枯死苗。此外，也可根据苗情早施"断奶肥"，以增强秧苗的抵抗力。

34. 如何防止机插秧出现大小苗现象？

机插秧出现大小苗现象的原因主要有：播种后覆土时，盖土不匀，土厚的地方易造成闷种，导致出苗相对慢，生长滞后；覆膜期间遇雨水未能及时清除膜面积水，造成"贴膏药"，影响秧苗生长；秧板不平，致使板面相对高的地方在上水时泅不到水，秧苗处于水分威胁状态，生长缓慢。

防止措施：在育秧时应力求板面平直；播种后盖土均匀，以看不见芽谷为宜；覆膜期间注意根据天气情况保持膜内温度，并在雨后及时清除膜面积水。

35. 如何防止机插秧苗不整齐？

机插秧秧床内种子出苗时间不一致，或秧苗高度参差不齐，长势不一。可能的原因一是育秧用床土拌肥或拌壮秧剂不均匀，造成肥多的地方烧苗，拌不到的地方苗发黄。二是秧板高低不平，使得秧苗肥水管理不平衡。秧床不平或一边高一边低或两边高中间低，使秧床保水能力不一，造成水分足的地方秧苗生长快，水分少的地方秧苗生长慢。

防止措施：一是育苗时注意将拌有壮秧剂的肥土均匀地撒在秧盘的底部，然后铺上床土，淹水后播种盖土。这样处理，一方面能从根本上保证壮秧剂均匀，另一方面将壮秧剂放在床土底部与稻种隔开，并保持一定的距离，在刚发芽时，稻谷自身的营养足够幼苗吸收利用，壮秧剂基本不会影响幼芽的生长，秧苗生长较一致，等到幼苗发育到一定程度，稻种自身养分逐渐耗尽，这时秧苗的根系已经深入到床土的中下部，能从床土中吸收壮秧剂的养分满足秧苗生长。

二是选择平整的大田或蔬菜地作秧床，忌选择有坡度的河塘边作秧床。

三是注意水分管理。出现秧床保水不平的现象时，要及时揭膜灌水，把水灌至略高于秧盘约 1cm，保持 1～2 小时后将水放出，保持沟中有水，重新把膜盖好，早晚各一次，连续 2～3 天后，矮苗与高苗的差距明显缩小，黄苗开始转青，缺苗的地方也开始冒出尖尖芽头，之后每晚灌水 1 次，水面至秧盘上，逐渐转入正常管理。

第三章

水稻田间管理技术

第一节 水稻各生育阶段田间管理疑难解析

36. 早稻插秧后，怎样加强田间管理促返青快、分蘖多、不长草？

早稻插秧后即已进入五月，农谚说"三分种，七分管"，这说明秧苗管理十分重要。水稻插秧后，怎样管理才能返青快、分蘖多、不长草、防治病虫害呢？

（1）注重插秧质量 在插秧时，要注意插秧质量，拉线插秧，行直穴匀，不缺穴不漂苗，插秧深度为 2cm。稻田地浅水（水深 1～2cm）时插秧，插秧后稻田立即进水护苗。日平均气温稳定在 13℃时为插秧适宜期，插秧规格是行距 30cm，株距 12～13cm，每穴 3～4株。株高穗大、分蘖力强的品种、杂交稻等可插 2～3 株。

机械插秧，建议控制每天插秧面积。插秧机需控制插秧速度，以免造成缺苗断空。要合理安排插秧时间，将天气、插秧机损坏维修等因素考虑在内，天气不好，延迟 1～2 天也可以。

（2）查田补苗 插秧时同步补苗，补苗到位，不留死角，插秧结束，补苗结束，提高补苗效率也提高补苗质量，节本增效。

另外，补完苗后剩余的苗及时从田间清除。

（3）插秧后水层管理 插秧后一定要及时上护苗水，这时期的秧苗在移栽时根系受伤，吸收能力降低，对水分非常敏感，插秧后如果缺水，秧苗返青缓慢甚至会造成秧苗死亡，水过深也会影响正常返青，还给潜叶蝇提供了滋生条件。

返青期水层管理：插秧后深水护苗，水深苗 2/3，以不淹苗心为准，以水护苗，以水增温，促进水稻快速返青。

分蘖期水层管理：返青后浅水灌溉，3～5cm水层，以浅水增温促蘖，早生快发。阳光可直照茎部，增水温地温，增加土壤含氧量，促根发育，促水稻分蘖早发生。

分蘖末期，当田间分蘖数达到计划的80%时，可晾田5～7天，控制无效分蘖。晒到田间地面呈湿润状况或有鸡爪裂纹，水稻叶片褪绿，基部变圆变硬为止。晒田过后宜进行浅水管理，干湿交替。晒田使大气直接进入土壤中，增强土壤通透性，改善土壤结构，增加了土壤中氧气含量。

另外，晒田后秧苗新根数目增多，促进根系下伸，扩大了根系活动范围，增强了吸收能力，可促进秧苗对氮的吸收，增强茎的纤维合成，控制伸长节伸长，提高抗倒伏性，为穗大粒多打下基础。晒田降低了植株间的空气湿度，改善了田间小气候环境，破坏了病菌与虫卵繁殖传播条件，抑制了病虫害发生及为害。

（4）适时适量施用分蘖肥　氮素营养对水稻分蘖起着主导作用，水稻分蘖期的施肥量是全生育期的25%～30%，所以早施速效性氮素促蘖肥，使叶色迅速转黑，是促进前期分蘖的主要措施。早稻品种分蘖期短，促蘖肥必须在插秧后7～10天内一次施足。到了有效分蘖期末，若有效茎数明显少于预期的适宜穗数时，宜酌量施用保蘖肥，促进分蘖平稳生长。

（5）化学除草要及时　杂草生长快、吸收养分能力强，会与水稻争水分、肥料、光照，影响水稻正常生长。二次封闭要以丙草胺、苯噻酰、吡嘧磺隆等安全性能高的药剂为主，推荐用55%苄嘧·苯噻酰草胺＋50%杀虫单（撒啦1＋1）进行第二次封闭，既除草又防虫，主要防控稗草、游草、鸭舌草、野慈姑等杂草。

插后15～20天，及时进行二次灭草，可喷施敌稗、丁草胺、吡嘧磺隆等。对少量特殊的、难以化学防除的大草要人工拔除，最好在分蘖期结合耘田进行。

需要注意的是，施药后要注意水层管理，水层5～7cm，保水5～7天，不要因缺水而影响药效发挥，水层也不要过深，避免由于水层过深导致药害发生。

（6）防虫管理要及时　俗话说"有水就有虫"，如果插秧后温度较高，几天水就浑了，则说明可能有害虫。水生害虫会吮吸稻根和稻苗的汁液，造成幼苗养分缺失、组织破坏，影响光合作用，既容易造成稻苗不生长或生长缓慢或停滞，也容易引发病害侵袭。

一般水田常用的杀虫剂包括阿维·三唑磷、阿维菌素等。一般杀虫剂施用量大小要依水层深浅而定，水层 3～5cm，每公顷用 1kg 杀虫剂；水层 5cm 以上，每公顷要用 1.5kg 杀虫剂。另外注意观察，田间出现苗瘟或钻心虫造成明显枯鞘等症状时及时喷药防治。

37. 早稻收获期推迟，双季晚稻如何做好适时移栽？

早稻收获期常发生遇低温阴雨天气而推迟 5～7 天的现象，影响双季晚稻适期移栽。若遇秋季低温多雨、发生"寒露风"，则对晚稻安全齐穗和成熟较为不利，同时病虫害也发生重。针对双季晚稻生产存在的问题和潜在风险，双季晚稻生产应做到"抢腾茬、促早发、强田管、防病虫、防低温"。

（1）**栽插保足苗** 晚稻品种多以感温性强的籼稻为主，秧龄弹性小，超秧龄移栽易造成僵苗不发，尤其对晚稻机插秧影响较大。对部分秧龄偏长、长势过快的晚稻秧田，可通过控水和化控调节剂喷雾控制秧苗过快生长。对早稻收获期延迟的晚稻田块，要抢时整地移栽，同时适当密植，以密补迟，防止穗数不足。对生育期推迟过多的早稻，可杀青收割，确保晚稻按时移栽。对因洪涝冲毁秧苗不能及时栽插的晚稻田块，应尽快改种杂粮杂豆、薯类等旱粮作物或速生蔬菜，防止地荒。

（2）**施肥促穗粒** 栽插期推迟易造成双季晚稻秧苗老化，分蘖力降低。要早施分蘖肥，适当提高基肥与分蘖肥的比例，将基肥和分蘖肥用量增至施肥总量的 75% 左右，移栽后 3～5 天，每亩施尿素 5～7kg，促进早生快发。巧施穗肥，在植株倒 2 叶抽出、倒 1 叶露尖时，每亩施尿素和氯化钾各 2～3kg，促进壮秆大穗。补施粒肥，对群体较小的田块，在齐穗期，每亩施尿素 2～3kg，或施尿素 1.5～2kg 并叶面喷施磷酸二氢钾 150～200g，促进籽粒灌浆成熟。

（3）**做好水分管理防倒伏** 移栽后 15 天内，田间保持浅水层促分蘖；抛秧田要灌"花花水"促立苗，立苗后实行湿润管理，间隙露田，促进分蘖和根系发育。适时晒田控苗，肥力低、苗势弱的移栽田块要轻晒适露，肥力高、苗势旺的移栽田块要适当重晒；对翻耕抛秧田块，要适当早晒重晒；对免耕抛秧立苗相对较迟的田块，要多晒轻晒。晒田结束后及时复水，采取干干湿湿、交替灌溉，促进根系发育，增强植株抗倒伏能力。

（4）预防病虫害　重点防治稻飞虱、稻纵卷叶螟、稻瘟病、纹枯病等易传播、流行的重大病虫害。稻飞虱要"压前控后"，选用适当药剂在低龄若虫高峰期防治。螟虫和稻纵卷叶螟要以保护功能叶片为重点，在水稻中后期防治主害代。稻瘟病、稻曲病重点在破口抽穗期做好预防，纹枯病重点抓好分蘖盛期和拔节期防治，尽量选用高含量单剂，提高防治效率。

（5）防范"寒露风"　针对低温阴雨、"寒露风"发生概率较大的情况，要尽早制订防范预案。对"寒露风"到来时尚未抽穗的田块，采取灌深水保"胎"；对"寒露风"来临前始穗的田块，叶面喷施磷酸二氢钾，促进提早抽穗；对"寒露风"来临时处于抽穗扬花的田块，应灌深水保温御寒，有条件的喷施增温剂，增强抗寒能力，减轻低温危害，确保安全齐穗。

38. 机插秧苗返青慢的原因有哪些，如何防止？

机插秧的返青期，是指秧苗从秧床机插至大田后正常生长的时期，一般返青期在2～7天。机插秧苗机插后，秧苗有时呈现长时间不返青、新根生长少、叶片发黄等症状。

（1）发生原因

① 秧苗长势弱　育秧时秧苗过密，长不出适于机插的壮秧，伤根严重，播种密度高，根系盘结紧实，机插时根系拉伤相对于手工插秧严重，受伤的根系要经过几天时间才能恢复生长，机插后秧苗抗逆性比常规手插秧苗弱。

② 秧苗运输过程中伤苗严重　由于起秧时秧苗多层叠压，脆弱的秧苗经过多次折腾容易折伤折断，将使秧苗返青时间增加或死苗。

③ 秧苗栽插时高温日晒　双季晚稻由于机插时温度高，如果秧苗运输到田埂上不能及时机插，长时间日晒和高温，秧苗风干和晒死，不易返苗。

（2）防止措施

① 采用大棚育苗，棚内温度高，昼夜温差小，有利于秧苗生长。

② 用硬盘育苗，盘根好，运苗不用卷苗，插秧用苗时，可直接从盘中取出，放入插秧机秧箱上，不伤苗，秧片不易折碎和掉角，可节省插秧用苗。

③ 严格控制播种量，以利于培育壮秧。

④ 适当延长秧龄 1～2 天。秧苗在秧田里长 1 天，相当于在大田里长 3 天。因此，在不影响机插的情况下，可让秧苗在秧田里多长 1～2 天。这样，可使秧苗生长发育良好，个体大且粗壮，机插后抗逆性提高，可缩短秧苗的返青时间。

⑤ 在机插前 3～4 天，看秧苗的长势情况决定是否施一次"送嫁肥"，使机插的秧苗储存养分，机插后，有较强的发根能力，又具有较强的抗植伤能力，可缩短秧苗返青时间。如秧苗叶色变淡，每亩秧田用尿素 4～5kg 兑水 500kg，于傍晚均匀喷洒或泼浇，施后用清水洒 1 次，防止肥害烧苗。如秧苗叶色正常，叶挺拔不披苗，每亩用尿素 1～2kg 兑水 100～200kg 喷施。

⑥ 带药移栽。机插秧苗由于苗小体嫩，容易受稻蓟马、潜叶蝇、螟虫、纹枯病、叶枯病等病虫害侵袭。因此，机插秧前，要对秧苗进行一次药剂防治，提高秧苗防病虫害的能力，有利于缩短返青时间。

⑦ 用秧架运输。这样秧苗放在多层秧架上可以舒展，秧块不需再卷筒，也不需再叠压，可减少伤秧的现象，使机插秧苗及时返青生长。

⑧ 浅插秧。因为浅插田间表面温度高，可促进秧苗根系生长发育，缩短返青时间。早稻机插要做到浅插，不漂不倒，越浅越好。一般插深为 1～2cm。

⑨ 浅灌水。针对机插早稻秧龄短、个体小、生长柔弱的特点，要坚持薄水灌溉，浅水活苗。干生根，湿长苗，只要秧苗根系发育生长良好，那么秧苗返青的时间可以缩短。在灌溉时，要防止长时间深水而造成秧苗根系和秧心缺氧，返青期长。

⑩ 科学施肥。在施肥中要讲究科学，即分次施肥，少吃多餐，创造有利于秧苗早返青的环境条件，培育足够的壮株，达到小群体、个体壮的效果，为秧苗返青早打下基础。

⑪ 保证机插质量。要使机插秧苗返青早，应保证机插质量，做到适时插秧，一般气温稳定在 13～15℃时可开始插秧。插秧时要合理密植，保证每穴基本秧苗数 4～5 株，每亩基本苗数为 1.5 万～1.8 万穴。机插时行距要笔直，以确保稻田通风透光性好。同时还应做到遇到低温时不插、遇大风大雨时不插、浮泥糊泥不插、大田耕耙不平整不插、插秧机没有调整好不插。

39. 直播水稻白化苗的原因有哪些，如何防止？

直播水稻出现白化苗的情形有两种：一种是零星发生的，叶片长出就发生白化，或部分长条形白化，其中全白的苗，大多数在3叶期枯死；二是叶色从黄到白，常从尖端开始，此时如果采取灌水、施肥等措施或天气转晴，又能恢复生长。

（1）发生原因

① 肥料中缩二脲含量过高引起苗期叶片白化。

② 秧苗受高温或低温寡照影响，当气温低于20℃时叶绿素分解，高于32℃时叶绿素不能形成，叶片白化。

③ 在冷浸田，缺锌田也会出现白化苗。

（2）防止措施

① 选用大企业生产的肥料，缩二脲含量应低于2%。

② 遇异常低温气候，冷浸田、缺锌田块宜施用硫酸锌肥料作基肥，每亩用量1kg左右。

③ 当水稻在2～3叶期出现白化苗，应及时补施肥料，并浅湿润灌溉。

40. 如何加强水稻返青分蘖期的田间管理？

水稻返青分蘖期（彩图27），是指从移栽到拔节孕穗之前的这段时期。返青分蘖期的长短因品种（组合）、播种期、栽插期的不同而有差异，一般双季早稻品种和双季晚稻品种约15～25天，中稻约25～30天，单季晚稻品种约30～40天。此期要培育足够的强健的大分蘖，形成合理的叶面积，积累一定数量的干物质，培植强大的根系群。关键是积极促进早发争多穗，培育壮蘖增大穗。

移栽的水稻，由于植伤，栽插后要经过一段生长停滞后逐渐恢复到生长的时期，即返青期，一般需5～7天。就一季稻而言，移栽后10天左右开始分蘖，20～25天达到分蘖盛期，30～35天达最高分蘖期。一般整个大田分蘖期20天左右，而能够分蘖成穗的有效分蘖期很短，仅5～10天，最多的达15天左右。水稻分蘖期生长表现在两个方面，一是地上部长叶长分蘖，二是地下部长根，形成健壮的根系。水稻分蘖期又是根系形成的主要时期，所以也称增根期。稻株发根旺盛，吸收营养多，是促进早分蘖和培育健壮大蘖的关键期。一般分蘖发生的最适气温为 30～32℃，水温 32～34℃，光照充足，叶片光合强度高，光合产物增多，促进分蘖发生和生长，当土壤持水量达80％时，分蘖发生最多，灌深水和重晒田都能抑制分蘖，营养水平高，分蘖发生早而快，其中以氮素对分蘖影响最大。其主要管理技术要点如下。

（1）水分管理　水稻的现代高产栽培，都强调稀播培育壮秧，秧苗素质好，栽后发根快，无论早、中、晚稻，都不需要栽后灌深水护苗。最好的办法是浅水耕翻整平，浅水栽插，栽后 5～7 天，让田水自然落干。这样施的基肥不容易流失，土壤的水、气也比较协调。落干时结合追肥耘田，晾田 1～3 天（根据天气情况决定），再灌 3cm左右的浅水，等自然落干后再灌浅水。实行浅水勤灌、水气协调、以水调肥、以气促根的措施，有利于根蘖相互促进发展。当全田总茎蘖数达到预定指标（肥力高的田达到预定指标的 80％～90％）时，及时开沟排水晒田，也可在茎蘖数达到预定指标时灌深水控制分蘖。晒田应改以往一次重晒为轻晒、多次晒田，达到既控制分蘖不再增长而又不损伤根系的目的。第一次晒田晒到田边开小裂、人站田面不陷脚时，灌浅水（或"跑马水"）。隔 2～3 天再晒，反复多次进行，至分蘖不上升为止。

（2）追肥管理　返青分蘖期良好的长势长相是：移栽后 3～5 天活棵，7～10 天见分蘖，20 天分蘖达到或超过预定穗数指标，叶色清秀浓绿，挺而不披，植株矮壮、散开。分蘖肥要早施，促进早期有效分蘖，后期争足穗、大穗，特别是双季早、晚稻，有效分蘖期短，一般在栽后 5～6 天内施用。土壤肥力高或基肥足的田，可少施或不施分蘖肥，反之要多施。秧龄长的要重施，使营养生长能适当延长些，促进分蘖和长穗增粒。一般早稻在 5 叶期每亩施尿素 12～13kg，中稻在 5～6 叶期施尿素 12～13kg，晚稻的促蘖肥在 4～5 叶期施尿素12～13kg，保蘖肥在 7～8 叶期补施尿素 7～8kg。早施蘖肥，水稻会出现第一次全田叶片颜色发黑，此为正常现象。对有缩苗病的田块，在分蘖初期，追施硫酸锌 1kg 或用 0.3～0.4kg 硫酸锌叶面喷施。

有农民反映在水稻移栽后出现黑根、烂根、不长苗现象，怀疑肥料有质量问题。其实，出现这种现象和土壤性状关系较大，主要原因是在稻田长期淹水、缺氧情况下，土壤中还原物积累较多，如硫化亚铁等。黑根可分为三种情况。

①轻度黑根　地上部分长势好，根部只有部分或少部分发黑，拔起根时不沾泥，没有明显臭味，将拔起的根置于空气中，这种黑色物质（少量的硫化亚铁）将逐渐消失。根的吸收功能未发生严重损害，根部尚未腐烂，秧苗生长后期根系生长可恢复正常。

②严重黑根　部分根为黑色或蓝黑色，沾泥，刚拔起时可嗅到臭味，地上部分生长较差。这种黑色物质是由于根部表面形成硫化亚铁的缘故。把黑根放在极稀的石灰水中（万分之一），黑色很难褪去。根部呼吸和吸收作用都已减弱，但根的内部组织还未破坏，无腐烂中毒现象。

③中毒腐烂型黑根　中毒的根初期为半透明，根内充满硫化氢的水溶液及少量硫化亚铁黑色物质，刚拔起时有刺鼻臭味，根系无弹性，部分腐烂变质，稻苗长势很弱，有时造成死亡。

解决办法，前两种情况可以立即落干晒田，提高土壤透气性，降低还原物含量；第三种情况发生时，须首先查明原因，再采取相应措施。

（3）中耕除草　中耕耘田不仅能够除草，还能补充土壤氧气、消除土壤中的还原性有毒物质如硫化氢等，加速肥料的分解与养分的释放，尤其在土壤黏重、施用未腐熟有机肥多的田块，更需要及时耘田。一般活棵后，杂草出芽，排干水耘田，使杂草被泥巴糊住，晾田3～5天灌水，草即死亡。这对生产无公害优质稻米非常有利。也可使用化学除草方法，化学除草有栽插前处理和栽插后处理等多种方法。

（4）防治病虫　水稻分蘖期主要害虫有稻蓟马、螟虫，中、晚稻分蘖期还有稻纵卷叶螟、稻飞虱等。此期水稻营养生长旺盛，耐害补偿作用强，害虫发生种类较多，害虫种群及其天敌群开始建立，一些害虫如稻蓟马、稻纵卷叶螟、二化螟等发生较重。提倡农业防治，充分利用天敌控害，放宽防治指标，少用化学药剂。

主要病害有水稻纹枯病、叶稻瘟、条纹叶枯病、白叶枯病和细菌性条斑病等，病害开始发生，出现发病中心，随后向四周水平扩散。提倡做好以肥水管理为中心的农业防治，增强植株的抗病力；叶瘟、白叶枯病和细菌性条斑病一旦出现发病中心，立即化学防治。

41. 水稻分蘖期僵苗的发生原因有哪些，如何防止？

移栽后长期（10～15 天）苗不分蘖统称为僵苗（坐棵、坐苑），按成因可分为深栽僵苗、冷僵苗、化学药剂残留僵苗和缺肥僵苗等几种类型。

（1）深栽僵苗

① 症状　移栽后秧苗露出土面部分比浅插苗矮 1/4～1/3，返青后发棵迟、分蘖少，呈"一炷香"。到拔节期后，拔起深栽植株，可见基部节间长，同时长出许多不定根，常称"二段根""三段根"。穗少，每穗粒数少，影响产量。栽插过深，分蘖节处于通气不良、营养状况差、温度低的土层中，不利于发根活棵。且活棵后，由于栽插过深，分蘖推迟 5～7 天。同时，因分蘖期每出 1 片叶约需 5 天，这样就失去了 2～3 片叶生长的时间，导致有效分蘖减少。据观察：栽6.6cm 深的要比栽 3.3cm 深的迟 5～7 天发生分蘖，且分蘖瘦弱；每亩多施 7.5kg 化肥，1 个月后长势才能赶上浅栽的秧苗。深栽 10cm 的要比栽 3.3cm 的分蘖发生迟半个月，一般分蘖都不能成穗。

② 发生原因　黏土田、烂泥田，或旱改水第一年的稻田，上水耕耙次数过多，造成土层深而黏稠，土未沉淀就栽，常易栽深或栽后下沉；拔秧不整齐或栽"拳头秧""三指秧"，易深插；田面不平，低处或脚印坑中栽插的秧苗也易产生深栽僵苗。

③ 防止措施　保证浅栽，先整好田，达到田平、土熟，采用"蟹钳式"方法插秧，不插"拳头秧""三指秧"。所谓"蟹钳秧"，是指三指头要捏住秧苗基部，两指头插入土中，大拇指顶到土面，这样才插得浅而挺直。检查栽秧深浅，只需看秧苗高度，如有几行或几株特矮，可能是插得太深；看田适当减少耕耙次数，不使土壤浮烂；薄水栽秧，田间灌水不宜超过 1.7cm；如栽插过深，活棵后要脱水露田，增加土壤的通透性，随后在高效分蘖期浅水勤灌；早施分蘖肥，缺磷、钾田增施磷钾肥。

（2）冷僵苗

① 症状　低温造成的僵苗，常发生在双季早稻移栽后的大田分蘖期。主要表现为叶片淡绿带黄，并有褐色针头状不规则斑点，尤以叶尖较多。严重时从叶尖向叶基部沿叶缘枯焦，脚叶发黄，并有窝状

死苗和夹株死苗现象。整个稻株呈簇状，叶片细长，矮缩不发，根系弹性差，新根细而少。

② 发生原因　低温寒潮侵袭或冷水灌溉，最高气温低于 20℃易僵苗。双季早稻尤其是丘陵山区的冷水田、烂泥田、山阴田易僵苗。冷僵苗使分蘖延迟，有效穗数减少，造成减产。

③ 防止措施　选择耐冷性的品种；培育壮秧，提高耐、抗寒力；冷浸田开"避水沟"，排冷水、泉水，降低地下水位，提高土温；早稻田日平均气温稳定通过 15℃才移栽，栽后宜薄水浅灌，以水调温，或者薄水晒田，提高土温；已僵苗的田，应立即排水，并结合中耕轻晒田，以便增温增氧。

（3）化学药剂残留僵苗　生产上以绿麦隆药害僵苗较多。

① 症状　受害苗叶尖最初表现深绿色，浸渍状，稻叶纵卷，4～6 小时后叶尖枯黄，继而发白，并逐渐沿边缘向叶的中下部扩展，直至全叶枯黄、发白。被害水稻植株生长受抑，茎秆纤细；重的叶片枯萎、发白，生长僵滞，甚至伤及心叶，整株死亡。

② 发生原因　因为绿麦隆的溶解度低（20℃时为 10mg/kg），如麦田每亩用 25%绿麦隆可湿性粉剂 250g，施药后降雨少、缺灌溉，施入土中的绿麦隆滞留在土壤中，麦茬稻栽后遇到 35℃以上的高温且持续 2～3 小时，稻株生长旺盛，根部吸收力增强，滞留在土壤中的绿麦隆因充分水解，易被水稻吸收而产生药害。据大田测定：持续高温时，土中的绿麦隆相对含量达 0.05mg/kg 左右时，显著影响水稻产量。一般籼稻比粳稻受害后减产幅度大。据试验：当土壤中绿麦隆相对含量达 0.125mg/kg 时（相当于每亩施用 75g），粳稻会减产 20%～27%。当土中绿麦隆相对含量达 0.0625mg/kg（相当于亩施 37.5g）时，籼稻减产 20%～27%。水稻在分蘖期最易表现药害，尤其中晚稻栽后 15～25 天，易遇 35℃以上高温，表现药害症状。

③ 防止措施　重点在于防，水稻前茬麦田若用过绿麦隆，有条件的最好测定其残留量；残留量超标少、水源充足的可泡田耕耙、排水清除，达标后再栽植。如前茬麦田每亩施用 25%绿麦隆达 40g 以上的，需再施活性炭粉 1kg，撒后立即耙入 10cm 深的土层中，再反复泡田洗土，注意排出的水不能灌入邻近的稻田。栽后受害轻的稻田，可撒活性炭粉（用量相当于绿麦隆药量的 25 倍），并灌"跑马水"3～4 次。栽后水稻僵苗较重、生长停滞的稻田，在活性炭吸附、

冲洗清除的基础上，每亩再施50kg生石灰加1000kg猪牛粪。后期用0.8%磷酸二氢钾液进行根外追肥。危害特别重的，以后二三年内不要种稻，可改种其他作物如大豆，同时采取增施有机肥等缓解措施。如果已移栽水稻并发现危害无法挽救，只能抓紧改种旱作。

（4）缺肥僵苗

① 缺锌僵苗

a. 症状　通常在插秧后20天左右发病比较严重。分蘖期缺锌新叶基部发白，老叶沿中脉两侧变褐，并有不规则的褐色斑点；老叶的叶尖干枯，有时部分老叶的中脉呈褐色；很难长出新叶，即使长出新叶，也表现出叶片小，出叶慢，叶鞘短，植株矮缩，所以也称为"矮缩苗"。

b. 缺锌原因　土壤中有效锌含量低，如石灰性土壤和盐碱土就是因有效锌含量低，水稻易缺锌。土壤中连年大量施用磷肥，由于磷和锌之间有拮抗作用，使土壤有效锌含量大大降低而导致诱发性缺锌。插秧后土温过低，以及根系吸收能力弱，均会导致缺锌。

② 缺磷僵苗

a. 症状　新叶暗绿，植株下部老叶呈紫红色，叶片直立，鞘长叶短。严重时叶片卷曲，分蘖少、根系发育差、根分枝少，褐色、弹性差，吸收养分能力弱。

b. 缺磷原因　土壤中有效态磷的含量低。稻田水凉、土温低，致使土壤中有机态磷的转化缓慢，缺乏有效磷。土壤中有还原性有害物质影响，当还原性物质影响根系正常生长和吸收时也会发生缺磷。

③ 缺钾僵苗

a. 症状　一般在水稻返青后才会出现，在移栽后20～30天内达到高峰。表现为生长停滞，植株矮小，叶色深绿，分蘖少。植株下部叶片从叶尖向基部逐渐出现黄褐色到赤褐色斑点，并连成条斑，严重时叶片自下而上出现症状并枯死。远看一片焦枯，农民称之为"铁锈"稻。

b. 缺钾原因　多数是由于稻根遇冷害，或因土壤中含有有毒物质。沙土及漏水田，土壤有效钾含量低。过量偏施氮肥，诱导水稻缺钾。

④ 缺肥僵苗的防止措施　当发生磷、钾、锌等营养元素的供应缺少或不能被吸收利用而发生僵苗时，应该根据植株长相和长势综合

判断，确诊僵苗产生的原因，对症施肥，并改善环境条件才能取得良好效果。要精耕细作，提高土壤熟化程度，前茬收获后及时耕翻晒垡，土质差的可调换客土，或种绿肥。合理施肥，多施腐熟有机肥，增施磷、钾肥，绿肥田和实施秸秆还田的，最迟要在插秧前 10～15 天翻耕，酸性田每亩撒施生石灰 50kg，以加速绿肥及秸秆腐烂分解，早稻田、冷浸田等最好将绿肥或秸秆先沤制腐熟后再还田。加强田间管理，改进栽培措施，采用培育壮秧、抛秧、浅水勤灌等栽培措施，提高田间排灌系统标准，减少水、肥渗漏，适时晒田和追肥。如土壤缺钾，应补施钾肥，并适当追施速效氮肥；若施用有机肥过多，使有机肥发酵，应立即排水，每亩施石膏 2～3kg 后耙田、晒田；因低温阴雨危害的应及时排水，换灌温度较高的河水。雨停后应立即晾田，追施氮、钾肥后耙田，促进稻根发育，提高吸肥能力。有条件的还可叶面喷施浓度为 1%的氯化钾液或 0.2%的磷酸二氢钾液。缺锌田可叶面喷施硫酸锌肥。

42. 水稻分蘖期植伤苗的发生原因有哪些，如何防止？

（1）症状　植伤苗一般发生在移栽稻上。植伤是指在拔秧移栽过程中对秧苗造成的损伤。其主要表现为叶片萎蔫，严重的叶片和叶鞘灼伤，活棵返青缓慢，分蘖少而迟。

（2）发生原因

① 秧苗"起身肥"施用太早或用量太多，秧苗偏嫩。温度高、日照强、天气干燥，蒸发量大，秧苗易失水，造成植伤。

② 拔秧时，秧板过硬，或施用 2 甲 4 氯钠不当，造成秧苗断根过多，不能抵抗高温和阳光引起失水，造成萎蔫。

③ 栽隔夜秧（拔秧到移栽超过 1 昼夜），易造成植伤。

④ 上午栽秧植伤比傍晚栽秧严重，无水栽秧或秧把倒卧在田中植伤较重，暴露在阳光下的秧苗植伤较重。

（3）防止措施

① 少株拔秧，以免折断根、茎、叶。随拔随栽，不栽隔夜秧，最好上午拔秧，当晚栽秧。秧苗带土移栽，能减轻植伤，有利于及时返青、早活棵。

② 加强田间管理，栽后立即灌 3～7cm 深水，保持 2～3 天，以减少秧苗叶片蒸腾。早施分蘖肥，促进早发。

43. 水稻分蘖期烧苗的发生原因有哪些，如何防止？

（1）**症状** 受害稻叶呈均匀的橙黄色，以后整张叶片转黄，并自叶尖向下枯黄，严重的会枯死。一般是下部叶片受害严重。这种症状不同于其他病虫害引起的症状，它不会蔓延和转移，没有发病中心，新生叶绿色，有一个明显的新老交替现象。

（2）**发生原因**

① 硫酸铵或碳酸氢铵使用不当。在田内无水或叶片上有露水时使用，或中午使用，使局部地段的稻苗被熏伤。

② 肥料用量过多，造成土壤溶液浓度过大，超过根系细胞内的浓度，导致细胞水分外渗而失水，形成烧苗。

③ 碳酸氢铵易分解挥发出氨气烧伤稻株茎叶。

（3）**防止措施**

① 施肥时保持田间有一定的水层，如果已出现烧苗，则要及时灌水。

② 适时施肥。分蘖初期一般每亩施尿素 4～5kg，均匀撒施。

③ 夏季追施时最好在傍晚气温较低的时候进行。施用时可掺入少量干湿适中的细土，以防烧伤叶片。

44. 水稻分蘖期灼伤苗的发生原因有哪些，如何防止？

（1）**症状** 水稻中上部叶片呈半透明的不规则白斑，有时叶片在白斑处折断枯死。有些叶片出现紫褐色不规则枯斑，严重的叶片枯死。区别于传染病害，症状不蔓延、不扩大，新生叶正常。

（2）**发生原因** 由于叶片上有水珠，硫酸铵或碳酸氢铵肥料黏附在叶片上，肥料浓度过高，致使局部叶片的叶绿素遭到破坏，叶片失水过多而灼伤。

（3）**防止措施** 施用硫酸铵等类化肥应避免在早晨露水未干、雾气未散或雨后稻叶上存有水珠时进行，宜在傍晚前，温度降低时，尚未下露前施用。

45. 如何防止无效分蘖过多？

一般在分蘖后期所发生的分蘖，多数会中途停止生长而不能成穗，白白浪费养分，视为无效分蘖。

（1）**发生原因**　在生长条件适宜的情况下，主茎在分蘖前期有较多的养分供应分蘖生长，而在分蘖后期，由于主茎叶片、茎秆、穗的迅速生长需要大量的营养，对分蘖的物质供应便会急剧减少，这时不足三叶的分蘖由于营养供给不足而停止生长，成为无效分蘖。

（2）**防止措施**

① 及时晒田　分蘖末期排水晒田，适当减少稻田水分的供给防止其分蘖过多。

② 减少肥料用量　拔节后要减少肥料撒施以及叶面施肥，特别是氮肥的用量。

③ 浅水勤灌　水稻插秧返青后，应尽量做到浅水勤灌，除低温阴雨天气或寒冷的夜间需灌深水外，晴天田间保持3cm左右水层即可，以提高水温、泥温，促秧苗早发分蘖，多发低位大蘖，抑制无效分蘖的发生。

46. 如何加强水稻拔节长穗期的田间管理？

拔节一般在分蘖高峰前后开始，直到抽穗后数日，才停止节间伸长，这一段时期生产上统称为拔节长穗期（彩图28）。这一时期早稻约28天，中、双晚稻30天左右，单晚稻33天左右。此期应在保蘖增穗的基础上，促进秆壮、穗大，防徒长、防倒伏。拔节长穗期是水稻植株的营养生长和生殖生长并进的时期，地上部茎叶迅速增大，最长叶片相继出生，全田叶面积也达最高，地下部根的生长量也达最大。同时幼穗迅速分化、生长，是促进秆壮、穗大的关键时期。这一时期地上部干物质积累量占水稻一生总量的50%左右，因而也是水稻需肥量最多的时期。其主要管理技术要点如下。

（1）**水分管理**　拔节、长穗期需水量最多，特别是减数分裂期对水分最敏感，必须保证满足水稻对水分的需要。可是水稻进入长穗期，一般气温都较高（双季晚稻则相对较低），有机物质分解加快，微生物活动旺盛，耗氧量多，造成有毒物质积累，不利于根系的生长，这又要求不能长期淹水。因此在拔节长穗期的水分管理上，前期保持湿润和通气良好，后期适当建立5～8cm浅水层，特别是抽穗前5～15天内的减数分裂及花粉内容物充实期，保持浅水层。其余时期，以间歇湿润灌溉为主，采取"陈水不干，新水不进"的水分管理办法协调地上地下部生长。

（2）追肥管理　拔节长穗期的施肥可分为施促花肥和保花肥。促花肥在第一苞分化期至第一次枝梗分化期（抽穗前30天左右）施用，保花肥的有效施肥期是雌雄蕊形成期到花粉母细胞形成期之前（抽穗前18天左右，此时幼穗长度达1.0～1.5cm）。拔节长穗期一般采用前稳、中攻施肥法，主张适量施用促花肥。若前期生长不好、苗数不足、叶色变黄的田块，每亩可施3～5kg尿素作促花肥，以争取较多的有效穗和增加每穗的粒数，反之长势好的则不施，以免引起贪青晚熟和倒伏。保花肥无论在长势好的田块或长势不好的田块都要施用，一般每亩施5～7.5kg尿素，以满足水稻幼穗生长对氮素营养的需要。对保花肥的施用，要控制在抽穗时叶色能自然变淡，防止施用过多，造成后期贪青，病虫害加重。

　　（3）病虫害防治　水稻拔节期开始由营养生长转向生殖生长，害虫种间竞争激烈，优势种群为螟虫、稻纵卷叶螟、稻飞虱。要大力加强水浆管理，利用天敌控害，化学防治上要求达标防治、总体防治、适期防治。

　　主要病害有水稻纹枯病、叶稻瘟、条纹叶枯病、白叶枯病和细菌性条斑病等。病害继续扩散，并转向以垂直扩散为主。防治上继续抓好肥水管理，适时用药控害。

47. 水稻长穗期生长过旺的原因有哪些，如何防止？

　　（1）症状　又称"过旺苗""徒长苗"。叶片长而疲软，叶色过深，鞘色比叶色淡，后期小分蘖多，稻脚不清楚，茎秆柔软。

　　（2）发生原因　栽插基本苗过多，分蘖肥早而多，致使无效分蘖大量发生，上部叶片徒长，封行过早，中下部叶片受光不良，叶片过早枯萎早衰，茎秆基部节间充实不良，直接影响根系吸收能力。

　　（3）防止措施　出现旺苗徒长要立即重烤田，控制低效、无效分蘖和基部节间伸长，以促使叶片落黄挺立。拔节后期要控制穗肥的使用，做到叶色不落黄不施用攻花肥。

48. 水稻长穗期弱苗的原因有哪些，如何防止？

　　（1）症状　叶色过早落黄，叶片直立，分蘖少而小。封行推迟或不能封行，穗数少而小，产量低。

（2）发生原因　主要是地力瘠薄，分蘖期严重缺肥，还可能是秧田本身素质差。

（3）防止措施

①重视培养地力，增施磷、钾肥。增施基面肥，早施分蘖肥，一般在有效分蘖临界叶龄前期（2叶龄）施用为好。如果在有效分蘖临界期苗数偏少，轻晒田后要早施穗肥。

②如果拔节期群体小、个体苗弱，则应适当重施、早施穗肥，以巩固有效穗，减少分化颖花退化，争取较大穗。

49.水稻长穗期出现早穗的原因有哪些，如何防止？

（1）发生特点　早穗（彩图29）又称"早产"，是指秧苗在苗田里就已经进行穗分化，栽插后不到1个月就开始抽穗、开花并结实。这样的植株矮小，叶片小，穗子少而小且大小不一，抽穗期长，有的稻穗不能全部抽出；田间表现出齐穗迟、稻株高矮不一、成蘖较少、稻穗小、空秕率增多。早穗多发生在感温性较强的水稻品种上，一般在达到"双二五"条件时发生，即在育秧阶段2.5叶期，棚温连续超过25℃时发生。因为这种条件易使水稻叶的生长点提前变为穗的生长点，因而移入大田后再长3片叶就抽穗，早穗一般减产10%左右。晚稻出现早穗（一般多在栽后10~15天抽穗）的现象时有发生。

（2）发生原因

①品种（组合）特性　有的品种感温性强，有的品种感光性强，在长期高温的环境下，感温性强的品种常会发生早穗。而在短日照的情况下，感光性强的品种也可能出现早穗现象。双季晚稻的早中熟籼稻品种，其生育期较短，感温性较强，从播种到幼穗开始分化的时期较短，所需积温较少，有的在秧田期便开始幼穗分化或形成幼穗，导致移栽后不久就抽穗。

②秧龄过长　老秧迟栽、秧苗严重超龄，甚至在秧田就已开始拔节、穗分化，俗称"带胎上轿"，移栽后不久就抽穗。全生育期较短的早稻早熟品种或双季晚稻的早中熟品种，超秧龄最易早穗。播种过早，或迟栽易造成超秧龄。

③种子不纯　如种子纯度达不到国家规定的标准，其杂株常会出现早穗现象。

④水肥供应不足　如播量大，秧苗个体营养面积小，或营养条

件差，更易促使营养生长期缩短，加快转入生殖生长，使秧苗在秧田期或栽后几天就开始幼穗分化。由于穗分化前营养生长不良，穗分化时又处于不利的营养条件下，因而枝梗、颖花分化少，且大量退化，或发育不好，以致穗小、秕谷多。

⑤ 高温干旱　如七八月份气温偏高，杂交晚稻生育进程加快，特别是在持续高温干旱的情况下，使抽穗扬花提前。

（3）防止措施

① 注意引种　首先要了解品种特性，北种南引生育期缩短，会提早出穗，引种时应注意。同纬度海拔相同或相近地区引种，成功概率大。同纬度从高海拔向低海拔地区引种，生育期也会提早，从高海拔向低海拔地区引进生育期较晚的品种，成功的可能性大。

② 选好品种，适期播种移栽　选用生育期适中偏长的品种，并根据品种特性和茬口安排适宜的播种期和秧龄。按秧龄定播种量，保证每株秧苗到移栽前都有适当的营养面积，不使个体发育受抑制。对秧龄期过长的秧苗，最好采用寄插假植的方法，既可避免早穗发生，又不致影响水稻产量。

③ 加强秧田肥水管理　尤其生育期短的品种不可采取控肥、控水措施来控制秧苗生长。对在秧田里开始幼穗分化，发生早穗的秧苗，在移栽前要重施"起身肥"，以利于栽后早返青、分蘖，促进营养生长，延迟穗分化。大田耕种时施足速效氮肥，以利于秧苗返青后有足够的氮素营养促进营养生长和多发分蘖。插秧要浅，争取早分蘖。移栽后抓紧大田管理，重施分蘖肥、增施速效氮肥；浇水勤灌，促进营养生长。

🌻 50. 如何加强水稻抽穗结实期的田间管理？

抽穗期（彩图30）、结实期（彩图31）包括抽穗、开花、乳熟、蜡熟、黄熟等生育阶段，所经历的时间，一般早稻为25～30天，中稻30～35天，晚稻和粳稻40～45天。此期是决定粒数和粒重的关键时期。水稻抽穗结实期间，谷粒中的碳水化合物积累贮存所形成的产量，约有1/4来自抽穗前贮藏在茎秆里的养分，随灌浆而向穗部转移，约1/8来自衰老叶片的物质运转。可见籽粒约2/3的重量，是来自绿叶的光合产物。也就是说，最后3片叶的功能对提高结实率和粒重起着决定性的作用。其中以剑叶的同化和供应能力最大，其次为倒

2 叶、倒 3 叶。叶片的功能与根系的活力密切相关，因此要做好养根护叶，提高结实率和千粒重。

（1）水分管理　抽穗开花期是水稻对水分比较敏感的时期，其敏感程度仅次于孕穗后期，特别是早、中稻抽穗季节正值高温，蒸腾与蒸发量很大，要满足水分供给，保持浅水层。灌浆结实期也不宜断水，水分不足会影响光合作用和碳水化合物的运输，但又不能长期淹水，长期淹水不利于根系生长，因而，要采用间隙灌水的方法，即灌一次水，3～4 天让其自然落干，湿润 2～3 天再灌一次新水，反复进行，直到成熟，特别对于大穗型品种（组合），其灌浆结实期间长，更不宜过早断水，以免降低产量。要掌握好停水期，停水期一般在水稻齐穗后 40 天左右，或收割前 7～10 天。对地下水位高、盐碱较重的稻田，应以保水为主，并适当推迟停水期，以防止土壤返盐、水稻早衰。

（2）追肥管理　齐穗期追肥可提高叶片含氮量，提高光合同化能力，延长叶片功能期和维持根系活力。齐穗期施氮，要看田、看天、看苗而定，肥力高的田不施，气温低、寡日多雨不施，苗不黄不施，病害重的不施。齐穗期施肥数量以每亩 3～5kg 尿素为宜。也可采用根外追肥，每亩用 0.5kg 尿素，加 200g 磷酸二氢钾，兑水 50kg，在下午扬花后喷施到叶面上。

进入灌浆期后，根系的吸收功能逐渐衰退，而穗部尚处在营养充实阶段，需要有足够的养分供应。这时若采用土壤施肥，不仅效果会大打折扣，而且会延误"以肥增产"的良机。采取根外喷施方法补充肥料，让水稻茎叶直接吸收利用，则事半功倍，既用肥少又见效快。

① 喷施氮肥　根外喷施氮肥，可有效地延长功能叶寿命，防止脱氮早衰现象的发生。一般分别在孕穗期和灌浆初期每亩用 1% 的尿素溶液 50～60kg 喷施，如在尿素溶液中加入 3000～4000 倍的赤霉酸调节剂一起喷施则效果更佳。

② 喷施磷肥　水稻中后期根外喷施磷肥，可提高结实率和千粒重，促进早熟。一般在抽穗至灌浆期喷 2 次 2% 的过磷酸钙溶液。配制方法：取优质过磷酸钙 2kg，粉碎后倒入 100kg 水中浸泡 24 小时（经多次搅拌）后过滤取液，每次每亩喷施 60kg。在缺氮田块可在配制好的磷肥溶液中添加适量尿素混喷。

③ 喷施钾肥　根外喷施钾肥，能促进抽穗，提高结实率。一般在水稻孕穗期和齐穗期各喷 1 次钾肥溶液，方法是取新鲜草木灰 5kg，加清水 100kg，充分搅拌后浸泡 12～24 小时，然后取澄清液喷施，每次每亩喷肥液 50kg。也可用 1% 的氯化钾溶液喷施。

④ 喷施磷酸二氢钾　喷施磷酸二氢钾，可提高抗逆性，增强抗热和抗寒能力，增粒增重，增产效果好。一般在孕穗期、齐穗期和灌浆期各喷 1 次，每次每亩用磷酸二氢钾 150g，加水 50kg 稀释后喷雾，具有显著的增产效果。在抽穗达 20% 时，每亩用磷酸二氢钾 150g 加 1～2g 赤霉酸（若为粉剂，宜先用酒精化解），加水 50kg 稀释后均匀喷施，可促进抽穗整齐，减少包颈，增产效果显著。

⑤ 喷施锌肥　水稻对锌敏感，在始穗期和齐穗期叶面喷施锌肥液，可促进抽穗整齐，增强叶片功能，加速养分运转，有利于灌浆结实。一般每次每亩用硫酸锌 100g，兑水 50kg 喷施。如果与适量磷酸二氢钾混合喷施效果更佳，但不能与磷肥混用。

⑥ 喷施硼肥　水稻生长也需要硼肥，灌浆期硼营养供应充足，结实率高，空秕粒少，尤其在杂交稻上表现更加明显。一般在齐穗期和灌浆期，每次每亩各喷 1 次 0.1%～0.2% 的溶液 50kg，可增产 10% 左右。当水稻灌浆结实期遇低温阴雨时，喷施硼肥效果更好。硼砂叶面肥，应先用少量温热水将其溶解，再加水稀释至所需浓度后喷施。

⑦ 乙烯利催熟　若水稻抽穗期间出现连续的阴雨低温天气，水稻灌浆慢，对于生育期偏长、播种和插秧又很晚的少部分稻田，可在水稻灌浆初期喷施 40% 乙烯利水剂 400～800 倍液。乙烯利有加速水稻灌浆、提前成熟的效果，施用乙烯利后水稻表现为稻穗压圈快，叶片上的营养迅速向穗部转移而使叶色变淡、谷粒变黄提早，但需注意，乙烯利仅是植物生长调节剂，对能正常成熟的水稻并没有增产作用，一般稻田尽量不要喷施乙烯利，尤其是喷施乙烯利的水稻不能留种用。

（3）病虫害防治　抽穗期主要害虫有螟虫、稻纵卷叶螟、稻飞虱等，齐穗后主要有白背飞虱、褐飞虱、黏虫、二化螟。防治上应以保穗为目标，防止稻纵卷叶螟为害导致白叶，螟虫为害导致白穗，飞虱为害导致"冒穿"，二化螟为害出现大量虫伤株。加强肥水管理，重点监测，抓主兼次，适期用药。主要病害有水稻纹枯病、稻瘟病、稻曲病、条纹叶枯病、白叶枯病和细菌性条斑病等。穗期是叶部病害、粒部病害发生为害及其防治的关键时期，防治上以适当的肥水管理为基础，把药剂防治作为关键措施。水稻生育后期需要防治的病害只有稻瘟病。防治穗稻瘟病应在水稻抽穗后施药 2 次，间隔 7 天左右，可选用稻瘟灵，每亩用稻瘟灵 100~150mL，兑水 30kg 喷施。

51. 水稻抽穗不整齐的可能原因有哪些，如何防止？

水稻抽穗时，田间表现参差不齐，有的还未扬花，有的稻穗却已半成熟。

（1）发生原因

① 使用的稻种不纯，或者是多年自繁后品种退化。

② 栽培管理技术不当，如栽插密度过低、单株分蘖成穗偏多，或播种过大、插植过密，秧龄过长，均会导致稻株发育进度不一，抽穗不齐。

③ 病害原因，如水稻缺钾易出现胡麻叶斑病的症状，发病植株新叶抽出困难；或前期水稻条纹叶枯病造成死苗，后期小分蘖成穗多；田间发生僵苗和病虫为害（如稻飞虱、恶苗病）等，均导致抽穗期不一，穗层不整齐。

④ 气候因素，如高温干旱，日照充足，遭遇"空梅"（即梅雨季节不下雨），会导致有些稻株生育进程加快，提前进入生殖生长，从而发生早穗，导致抽穗不齐。

（2）防止措施

① 选择通过审定的纯度高的优质高产品种，针对多年自繁后品种退化，需要做好种子提纯。

② 种植密度合理，做好肥水管理。合理优化水稻群体，防止病害发生。

52. 水稻穗抽不出的可能原因有哪些，如何防止？

水稻抽穗期间，常发生水稻最上部节间缩短，出现包颈包穗现象，导致水稻颖花开放受阻，结实率低，每穗粒数下降，产量下降50%以上。

（1）发生原因

① 异常的气候条件　如孕穗期遇干旱、高温或低温。干旱缺水易导致水稻生理机能受阻，发育不良，生长停滞，干物质积累减少，茎节伸长受阻，孕穗后期则导致水稻抽穗受阻或穗抽不出来。双季早稻和晚稻孕穗期如遇 20℃以下的低温天气，水稻抽穗会受阻。

② 药剂喷施不当　在防治病害过程中，水稻破口时过量施用唑类药物，会影响水稻植株体内代谢，影响节间伸长而导致包颈现象发生。

③ 由水稻特殊病害引起　如水稻鞘腐病等病害，导致水稻生长势较弱，影响抽穗。

（2）防止措施

① 选种抗高温或抗低温的水稻品种。结合当地气候条件，选择适宜的水稻品种，并结合适宜的肥水调节措施，防止高温和低温危害。

② 推广水稻节水栽培技术。根据水稻生理需水习性，采用间歇深蓄、间歇普蓄，前干后水等方法，提高水稻后期的抗旱能力和水分利用效率。也可以利用保水剂和抗旱剂。

③ 水稻破口到抽穗期间免疫功能差，对唑醇类农药十分敏感，建议该期间不使用此类农药，避免对水稻抽穗开花和籽粒结实造成影响。

④ 在水稻孕穗期要及时进行病害防治，根据不同病害的特点选用有效药剂，尽量做到一喷多防。病害防治以在水稻破口 7～10 天时进行为宜。

🌱 53. 水稻穗顶部颖花退化的原因有哪些，如何防止？

单季中稻孕穗期 40℃以上高温天气、双季早稻和晚稻穗分化期25℃以下低温易导致穗顶部颖花退化（彩图 32）、穗型变小、水稻每穗粒数减少、产量降低。

（1）发生原因　穗顶部颖花干物质供应不足所致。

① 高温条件下水稻穗发育过程中干物质利用率低，水稻穗发育抗氧化能力降低，颖花形成受到伤害，造成颖花退化。

② 低温条件下，水稻穗发育停滞，水稻干物质积累供应不足，引起穗顶部颖花退化。

③ 干旱、大田栽培措施不当（播期过早过晚、种植方式不合理、氮肥施用不当等）也会引起穗顶部颖花退化。

（2）防止措施

① 选种抗性强、颖花退化率较低的品种。

② 做好灾害防控，遇到高低温、干旱等环境胁迫时及时采取栽培措施，减少颖花退化的发生。如遇高温，灌深水降低穗部的温度能够有效缓解高温对穗发育的影响，喷施水杨酸和磷酸二氢钾能够缓解穗顶部的颖花退化。

③ 实行合理种植制度和肥水管理方法。水稻生长前期进行有效的肥水管理，使水稻植株有较强的根系活力，能够促进干旱下水分的利用和吸收，缓解高温带来的损失。正常条件下，穗期氮肥施用过多或过少均不利于水稻颖花形成，为此，根据不同品种的生育期和穗发育特性，安排合适的播栽期，一方面能够有效避开高温和低温等环境胁迫，另一方面能使水稻达到最佳的生长状态。明确最佳的肥料运筹方式，可减少颖花退化的发生，在水稻穗发育期，适当增加硅肥，能够提高水稻茎鞘的干物质供应水平，促进水稻穗粒形成。灌浆时期遇旱及时灌溉可有效抵御干旱危害造成的影响。

54. 水稻剑叶过长的原因有哪些，如何预防？

剑叶作为水稻灌浆期最重要的功能叶，适当提高它在群体中的比例可以有效减轻抽穗后叶面积的衰老，但剑叶过长会造成披叶，对群体透风透光及光合生产不利，还会增加发病机会。

（1）发生原因

① 品种本身特性决定。有些高产品种植株本身高大，上三叶面积较大，叶片易徒长披垂。

② 穗肥施用过多，上三叶生长过旺，水稻剑叶的长、宽和长宽比均相应增加，群体透光较差，容易造成徒长披垂。

（2）预防措施

① 肥料管理　早施、重施分蘖肥，氮、磷、钾合理搭配，不要偏施氮肥，高肥力的田块应减少氮肥施用量。

② 水分管理　浅水分蘖，够苗露晒，层水抽穗，保持土表干干湿湿至成熟，中期要注意控苗搁田，防止剑叶过长。

55. 水稻结实期出现大青棵的原因有哪些，如何防止？

（1）发生特点 大青棵（彩图 33）是指植株较大，生育期迟，一般不能正常结实的一类杂株。大青棵多出现在杂交稻中，在杂交稻成熟时稻株依然青绿、挺立。大青棵生长繁茂，与周围的杂交稻争肥、争光，具有较强的竞争优势，而本身又不能正常结实成熟，故对杂交稻产量影响较大。1%的大青棵可使每亩产量降低 11kg 左右。

（2）发生原因

① 大青棵主要来源于杂交稻制种田，隔离不严，不育系接受了粳型品种的花粉，产生远缘杂交的后代。也有一些对光周期反应敏感的晚籼品种，甚至个别早中籼品种，同样会使不育系后代产生大青棵。

② 农民在有限的耕地上，既种籼稻，又种粳稻，还要种一些糯稻，之间只隔一条田埂，籼、粳、糯之间花粉相遇，互相串粉，难以避免地发生相互杂交。用这种田块的稻谷作为翌年的种子，必然会出现大青棵现象。

（3）防止措施

① 制种田隔离区要认真规划，注意集中连片制种，并在大范围内控制种植与父本花期相近的常规品种，不种粳稻。制种田的隔离距离要求在 200m 左右。

② 做好去杂、去劣工作。去杂、去劣要结合各项农事活动随时进行。

56. 水稻结实期翘穗头植株的形成原因有哪些，如何防止？

（1）发生特点 抽穗后不能正常受精和结实，形成大量的空壳和秕谷，空秕率一般比正常稻谷高 5%～10%，颖壳发生开裂，米粒外露，且发黑、发黄。抽穗灌浆后不沉头，翘在上面，俗称"翘穗头"。

（2）发生原因

① 低温冷害造成结实率低 一种是生殖器官发育不全，或花粉发育不正常；另一种是颖花发育正常，但由于外界条件不良，如低温、药害等影响开花、授粉和受精，形成空粒。所以，翘穗的形成在

孕穗至抽穗开花期。在这一时期，如遇持续 3 天以上日平均气温低于 20℃，持续 5 天日平均气温低于 22℃，或最低气温连续 3 天低于 17℃以下，就会抑制花粉粒的正常发育和发芽，但是不同品种抵抗低温的能力也有不同。第一类耐寒力弱，籼稻和个别不耐寒的粳稻，必须在连续 2 天日均温低于 23℃前齐花。第二类耐寒力中等，中粳稻和个别耐寒的籼稻，必须在连续 2 天日平均气温小于 21℃之前齐花。第三类耐寒力强的晚粳品种，可在连续 3 天日平均气温小于 19℃之前齐花。

② 高温造成结实率低　水稻生长发育具有一定的适宜温度范围，其中水稻孕穗至抽穗开花期对温度最为敏感，此期最适温度为 25～30℃。如遇日均温度高于 32℃，日最高温度高于 35℃，临近开花前的颖花对高温最为敏感，开花前一天的颖花受热害最重。水稻孕穗期受高温影响，造成花器官发育不全，花粉发育不良，活力下降，水稻开花散粉和花粉管伸长受阻，导致不能受精而形成空粒。开花期遇到高温，花粉管尖端大量破裂，使其失去受精能力；扬花授粉时遇到高温，伤害花粉粒，使之降低活力；灌浆期遇高温影响，主要表现为秕粒率增加、实粒率和千粒重降低。有关研究表明，乳熟前的高温伤害主要是降低实粒、增加秕粒，乳熟后期的高温伤害主要是降低千粒重；上述各时期高温均会形成大量空秕粒，造成翘穗，导致产量和品质下降。

③ 药害等造成生殖器官发育不全，或花粉发育不正常；或虽然颖花能正常发育，但药害影响开花、授粉和受精，造成空粒，形成翘穗。

④ 养分施用比例不合理，烤田不适时适度，后期氮肥施用过多过迟，降低了植株的抗逆性。

⑤ 由水稻干尖线虫引起的种传病害。

（3）防止措施

① 选择适宜当地气候条件的品种　如早稻选用耐苗期低温、晚稻选用耐开花结实期低温的品种，中稻选用抽穗扬花期耐高温的品种。

② 适期播栽，确保安全齐穗　预防高、低温造成的翘穗，应根据品种特性和当地的安全开花、齐穗期，确定适宜播种期，做到适时播种，适龄移栽，确保在安全齐穗期以前齐穗。早熟品种不宜过早播

种，以免穗期遇到低温，增加空秕粒。晚稻不宜过迟播种，以免后期遇到低温而影响结实。

③ 培育壮秧，实施质量栽培　壮秧移栽到大田后，返青早、发育快，抗寒力较强；实施群体质量栽培，提高个体健壮度，增强抗逆性。

④ 合理施用肥水，提高结实率　要合理密植，科学用水，防止过早封行影响通风透光和后期贪青、早衰造成营养失调，为水稻穗粒的形成发育创造良好的条件，从而提高结实率和促使谷粒饱满。

⑤ 及时采取应急措施，减轻损失　在抽穗开花期间，如遇到高、低温，应采取防御措施。早稻孕穗期或晚稻抽穗扬花期，如遇 20℃以下低温，应及时灌深水调温，效果较好。如在灌深水的同时加施保温剂，则效果更好。早稻抽穗扬花期遇 35℃以上高温，采用日灌深水、夜排降温的方法，可适当降低温度，提高相对湿度，有利于提高结实率。

⑥ 根外追肥　可喷施磷、钾肥。在高温或低温出现时，使用磷酸二氢钾（每亩 0.25～0.5kg）、过磷酸钙浸出液（每亩 1.5kg）、尿素（每亩 0.5kg）加水 50kg 叶面喷施；也可以喷洒一些植物生长调节物质，补偿生长，以增强植株对高、低温的抗性。

⑦ 灌水洗田　针对化学药害及时灌水洗田，补施肥料和植物生长调节剂，缓解不利影响。

⑧ 药剂浸种　稻种播前用 6％杀螟丹水剂 2000 倍药剂浸种 48 小时，能够有效杀死稻种中的干尖线虫。

57. 水稻结实期小穗头植株的形成原因有哪些，如何防止？

（1）发生特点　植株上部叶片叶尖干枯、扭曲；穗直立，稻穗长度变短，粒形变小，穗头部分粒形似开裂不规则状，可在同一个群体单株间或同一单株上同时出现干尖和"小穗头"两种症状。"小穗头"穗与正常穗相比，每穗总粒数锐减，结实率和千粒重下降，据研究，穗长降低 5％～28％，总粒数减少 26％～62％，结实率降低 30％～61％，实粒数减少 30％～67％，千粒重减少 8％～28％。据研究，小穗头发病率 5％时，每亩减产 20～30kg；小穗头发病率 10％时，每亩减产 50～90kg；小穗头发病率 30％时，每亩减产 100～200kg。

（2）**发生原因**　水稻"小穗头"是水稻干尖线虫病为害所致。稻种潜伏干尖线虫是"小穗头"病害的内因。一般在籼稻上不发生，粳稻上品种间发病也有差异。种子带有干尖线虫，且未进行药剂处理，被育成秧苗线虫随之被带入大田，加上栽插密度过大，施肥量过多等因素，使干尖线虫在田间生长繁殖迅速，随着生育进程逐步转移到穗部，危害稻穗。

（3）**防止措施**

① 选用抗（耐）性水稻品种。

② 稻谷药剂浸种，选用 4.2％二硫氰基甲烷乳油，于播种前在日平均气温 23～25℃时，浸种 48 小时，防治效果达 95％～100％。由于小穗头不是引起恶苗病的镰刀菌造成的，因此施用咪鲜胺只能防治恶苗病，对"小穗头"防治效果不佳。

58. 水稻籽粒不结实的原因有哪些，如何防止？

水稻灌浆期常出现灌浆不实、每穗实粒数减少、瘪粒增多、千粒重下降、产量降低的现象。

（1）**发生原因**

① 干旱危害　水稻穗分化形成期植株蒸腾量大，水分需求多，是水分敏感期，该期遇干旱，会导致抽穗困难，穗型变小，结实率下降，减产严重。灌浆成熟期稻田无水干裂，会造成叶片过早枯黄，粒重降低。

② 低温危害　低温引起水稻结实率下降最敏感的时期是减数分裂期，此期遇低温可导致水稻花药发育不良，花粉形成受阻，影响后期授粉受精。开花期是低温影响的次敏感时期，此期低温影响水稻抽穗开花。

③ 高温危害　减数分裂期遇到高温天气影响花粉发育，开花期高温导致花药开裂受阻，颖花散粉不畅，散粉后花粉管萌发受抑制，受精过程受阻，导致颖花受精后子房不膨大，颖花形成空粒、秕粒。

（2）**防止措施**

① 做好预测预警　结合本地区水稻生育期和气象部门预测，明确高温、低温、干旱等不良气候因素的影响程度。

② 根据预测选种抗性强的水稻品种　生产上籼稻品种由于花时较早，受高温影响程度要小于粳稻；粳稻品种比籼稻品种更耐低温，

晚稻选用粳稻品种能够明显降低低温伤害；生物量较大的杂交稻品种，有更强的抵御高温的能力。

③ 调整播期　根据各地历史气候条件和品种特性，调节播期，使水稻开花期避开高温、低温、干旱等季节　长江流域地区为避开花期高温，双季早稻应选用中熟早籼品种，适当早播，使开花期在6月下旬至7月初，而中稻可选用中、晚熟品种，适当延迟播期，使籼稻开花期在8月下旬，粳稻开花在8月下旬至9月上旬结束，这样可以避免或减轻夏季高温危害。

④ 合理密植，加强肥水管理　适当增加行距和株距构建适宜群体，有利于稻田群体内部空气流通，利于降低温度，群体质量的提升可提高水稻个体抵御高温的能力；灌深水可以有效降低穗部温度和水稻群体温度，减轻高温热害，利用微肥和化学调节剂对抗高温有一定效果，孕穗期施用外源硅可提高花粉授粉性能，叶面喷施水杨酸、磷酸二氢钾等可提高结实率。

59. 水稻结实期发生青立的原因有哪些，如何防止？

水稻青立病发病原因特殊，此病前期几乎没有征兆，孕穗末期才突然发生。收获时没有收成，如遇连续高温天气，病情还会更加严重。

（1）发病症状　主要症状是稻株抽穗后，病穗大都直立而不下垂，穗轴和枝梗弯曲，颖壳畸形，有的似鹰嘴，黄熟期仍保持绿色，灌浆不良或呈秕谷。

① 生长前期症状　发生青立病的稻株，在生长发育前期，病株和健株没有显著差异，但是如果仔细观察就会发现病株根系发育不良，地下节间拔长，茎秆伸长受阻，部分产生地上分枝，株型较矮，叶色较深。

② 孕穗期和抽穗期症状　发生青立病的稻株，在孕穗前及孕穗期，病株和健株在外观上并没有多大差异，但大多数病株抽生不正常，地上节有分枝，通常一株多生一个分枝，少数可达3个分枝，分枝穗大多都正常，极少畸形。

近抽穗时，茎叶往往突然呈浓绿色，粗硬，稻穗迟迟不抽出，成为包穗或半包穗，穗粒少，穗轴、枝梗弯曲。穗上间生少数健粒，多数穗壳呈一般形状，但不能正常授粉而成空壳，或内外颖开张不闭合，少数颖壳由于护颖增大或内外颖增生而成为畸形颖花。

③ 病穗症状　由于受害时期和程度不同，病穗症状也不一样。受害早而严重的，整个穗的护颖和内颖都退化，小穗梗顶端稍微膨大，或内颖退化，在小穗梗顶端，留两片尖细的护颖。全穗都存留一次和二次枝梗的光轴，或一穗上留数颗顶端弯曲、形似镰刀的外颖，内颖退化。

病穗的长度和总颖花数虽然并不比剑穗明显降低，但颖壳扁平扭曲、畸形、不闭合，部分外颖顶端弯曲，包住内颖的顶部并向内颖一侧突出，很像老鹰嘴。

有的病穗内外颖增大，使一颖花成为3～4片，少数多达5～8片，或由于小穗梗伸长受阻，使2～3个颖花簇生在一起，外观很像一朵多瓣花。受害较轻的病穗，其间着生一定数量的健粒。

（2）发病特点　同一田块，氮肥足、长势嫩绿的地方发生严重，长势差的地方发生较轻；老旱田厢面发生较轻，田沟边发生较重，田中间发病与老旱田厢沟平行呈条带状分布；新平整的沟渠地段发生较重；灌水口附近发生较重，远离灌水口的地方发生较轻。同一品种，在一般田块无发病，在旱改水田发病；同一品种，同一田块，发病程度也有差异。一般来说不同品种间存在差异，早熟品种发病少，晚熟品种发病较多。在抽穗期相同的品种中，籼稻、糯稻较粳稻发生严重。青立病在粳稻中发生较少。

（3）发生原因

① 在稻株的易感病生育期遭受水分的急剧变化　在水稻的整个生育周期中最易发生青立病的时期依次为：花粉母细胞减数分裂期、颖花分化期、抽穗开花期。在这3个易发病的生育期，水分跟不上，而后又突然灌水，此时营养生长骤然旺盛起来，生殖生长受到严重抑制，导致此生理性病害发生。

② 土壤有机质含量低，营养元素缺乏　青立病常常在旱改水田块发生较重，原因主要是旱改水田的有机质含量比较低、除草剂残留严重，钾、锌等营养元素严重缺乏，同时砷、铜等活性增强。还有长期过量偏施化肥，易漏的跑水、跑土、跑肥的三跑田，也容易导致青立病的严重发生。

③ 秧苗弱，田间管理不到位　青立病的发生轻重与秧苗长势密切相关。凡是秧苗素质差，大丛密植，通风透光差的，或水浆管理不

善，未及时搁田，根系没有旺发深扎的，或地下水位高，耕耙过细，长期偏施氮肥，引起土壤淀浆板结，活性铁缺乏，黑根多、病虫害发生严重的田块均会导致稻株长势差，抗逆力弱，青立病发生严重。

④ 药害　稻田施用多效唑等植物生长调节剂不当或施用2甲4氯钠等激素型除草剂，尤其是在水稻拔节后过量用药，容易造成水稻颖壳畸形。也有人认为，青立病在田间的分布形态不符合药害的发生特点。

⑤ 水中的致污因子所致　有资料显示，受到水中的致污因子如强酸性、重金属残留及三氯乙醛等物质的影响，水稻生长收获时也会出现颖壳畸形、不结实乃至绝收现象。

（4）防止措施　对易发田块应加强改土培肥，加大秸秆还田量。可采用秸秆速腐剂堆沤、留高茬、秸秆覆盖、机械收割粉碎以及墒沟埋草等方式还田，每亩还田500～1000kg。增施农家肥，改善土壤理化性状，提高土壤铜、锌、硼等养分含量。整地时亩施生石灰40～50kg降低土壤酸度，既能提高水稻根系活性，又能提高对水肥的吸收能力。

农家肥积制方法：将土杂粪、墙土、鲜杂草、草皮、塘泥、酒糟、猪厩粪等混拌，经高温堆腐熟后再施用。每亩还田量达3000～4000kg。

测土补施所缺微肥，平衡土壤养分。每亩补施硫酸铜0.5kg、硫酸锌1kg、硼砂1kg，拌在土杂粪里基施。也可用"司尔特"25％水稻配方肥50kg或"司尔特"40％配方专用肥40kg作基肥。对有发生趋势或已发生的可叶面喷施营养调节物质，于孕穗期，每亩叶面喷施1：300倍"迪种宝"叶面肥溶液60kg，每5～7天1次，连喷2～3次效果显著。

调整用水管理方法。旱改水田块地势往往较高，前期易缺水受旱，应提早（幼穗分化期之前）建立水层，降低土壤中砷化物的浓度，使之提前释放，避免突然在孕穗期建立水层，因为此时水稻对砷化物极其敏感，易中毒不结实。对于易发田块要科学管水，注意烤田时间不宜过长，孕穗、抽穗期保持田间水深3cm。

改变耕作制度。旱地种稻易受旱灾威胁，而且容易造成缺锌和锰中毒、硼中毒、砷中毒，常年发生砷中毒的田块宜改种蔬菜、玉米、甘薯等秋熟作物，不种水稻，趋利避害。

60. 水稻结实期早衰的原因有哪些，如何防止？

正常生长条件下，水稻在抽穗至成熟阶段，随着谷粒的成熟，叶片由下而上逐渐枯黄，至谷粒成熟上部叶片仍然保持绿色。而早衰水稻植株叶色呈棕褐色，叶片薄而纵向微卷，然后叶片顶端呈现污白色的枯死状态，叶片窄而弯曲，远看一片枯焦。根系生长衰弱，软绵无力，甚至有少数黑根出现。穗形偏小，穗下部结实率很低，粒呈淡白色，翘头穗增多。在水稻出穗到成熟期，有时会出现叶片未老先衰的现象。早衰减少了功能叶片的光合作用时间，因而减少了后期的光合产物数量和灌浆的物质来源，是造成秕粒的重要原因之一。

（1）发生原因

① 栽培管理不当　主要表现在栽培密度过大，后期稻株田间荫蔽严重，叶片光合能力削弱，根系活力受到影响，吸收养分的能力减弱使稻根早衰而失去养根保叶的功能，引起早衰。

前中期氮肥用得过多，磷钾肥施用不足，使得地上部分生长过旺，田间荫蔽，下层叶提前枯黄。同时严重阻碍根系生长，新根少而短，吸收养分的能力减弱，引发后期早衰。

② 不良气候条件　高温湿热、低温寒潮等影响也可引起早衰。如早稻生育后期气温较高，抗逆性差的品种，断水过早或肥力不足，使生长减弱，叶片提早衰老枯黄；晚稻生育后期常遇秋季低温寒潮，一些抗寒能力较差的品种，根、叶生理活动受到抑制，出现早衰现象。水稻灌浆期间遇到干热风或寒潮等不良气候条件，可直接引起早衰。

③ 肥水不当　水稻后期断水过早，或长期淹灌或灌水太多引起土壤通透性不良，阻碍根系生长，根系吸收养分能力减弱，导致早衰。

水稻前中期氮肥施用过多，后期脱肥，磷、钾及微肥相对供应不足，致使植株得不到养分补充，对地上部供应减少，叶片内氮素含量下降，还原性强，使二价铁、有机酸和硫化氢在土壤中积累，对水稻产生毒害，发生早衰。

④ 土壤缺氧和板结　尤其是在地势低洼、通透性差和还原性强的稻田，土壤缺氧有毒、还原物质积累，使根系发育不良，丧失对养分的吸收能力，使叶片和根系提早衰老，生长后期因养分吸收不足而出现早衰。

⑤ 品种抗逆性不强　中、早熟品种插秧过早，往往会在生育后期出现早衰。

（2）防止措施

① 科学灌水　以提高水温为主，齐穗后到灌浆期，必须进行湿润灌溉，做到干干湿湿、干湿交替、水气相通。在抽穗扬花期和灌浆期，正常天气保持田间有浅水层，遇连续高温天气采取日灌夜排方法降温，防止早衰。对土质黏重、通透性差的田块，后期做到间隙灌溉，即灌一次浅水，2～3 天自然落干后再灌水，一般在收获前 3～5 天断水，切忌断水过早。

② 改良土壤　对低洼稻田，地下水位高的稻田，及时开沟排水，改善土壤通透性，同时增施大量优质农家肥。对土壤板结的稻田，增加翻耕次数，疏松土壤，增强土壤的通气能力。

③ 科学施肥　对因缺肥而引起早衰的稻田，在破口期或灌浆初期施用粒肥，粒肥施用应做到适量，不宜过多，叶色脱黄严重的可亩施尿素 5～6kg 促花肥，或促花肥 3～4kg、保花肥 2～3kg。或进行根外追肥，每亩用磷酸二氢钾 100g 兑水 50kg 喷雾，每隔 5～7 天喷 1 次，连喷 2～3 次。对后期落黄明显的水稻田，以及保肥性差的沙质稻田，应补施一次氮素肥料，一般每亩施尿素 2～5kg、氯化钾 2～3kg，同时每亩用磷酸二氢钾 25～50g，兑水 50kg 喷雾。也可喷施三唑酮等，延缓早衰期。

61. 水稻结实期贪青迟熟的原因有哪些，如何防止？

水稻在蜡熟期自然转黄是一种正常的生长现象，若在这个时期茎叶仍繁茂呈青绿色，迟迟不变黄，成熟期就会推迟，造成贪青迟熟。

（1）症状　水稻贪青迟熟是水稻生产上普遍存在的一种生理障碍。其表现为灌浆至成熟期的叶面积系数超过 3.5，最后 3 张叶片生长旺盛，叶片宽而长，抽穗很不整齐，秕谷增加。

（2）发生原因　由于低温、冷害及土壤干旱、越区种植、施肥量和施肥时间等因素的影响，导致正常生长发育受到阻碍，生殖生长推迟，营养物质不能按时向生殖生长方向运转。光合作用强度和光照时间不够，也加重贪青程度。群体密度过大，通风透光条件不好而导致茎叶过于繁茂的，也易出现贪青症状。

① 施肥不当　中后期追肥过多或过晚，引起无效分蘖增多，群

体过大，导致幼穗分化和生育进程推迟。特别是在水稻抽穗后，施肥过多，叶片中含氮量高，植株易贪青，不利于营养物质向穗部转运和积累，使灌浆速度减慢，谷粒充实不饱满，粒重降低，空秕率增加。

② 水分失调　由于生育中期受旱，水稻生长发育失调，稻株不能正常吸收养分和进行正常营养生长，提早进入不正常的生殖生长。后期遇到适宜水分，致使叶片生长迅速，叶片加长，呈浓绿色，造成贪青迟熟，出穗推迟，且不整齐，致使结实率下降，粒重降低。

（3）预防措施

① 选择适宜品种　选用生育期适宜、抗逆力强、不易贪青晚熟的品种。适期播种。

② 合理密植　避免插植过密，影响通风透光，导致植株徒长，机插秧在行距固定为 30cm 的情况下，单季杂交稻株距控制在 16～21cm，常规稻或双季稻株距控制在 12～16cm。

③ 科学施肥浇水　在合理密植的基础上，做到看天、看地、看苗科学施肥和管水，尤其在水稻后期追肥要慎重，做到因苗施肥。基蘖肥与穗肥比例为（6～7）：（4～3），控制后期施肥量。抽穗后植株小，每亩总穗数不够，叶色黄的可以追施粒肥，反之应少施或不施粒肥，以防叶色浓绿，迟迟不褪绿，引发植株贪青。

（4）补救措施

① 及时排干田水晒田　晒田的时间和浓度，应看稻苗的颜色而定。如晒田 5～7 天，叶色已由浓绿转黄时，停止晒田，复浅水保持田间湿润；如叶色未转黄，继续晒田；如稻株颜色已转为正常，可复水保持浅水或湿润灌溉，保持干干湿湿，促进早熟、活熟。切忌断水过早影响籽粒灌浆而降低水稻的质量和产量。结合晒田，把稻田的杂草全部清除，为早稻田通风透光创造条件，有利于早熟。

② 坚持赶露水　在水稻乳熟期，每天早晨用长竹竿赶去禾苗上的露珠，使禾苗尽可能多地接受阳光，提高温度，对防止贪青晚熟效果十分明显。

③ 喷施米醋　喷施米醋可以促进叶片正常转色，有利于灌浆早熟。方法是在孕穗到抽穗期，每亩用米醋 300g 兑水 50kg 喷施，每隔 5 天喷一次，连喷 2～3 次。

④ 撒施草木灰或氯化钾　每亩施草木灰 75～100kg 或氯化钾 5kg，撒施氯化钾宜在早上露水干后进行，防止灼伤叶片。

⑤ 喷施磷酸二氢钾　每亩用磷酸二氢钾 200g，兑水 50kg，连喷 2~3 次。

⑥ 喷施亚硫酸氢钠　每亩用 10g 亚硫酸氢钠加少量水溶解，然后兑水 50kg，喷施 2~3 次，每隔 7 天 1 次，于始穗、齐穗、灌浆期各喷 1 次，一般可提早成熟 3 天左右。

62. 稻田卷叶的类型有哪些，如何防止？

无论早稻和晚稻，在生长过程中，常会受到某些因素的影响而形成卷叶，有的卷叶通过管理可以及时恢复生长，有的则不能展开而抑制其生长。一旦田间发生卷叶现象，应认真从症状上仔细辨别，采取对应的措施，尽量缓解让其恢复生长。

（1）农药中毒型　如新型化学除草剂的使用，特别是二氯喹啉酸和 2 甲 4 氯钠的使用，导致的水稻卷叶现象，几乎年年都有发生。

在使用二氯喹啉酸时，如果与尿素一起撒施到稻田，在二氯喹啉酸超量使用时，稻田容易出现葱管状筒形叶；有些时候虽然二氯喹啉酸用量不大，但施药不均匀时，会造成稻田局部施药过多，水稻根系等生长不良的情况下，仍可能出现药害，引起水稻出现葱管叶等症状。同时，过量施用或施药不匀时，二氯喹啉酸药害会引起卷叶，使新生叶受药害而畸形生长，其叶片基部甚至整张叶愈合成筒状，叶舌、叶耳不能正常生长，其药害症状通常会在施药后 15~20 天表现出来。

在稻田使用 2 甲 4 氯钠等除草剂时，有时也会产生药害，如果新叶卷曲，但能用手自然展开，观察根系时会发现生长不良，吸水能力差。

（2）施肥过量型　稻田施肥不当，特别是在用量超标时，常会引起水稻出现卷叶现象。如在稻田施用尿素时，一次性用量超过每亩30kg，就会引起稻株葱管叶发生；如果稻田不平整，高处撒施的尿素集中在一起；或在田间无水时施用，都有可能因局部肥液浓度太高，导致稻株出现葱管状青枯，甚至死苗现象。

因此，在稻田施肥时，应看土壤属性和水稻不同生育阶段，选择合理的施用量，避免一次性施用量太大，一般要求是沙性土壤每次每亩施尿素 7.5~12.5kg，黏性土壤每次每亩施 10~15kg。此外，还应注意氮、磷、钾合理搭配，不能偏施氮肥。当田间发生尿素施用不当引起卷叶时，应采取相应的补救措施，视田间卷叶轻重，一般田块可每亩追施氯化钾 5～7.5kg，促进转化，5～6 天即可见效，10 天后即可恢复正常生长。

（3）雷电袭击型　水稻生长的 6～8 月份，既是水稻生长发育的重要阶段，也是雷电天气的频发时段，水稻遭受雷电袭击后，在稻田可零星看到分布不均匀的水稻葱管叶青枯现象。发生时临田观察，查找不到发病的病原物，发病中心不会扩展，只会出现在遭受雷击的区块，而且受害范围呈现规则圆形，直径一般 10m、20m 不等，这是水稻遭受雷电袭击后，形成葱管状青枯最典型的识别标志。

一般 7～10 天左右即可自然恢复，重者整株稻苗灼伤或死亡，一般可孕穗但不能抽穗，这种雷击形成的卷叶型目前无可控措施。

（4）激素敏感型　使用植物生长调节剂、病毒钝化剂或延缓剂的方法不当或用量超标时，对水稻生长会带来一些副作用，引起水稻卷叶现象。例如，在防治灰飞虱时，同时加入了一定量的病毒钝化剂，以控制条纹叶枯病等病毒病的发生，虽然对控制水稻病毒病的发生为害有较好的效果，但一些农户在使用时盲目加大钝化剂的用量，他们不知道其中含有一定数量的激素类成分，如果用量过大或稀释不均匀，很容易使水稻出现葱管状卷叶。这种类型的卷叶症状大多发生在稻株倒数 2 叶和心叶上，从叶尖向下 8～10cm 处内卷，致使稻株叶片不能揭开。又如三十烷醇，在农业生产上也是使用得多的一种植物生长调节剂，如果使用量较大或使用的是纯度不高的产品，会导致苗期芽鞘弯曲、根部畸形，成株则会导致幼嫩叶片卷曲。

因此，水稻使用植物生长调节剂时，一定要看清使用说明书，不宜与其他农药复配使用的不得复配使用，应严格把握稀释浓度，喷洒要均匀，控制使用次数，更不能超量使用。

63. 晚稻空秕率高的原因有哪些，如何防止？

晚稻生产尤其是在气候异常的年份，往往出现结实率偏低的现象，导致不同程度的减产，应引起注意。

（1）空秕率高的原因　晚稻形成空壳秕粒，既有内因，也有外因。

内因主要是雌雄性器官发育不健全、不亲和，不能完成受精过程；稻株体内输导组织发育差，穗部营养不良，致使子房中途停止发育而形成半实粒。

外因主要是温度、水分、光照、病虫为害等，在外因中低温冷害是双季晚稻空秕率高的直接原因。水稻幼穗形成期对温度反应最敏感，这一时期的最适温度为 25～30℃，在抽穗扬花期间，如遇到连续阴雨低温，就会形成不同程度的空秕粒，低温冷害在水稻减数分裂和开花两个关键时期影响最大；栽培管理不当是空秕率高的又一原因。播种过迟或秧龄过长、移栽迟的晚稻，或管理跟不上造成水稻迟发，都会使抽穗期推迟，遇上低温年份，导致冷害更重，结实率更低等。

（2）降低空秕率的措施 除了合理播种确保安全齐穗，早期管理促早发，及时防治后期病虫害外，在出现不利天气时还应采取有效措施，尽量减少空秕粒的发生。

① 合理施肥 施肥一定要看地力、看苗情，地力较肥、苗绿、营养生长过旺的田，切勿滥施肥料，严禁盲目追施氮肥，防止贪青迟熟造成倒伏而增加空秕粒。地力较差、叶色黄绿、后劲不足的田，亩施尿素 15～20kg，防止脱肥早衰而增加空秕粒。叶色青绿、生长健壮的田，结合治虫喷施 0.2%磷酸二氢钾溶液或 1%尿素溶液。

② 科学浇水 分蘖足时要适时晒田，抑制无效分蘖。晒田以后要及时浇水补肥，孕穗期间适当灌深水，后期最好推广干干湿湿的"间歇灌溉法"，妥善解决水与气的矛盾。套种绿肥的稻田要适时排水，不让晚稻脱水过早。如遇干旱，应灌"跑马水"，保持田间有70%～80%的湿度，防止花丝凋萎、花粉干枯，阻碍授粉而增加空秕粒。

③ 预防低温 晚稻抽穗、开花、结实的最适温度在 30～35℃，如果日平均温度低于 20℃，花粉管伸长和受精都会受到抑制而难以结实。湖南省秋分后常有"寒露风"，应根据天气预报，采取昼排夜灌、关水增温的办法，以减轻风害和冻害，以改善环境提高结实率。

④ 防治病虫 病虫为害必然增加空秕粒，降低结实率。因此，要经常深入田间观察，勤测报，达到防治标准时及时对症施药，防治稻飞虱、三化螟、稻纵卷叶螟、白叶枯病、纹枯病、稻瘟病等病虫害，确保晚稻健壮生长，安全齐穗，顺利开花、受精、结实。

⑤ 叶面喷肥 在晚稻抽穗扬花期发生低温冷害时，喷施磷酸二

氢钾、过磷酸钙和氯化钾等，都有一定的预防效果。采用根外喷淋法，可提高结实率 1.9%，千粒重增加 2.3g。其方法为：亩用过筛的过磷酸钙 0.5kg，兑水 50kg，在罐内搅拌，经 24 小时后，将其过滤液喷施，或亩用磷酸二氢钾 75～100g，兑水 50kg 喷施。

64. 水稻结实期穗发芽的原因有哪些，如何预防？

水稻结实期若遇连阴雨潮湿，或稻穗受淹倒伏，易引起谷粒收获前在穗上发芽，严重影响米质和产量。

（1）发生原因 已经成熟的谷粒，在过分潮湿的状况下，遇到适宜的温度，休眠期短的就会发芽。成熟期长期阴雨，或由于后期管理不当或台风等原因造成稻株倒伏，稻田积水，倒伏的稻穗长期浸在水中，导致穗发芽，严重的茎秆、穗谷霉烂。有时与水稻自身品种特性有关，如休眠期短或谷壳较薄的水稻容易出现穗发芽，休眠期长和谷壳较厚的穗发芽少；直立穗、杂交水稻亲本之母本易发生穗发芽。

（2）预防措施

① 选用耐肥抗倒伏品种，淘汰不耐肥的高秆、产量潜力一般的品种。

② 进行深耕，为水稻根系发育创造良好的条件，防止根倒伏。

③ 合理安排生育进程。结合当地气象条件，合理安排播栽期，使水稻结实期避开雨季。

④ 科学灌溉，及时晒田。采取干湿交替湿润灌溉法，够苗前就开始烤田防过苗，增强植株的抗倒伏能力。

⑤ 合理密植，调节个体和群体之间的矛盾。

⑥ 合理平衡施肥，杜绝偏施氮肥，平衡施用磷、钾、硅肥，增加稻株健康度，减少倒伏引起的穗发芽。

⑦ 根据气候变化规律，选择安全扬花授粉期和安全成熟期，避开雨季。若碰到雨水天气，应及时排水，等晴天后尽快收割晾晒或利用烘干设备进行烘干，以防止穗芽过多。

65. 早稻遇长期低温阴雨和暴雨天气，如何加强后期田间管理夺高产？

在生产上，有时早稻生产前、中期易遭受长期低温阴雨和暴雨天气，造成肥料大量流失、病虫多发、禾苗不发等现象发生，不利于早稲的高产。易导致早稻基本苗偏少，分蘖发生慢，病虫危害较重，有的出现僵苗，长势不太理想。

为了夺取早稻丰收，应该围绕稳穗、增粒、增重的目标，扎扎实实抓好后期管理。早稻后期虽然苗数已基本确定，但组成产量的结实率和千粒重与抽穗后的管理好坏密切相关。水稻的产量有70%以上是来自抽穗后的光合产物，只有30%左右是来自抽穗前的光合产物，而且抽穗灌浆期也是米质形成的关键期，因此，加强早稻后期特别是抽穗后的田间管理，对提高早稻的产量与品质有着十分重要的作用，千万不可忽视，更不能任其自然，放松不管。可采取以下有效管理措施：

（1）注意后期缺肥防早衰　早稻后期缺肥早衰，抽穗后群体的光合效率就会大大下降，对干物质的积累和提高结实率和千粒重不利，必须注意补肥防止早衰。一般对叶色落黄、有早衰现象的田块，可在破口期到灌浆初期，每亩施尿素和氯化钾2～3kg，并可结合在破口期到灌浆期用1%尿素加0.2%磷酸二氢钾进行叶面喷施2～3次，以延长叶片功能期，防治缺肥早衰。对前期生长较好、叶色较深的田块可不施氮肥，但可适当补充磷钾肥或用磷酸二氢钾喷施1～2次，以促进养分平衡，提高抗逆性。

（2）注重水浆管理　早稻在幼穗分化期及抽穗扬花期对水分十分敏感，因此，要注重这个时期的水浆管理，做到湿润壮苞、有水抽穗，早稻成熟阶段不能脱水过早，收获前5～7天断水。过早断水将影响早稻的灌浆结实，不利于结实率和千粒重的提高。如果遇上早稻后期的"火南风"，田间要灌10cm以上的深水降温，减轻"火南风"对早稻的危害。

（3）搞好病虫防治　长期的阴雨天气和低温寡照，易造成早稻二化螟、稻飞虱、稻纵卷叶螟及稻瘟病、纹枯病发生面积扩大，如不加强防治，更会导致早稻结实率和千粒重降低，不利于早稻产量的提高。应根据病虫预报，及时用药防治。

防治稻纵卷叶螟，在幼虫2龄高峰期，每亩用25%噻虫嗪水分散粒剂4～5g，兑水45～50kg喷雾，或者每亩用25%杀虫双水剂200mL兑水45kg喷雾。

防治稻飞虱，每亩用10%吡虫啉可湿性粉剂10～20g，或每亩用25%噻嗪酮可湿性粉剂30～40g兑水50kg喷雾防治。

主要病害有稻瘟病，早稻抽穗前后湿度大，易发生穗颈瘟，对产量影响很大，发生早的形成"全白穗"，局部枝梗发病形成"阴阳穗"，发病晚的导致谷粒不充实，要及时用药防治。方法是在水稻破口初期和齐穗期各施1次药，每亩用20%三环唑可湿性粉剂100g，或每亩用40%稻瘟灵乳油100mL，兑水45～50kg喷雾。

（4）巧用叶面肥和生长调节剂 早稻后期喷施叶面肥，对提高产量很有作用。喷在稻叶上，使肥分迅速进入稻株体内合成有机物质，而被吸收利用。叶面肥吸收率高，如用尿素作叶面肥喷施，5小时以后便有40%～50%的肥分被叶片吸收，利用率高达90%；磷肥作叶面肥喷施24小时便可吸收80%，可起到及时、省肥、高效益的作用。其种类有：

① 磷酸二氢钾 每亩用量为120～150g，兑水50～60kg，在剑叶抽出后的傍晚喷雾。适宜于不缺乏氮肥的稻田使用。

② 尿素 每亩用量0.5～1kg，兑水50～60kg，在剑叶抽出至抽穗期的傍晚喷施。适宜于缺乏氮肥的田块使用。

③ 过磷酸钙 每亩用量0.5～1kg，先溶解在10kg清水中，经24小时后，取出浸出液，再兑水50～60kg，在剑叶抽出后至灌浆初期的傍晚喷施，适宜于缺磷的稻田使用。

早稻灌浆期要求水稻有较高的生理活性来满足籽粒灌浆的需求，通过喷施植物生长调节剂，可以提高稻株体内的激素水平，增强其生理活性。一般在早稻破口期使用。使用的品种有：

① 叶面宝 它是一种新型多效植物生长调节剂，含氮1%、五氧化二磷7%、氧化钾2.5%、有机质30%。每亩用量6～7.5mL，兑水50kg，在抽穗50%时，于傍晚闭花后均匀喷雾即可。适宜于各类稻田使用。

② 硕丰481 一般在早稻破口期用一包硕丰481（5g），兑水45～50kg喷施于早稻叶片上。可以促进早稻抽穗，减少因"包颈"而造成的空秕粒，同时可以促进小分蘖早抽穗，使抽穗整齐一致，降低分蘖穗的空秕粒率，特别是对抛秧早稻田块，增产效果更加显著；在早稻灌浆期还可再喷施一次，以提高早稻后期的抗高温能力，减轻"火南风"对早稻的影响，增强光合效率，促进籽粒灌浆，提高结实率和千粒重，有利于早稻平衡增产。

66. 南方早稻生育后期遇高温的田间管理技术要点有哪些？

南方早稻进入抽穗扬花和灌浆结实期，若遇持续高温晴热天气（日最高气温达 35～39℃，局部地区达 40～41℃）且高温天气持续 10 天以上。此种情况不利于早稻授粉和灌浆，影响结实率和千粒重。

（1）以水调温　在抽穗扬花期，出现持续 35℃ 以上的高温天气，要及时灌深水，使田间保持水层 4～5cm，有效降低穗层温度，有条件的地方可采取日灌夜排的方式，调节群体小气候，提高结实率。在灌浆结实期，要保持田间干干湿湿，以湿为主，提高土壤供氧能力，保持植株根系活力，达到以根保叶的目的，后期切忌断水过早，防止出现早衰和高温逼熟。

（2）根外追肥　在早上未开花或下午 4 时气温降低后，采取叶面喷施 3% 过磷酸钙溶液或 0.2% 磷酸二氢钾溶液的方式，增强水稻植株对高温的抗性，防止早衰，有效减轻高温热害，提高结实率和千粒重。

（3）追施粒肥　高温过后，对于受害较轻的田块，要加强田间水肥管理，促进籽粒灌浆，增加粒重，减少损失；对于受害较重田块，如抽穗期叶片颜色淡绿，应看苗补施粒肥，一般每亩施用尿素 1～2kg 或者施用叶面肥，增强后期叶片光合能力，促进籽粒灌浆结实。

（4）防治病虫　高温高湿条件易导致病虫害加重发生，要做好病虫害监测预警，强化以水稻"两迁"害虫、稻瘟病、纹枯病等为重点的病虫害防控。

（5）适时收获　早稻收获偏早或偏迟，均影响产量和品质。南方早稻收获期间遭遇连续高温、暴雨等可能性较大，易出现穗发芽，导致减产和品质下降。要适时抢晴收获，大力推进带秸秆粉碎装置的机械化联合收脱，提高收获效率。一般在齐穗后 25 天左右、全穗失去绿色、颖壳 90% 变黄时收获，防止出现"割青"。提倡集中烘干，避免霉变，做到颗粒归仓。

67. 一季稻中后期遇高温热害的田间管理技术要点有哪些？

一季稻分蘖期至拔节孕穗期，是肥水管理的关键时期。长江中下游一季稻生长期，往往遇到 6 月强降雨天气增多的时期，局部地区会出现洪涝。7月下旬起，正是一季稻生长中后期，易出现持续高温晴热天气。在管理上应以"抓好抗洪排涝、防范高温热害、促进分蘖成穗"为重点。

（1）及时补救受涝稻田 对受涝田块，应及时、分次排水，结合洗苗轻露田，及时补追速效氮肥，打药防止病害蔓延。对局部绝收田块，可选用早熟品种及时补种。

（2）加强水分管理 当群体茎蘖数达到预期穗数的70%～80%时，及时断水搁田。对于土壤肥沃的旺长群体适当提前重搁，土壤肥力中下等的中小群体轻搁。手插稻群体最高基本苗数，控制在适宜穗数的1.3～1.4倍，抛秧稻与机插稻控制在1.4～1.5倍，直播稻不超过1.6倍。从拔节到抽穗，实行2～4cm水层和干湿交替的间隙湿润灌溉法。灌浆后15天，实行2～4cm水层和轻度落干交替的干湿灌溉法。收获前一周断水，避免断水过早影响结实率。

（3）合理增施穗肥 施用穗肥要在群体高峰苗已过，叶色明显褪绿显"黄"时进行。根据不同栽培方式，手插稻适宜的氮肥运筹比籼稻为7∶3或6∶4（分蘖肥∶穗肥），粳稻为6∶4或5∶5，施用时期为倒4叶初或倒3叶期。抛秧稻或机插稻适宜氮肥运筹比为6∶4，施用时期为倒4叶后半叶或倒3叶期。直播稻适宜氮肥运筹比为7∶3，施用时期为倒3叶或倒2叶期。根据不同品种类型，5个伸长节间的中稻品种，适宜的氮肥运筹比为6∶4或7∶3，穗肥施用时期为倒4叶后半叶或倒3叶期。6个伸长节间的晚稻品种，适宜的氮肥运筹比为5∶5或6∶4，穗肥施用时期为倒4叶初或倒3叶期。根据苗情长势，群体茎蘖数适宜、叶色正常的田块，在倒4叶和倒3叶期分两次施用穗肥。群体茎蘖数量偏小、叶色落黄早的田块，在倒4叶初与倒3叶期分2～3次施用穗肥，用量适当增加10%～30%，加快促弱转壮。

（4）防范高温热害 对已进入孕穗至抽穗期的早茬口一季稻，如遇35℃以上持续高温将影响幼穗分化、扬花授粉和结实率，稻田要保持深水层、以水调温，同时可采取叶面喷施磷钾肥等措施缓解或减轻危害。对部分受旱稻田，充分利用各种水源及时补水，提高灌溉效率，促进生长发育。

（5）防控病虫害 加强病虫情测报，准确掌握病虫发生动态，加强破口至抽穗期前后的混合用药综合防治，重点防治稻纵卷叶螟、稻飞虱、稻瘟病、纹枯病和稻曲病，稻曲病第一次预防用药提前到破口前 10 天左右进行。

68. 早稻和晚稻秧田受涝害后抢插的晚稻，如何加强中后期田间管理？

在南方，常有早稻因洪水淹没绝收，或晚稻秧田受涝害影响的情况，因而抢插晚稻，应有针对性地抓好中后期的田间管理，实现晚稻丰收。

（1）做好水分管理　晚稻中后期的水分管理，以既不能长期明水淹灌，也不应产生水分亏缺为原则。孕穗期应灌好"养胎水"，抽穗期宜保持浅水层，齐穗至成熟期浅水和湿润交替，即灌一次浅水，让其自然落干，隔 3～4 天再灌一次浅水，还要注意晚稻后期不能断水过早，影响晚稻的籽粒饱满度，造成千粒重下降而影响产量。

（2）预防晚稻发僵　由于早稻被洪水淹没，稻田就地翻压，早稻草还田成了晚稻肥料，洪水退后接着进入高温天气，稻草腐熟过程中产生的有毒有害物质，易引起晚稻发僵。针对这一新问题，在管理上必须注意氮肥不宜施用过多，如果施用过多，土壤中氮素含量高时，水稻根系生长慢，入土浅。少施氮肥可促进根系下扎，利用土壤深层的水分缓解旱情。增施钾肥有利于晚稻禾苗健壮生长。对翻耕被淹早稻的晚稻田，首先要进行露田通气、湿润灌溉，协调田间水、肥、气、热；其次要结合耘田，每亩追施石灰 30～50kg，加速有机质分解，消除毒害；最后配施一定量的磷钾肥，促进僵苗滋发新根，增强根系活力。

（3）控氮补钾促长　对于双季晚稻秧田受洪水淹没的，秧苗素质一般不及往年。在移栽后应在施好分蘖肥的基础上，看稻苗长相确定中期补肥措施。一般分蘖前期稻苗青秀有劲，新叶软而披散，进入最高苗时，叶色自然变淡，稻苗健壮叉开，叶片挺直老健的晚稻，可在幼穗处在颖花分化时，适时适量施孕穗肥；反之，前期施用氮肥过多，最高苗时叶片披软，过早封行的晚稻，要控制肥料用量，并做好多次露田管理，宜采用喷施磷钾肥料或撒施草木灰的办法，使稻苗生长健壮，增强抗逆能力。

（4）抓好后期栽培管理　晚稻后期田间管理要点如下。一是晒好田。原则是立秋就晒，但要因插期和品种而确定晒田程度，7 月底以前插的要早晒，特别是有僵苗现象的晚稻，更要做好晒田和露田管理；杂交晚稻要分次轻晒；翻秋种植的晚稻，有效分蘖期更短，要轻晒田；晚粳适当重晒。

二要复好水。凡是被晒的晚稻田都要复好水，确保深水孕穗。特别是翻秋种植的晚稻，后期耐寒性弱，在"寒露风"到来之前，灌深水（一般 5～7cm），有保温防寒的作用。

三要施好肥。对长势较差的晚稻，可施一次保花肥，即在抽穗前半个月每亩追施尿素 2.5kg 左右。在抽穗前后喷施 1～2 次 0.2％～0.3％的磷酸二氢钾液，每亩喷施肥液 50～75kg，可以起到壮籽提高千粒重的作用。

69. 南方双季晚稻受天气影响晚插的田间管理要点有哪些？

早稻收获、晚稻移栽的"双抢"大忙时节。受前期阶段性低温和阴雨寡照天气影响，有时导致早稻收获推迟 5～7 天，晚稻栽插期普遍推迟，超秧龄现象较为突出，移栽后分蘖能力减弱，增加了后期遭遇"寒露风"的风险。晚稻生产要以促转化、促早熟、防病虫害、防"寒露风"为重点，切实加强田间管理，搭好晚稻丰产苗架。

（1）抢时栽插，足苗下田 坚持以密补晚，适度增加基本苗，防止分蘖减少导致穗数不足。对受强降雨天气影响，秧苗被大水冲乱的田块，要及时移密补稀；对秧田被雨水冲垮不能及时栽插的田块，及早改种杂粮杂豆、薯类等旱粮作物，最大限度挽回灾害损失。

（2）科学用水，早发快发 按照"薄水栽插、深水活棵、浅水促蘖、干湿交替"的原则，加强水分管理。移栽后 15 天内田间保持浅水层促分蘖，抛秧田立苗后实行湿润管理，间隙露田，促进分蘖和根系发育。对移栽田块，肥力低、苗势弱的要轻晒适露，肥力高、苗势旺的适当重晒；翻耕抛秧田块，适当早晒重晒；免耕抛秧立苗偏迟的田块，多晒轻晒。晒田结束后，及时复水，采取干湿交替灌溉法，促进根系发育，增强植株抗倒伏能力。收获前 5～7 天断水，切忌断水过早。

（3）合理施肥，防止早衰 移栽前 3～5 天秧田亩施 4～5kg 尿素作"送嫁肥"。

增施分蘖肥，适当提高分蘖肥比例，将基肥和分蘖肥用量增加到施肥总量的 75％。一般移栽后 4～5 天施分蘖肥，每亩施尿素 6～8kg和钾肥 5～7kg，促早生快发，促分蘖增穗数。

巧施穗肥，对群体偏小的田块，在幼穗分化二期，晒田后复水时，每亩施尿素 2～3kg 和钾肥 4～5kg，促进秆壮、穗大。

补施粒肥，对群体较小的田块，扬花灌浆期每亩施尿素 2～3kg，或用 1.5～2kg 尿素加磷酸二氢钾 150～200g 兑水叶面喷施，防止早衰，提高结实率和千粒重。

（4）加强预警，防控病虫　晚稻生长阶段高温高湿，病虫害重于早稻。秧田要打好"送嫁药"，加强监测预警，完善病虫害防控预案。重点抓好"两迁"害虫、稻瘟病、纹枯病、黑条矮缩病等病虫害防控。

（5）做好预案，应对"寒露风"　早稻收获期推迟、晚稻"寒露风"发生概率增大，重点针对迟熟品种和迟插田块，在前期促早发的基础上，及早制订防范预案。

对"寒露风"到来时尚未抽穗的田块，采取灌深水保温；对"寒露风"来临前已始穗的田块，结合叶面喷施磷酸二氢钾加适量植物生长调节剂，促进提早抽穗，提高结实率；对"寒露风"来临时正处于抽穗扬花期的田块，应灌深水保温护苗，有条件的喷施增温剂，增强抗寒能力，减轻低温危害，确保安全齐穗。

第二节　水稻施肥疑难解析

70. 如何确定水稻的施肥量？

适时施肥是水稻高产的保证。施肥量应根据水稻目标产量对养分的需要量、土壤供给量、肥料的养分含量和利用率等进行全面考虑。水稻对养分的需要量可根据收获物养分含量计算得出；土壤养分的供给量主要取决于土壤养分的含量和有效性，土壤肥力越高，土壤供给养分的比例越大，肥料的利用率变化越大。当季化肥利用率在我国稻区大致范围是：氮肥为 30%～60%，磷肥为 10%～25%，钾肥为 40%～70%。从理论上讲水稻施肥量可按下列公式计算：

施肥量=(计划产量的吸肥量－土壤供肥量)/(肥料当季利用率×肥料养分含量)

由于不同土壤乃至每一个田块供肥能力的不确定性，以及肥料利用率在不同土壤、气候条件下的不确定性，在没有测定其数值的前提下，计算施肥量时通常把水稻计划产量的吸肥量作为施肥量，实践证明是可行的，只不过还应根据气候、土壤肥力、种植制度、前作、季节等不同情况酌情增减。因此，在具有土壤分析测定能力的地方，根据土壤养分丰缺状况和田间校正试验，结合已有经验来确定水稻施肥量，能使施肥量更为准确。

从各地丰产调查资料来看，在中等肥力稻田，每亩产 500kg 稻谷，施肥量一般为氮 12～15kg、磷 5～8kg、钾 10～15kg；此外，由于水稻对锌敏感，在缺锌地区和冷浸、烂泥田，还应施硫酸锌 1～2kg。

71. 如何确定水稻的施肥适期?

决定水稻产量的三大因素是穗数、穗粒数和粒重。要想获得水稻高产，就应根据其产量构成因素的形成时期，结合各生育期的吸肥特点，选择适宜的施肥时期，进行合理施肥。

（1）增加穗数的施肥适期 水稻生育前期是增加穗数的关键时期，除秧田施肥外，大田以"基肥"和"促蘖肥"效果最好。"基肥"（又称"底肥"）是水稻移栽前施入土壤的肥料，它对水稻前期的供肥和持续供肥非常重要；"促蘖肥"是在水稻有效分蘖期内施用的肥料，它对促进分蘖、增加根数、提高成穗率、增加有效穗具有重要作用，一般在移栽后 7～10 天施用，对于迟熟品种于拔节时再追 1 次化肥，有保蘖增穗和保花的作用。

（2）增加穗粒数的施肥适期 该时期的施肥一般称"穗肥"，又包括"促花肥"和"保花肥"。"促花肥"在水稻第一苞分化至第一枝梗原基分化时施用，具有促进枝梗和颖花分化、促进颖花数增多的作用；"保花肥"是在雌雄蕊形成至花粉细胞减数分裂期施用，有防止颖花退化、增加茎鞘贮藏物的作用。在生产实践中，穗肥一般不分促花肥和保花肥，而在晒田复水后施用。凡是前期施肥适当、禾苗长势平稳的，一般施肥时间稍迟，以保花增粒为重点，施用量也不宜过多；如果前期施肥不足，群体苗数偏少，个体长势较差的，施肥时间要提前，施用量也应增加，在抽穗前还应看苗补施 1 次肥，即促花肥和保花肥都应施用。杂交水稻对钾肥需求量大，晒田复水后结合追施氮肥，还应施用钾肥，其增产效果显著。

（3）提高粒重和结实率的施肥适期　在抽穗后追施氮肥或叶面喷施氮肥或磷酸二氢钾（又称"粒肥"）有延长叶片功能期、提高光合效率、增加粒重、减少空秕粒、提高结实率的作用。尤其群体偏小的稻田及穗型大、灌浆期长的品种，施用"粒肥"更有意义。"粒肥"一般在抽穗前4～6天至灌浆期施用。在水稻超高产栽培中常施用"粒肥"。

72. 水稻育秧用硫酸铵好还是碳酸氢铵好？

酸性土壤环境不仅有利于水稻种子发芽和幼苗生长，还能增强秧苗对病害的抵抗力，所以要选用硫酸铵，因为它是酸性的，而碳酸氢铵是碱性的。

73. 如何施用水稻"送嫁肥"？

"送嫁肥"，又叫起身肥，是指在水稻拔秧移栽前施用的肥料。施用应根据拔秧日期而定，通常以在拔苗前3～5天施用为宜。少于3天，秧苗吸收不到肥料难拔秧，拔断和损伤的苗多；超过7天，秧苗吸收肥料较多，秧苗转嫩，插后易"败苗"，影响成活。"送嫁肥"通常施用速效氮肥，一般每亩施5～6kg尿素，或硫酸铵10kg，但不能用碳酸氢铵作"送嫁肥"，以防烧苗。

74. 水稻大田常规施肥技术要点有哪些？

水稻大田施肥应根据气候条件、土壤肥力状况、种植制度、生产水平和品种特性等条件综合考虑施肥量和施肥方法。

（1）施肥总量　一般中等肥力田块，亩产500kg左右的水稻大田施肥量（亩用量）为腐熟有机肥1000～2000kg、氮肥8～12kg、磷肥5～6kg、钾肥4～8kg，缺锌土壤施用硫酸锌1～2kg。

（2）基肥　施足基肥是水稻高产的重要保证。以有机肥为主（含绿肥），可按每亩1000～2000kg的用量施入腐熟的有机肥，结合旱耙地施入；配以化肥，每亩施尿素12～15kg、过磷酸钙30～40kg、氯化钾7～12kg（或等含量的复混肥），结合整地全层施入。在实施秸秆还田的地区，钾肥用量可减少一半。采用"基肥一次清"的，将肥料全部施入。

（3）**追肥** 水稻大田追肥仍以氮肥为主，若基肥中供钾不足，也应追施钾肥。追肥应做到：蘖肥早而足，穗肥稳，粒肥轻。

① **分蘖肥** 插秧后到分蘖前（返青后），一般早、中稻在插后 5 天，晚稻在插后 3 天，即可追施促蘖肥，每亩施尿素 5～7kg，对施有机肥少和缺钾的田块，每亩追施氯化钾 3～5kg。肥料不足的田块，隔 5～7 天可再施 1 次。另外，若基肥中没有锌肥，可在分蘖期用硫酸锌 50～100g 配成 0.2％的水溶液进行叶面喷施。

② **穗粒肥** 生产上，生长正常、普通栽培的水稻在不追求特别高的产量时一般情况下可不施穗粒肥，但高产或超高产栽培的水稻在生长中后期增施钾肥可提高结实率和千粒重，促进早熟，增强抗病性和抗倒伏能力；抽穗后虽然氮素吸收量减少，但如果土壤供氮不足，会降低叶片的光合效率，适量追施粒肥可防止根叶早衰，因此应重视穗粒肥的施用。穗肥在拔节初期施入（晒田复水后），每亩施尿素 2～3kg、氯化钾 3～5kg。抽穗前看苗情再酌施尿素 2.5kg 作为粒肥。

高产和超高产栽培田后期应重视叶面肥的施用，在某些特殊情况下叶面肥还具有特殊效用。如用含硅、含硒的液体肥料（按说明书使用浓度）进行叶面喷施，可增强水稻的抗病性，促进提早成熟，改善水稻的食味性及营养品质，提高商品价值。在齐穗-灌浆期用 0.2％～0.3％的磷酸二氢钾等肥料叶面喷施，能延长生育后期功能叶片的成活率，加速籽粒的灌浆速度，减少空秕率，提高千粒重，对预防延迟型冷害也有一定作用。

75. 水旱两季田中稻常规栽培施肥技术要点有哪些？

"麦、油等小春作物-中稻"种植是我国西南地区稻田的主要种植方式，在小春作物收获后灌水整田种植水稻，稻田因土壤肥力、前作等不同施肥量略有差异，一般亩产 500～600kg 的一季中稻田施肥量为：氮 8～12kg、磷 5～6kg、钾 6～8kg，缺锌和冷浸、烂泥田加施硫酸锌 1～2kg。在施肥方面可采用"基肥一次清"或"前促、中控、后补"施肥法。

（1）**施足基肥** 在黏土、重壤土等保肥力强的水稻田，可采用"基肥一次清"施肥法，将所有肥料一次施下，每亩根据土壤肥力情况施入腐熟农家肥 1500～2000kg、尿素 18～25kg、过磷酸钙 30～50kg、氯化钾 10～12kg 或等含量的复混肥，其中农家肥可先施，灌水后整田时施入其他肥料，结合整地，使肥与土完全混合，实现全层施用，以后不再施肥。

其他稻田采用"前促、中控、后补"施肥法，灌水前每亩施入腐熟农家肥 1000～2000kg，灌水后结合整地再施尿素 10～15kg、过磷酸钙 30～50kg、氯化钾 10kg 或等含量的复混肥，使之与土壤混合均匀。

（2）早施分蘖肥　移栽 5 天左右，按每亩施农家肥 500～1000kg、尿素 8～10kg 作返青肥，氯化钾 3～5kg 作促蘖肥。

（3）看苗补施穗粒肥　肥力差、群体长势偏弱、够苗晚、落黄早的田块，在晒田复水后（拔节期），每亩施尿素 3～5kg，并用磷酸二氢钾 0.15kg 兑水 30～45kg 叶面喷施；肥力好，前期群体长势好，落黄正常，穗肥应以施保花肥为主，在叶龄 1.0～1.5 片时施用，一般每亩施尿素 4kg 左右。抽穗期视叶色施粒肥，一般以每亩施尿素 2～3kg 为宜。在抽穗扬花后，可将三唑酮、磷酸二氢钾、尿素等混合进行叶面喷施，可起到养根保叶、防病、防早衰的作用，一般每亩用尿素 0.2～0.5kg 加磷酸二氢钾 0.12～0.15kg 兑水 50～60kg 施用。

76. 水稻超高产强化栽培施肥技术要点有哪些？

水稻强化栽培是一项充分挖掘水稻品种产量潜力，促进水稻增产的新型栽培技术。其核心为：应用现代育种技术，选用大穗型品种；采用"三围"（等边三角形）栽培，协调个体与群体的关系，充分发挥个体优势；采取早栽方法，促进低位分蘖成穗，培育大穗；采取"前促、中控、后补"施肥技术，提高水稻后期光合能力。

为了实现高产稳产，在施肥上应做到适施氮肥、增施有机肥和磷钾肥，氮、磷、钾配比 2:1:2；施肥原则是"减前增后，增大穗、粒肥用量"，氮肥中基肥、分蘖肥、穗肥比例为（5～6）:3:（1～2）。

（1）适施基肥　在稻田做畦后，每亩用腐熟人畜粪水 2000～3000kg、尿素 10～15kg、过磷酸钙 50kg、氯化钾 10kg 或等含量的复混肥，分次均匀撒于畦面。

（2）早施分蘖肥　在移栽后 7～10 天每亩施尿素 10kg、氯化钾 10kg。

（3）酌情施穗、粒肥　穗肥在晒田复水后看苗施用，一般每亩施用尿素 3kg；抽穗后 10～15 天每亩施尿素 2～3kg 作粒肥。在抽穗扬花后，根据需要进行根外追肥，可起到养根保叶、防早衰、增产的效果，一般每亩用尿素 0.2～0.5kg 加磷酸二氢钾 0.12～0.15kg 兑水50～60kg 施用。

77. 杂交早稻施肥技术要点有哪些？

早稻施肥方法主要有"前促施肥法""前促、中控、后补施肥法""稳前、攻中、保后施肥法"和"一次性施肥法"等。"前促施肥法"易于保证前期分蘖发生和群体的形成，容易实现稳产，但一般肥料利用率较低，且往往无效分蘖难以控制易导致群体的恶化。南方双季稻区的早稻主要为杂交稻，由于杂交早稻大田生育期较短，并且存在"二次灌浆现象"，其干物质积累与养分吸收都主要在生育中、后期，但要求生育前期土壤有较大的供肥强度，生产上既要促进前期早生快发，又要防止后期因缺肥而早衰，因此在施肥上应采用"稳前、攻中、保后施肥法"，减少前期施肥量，使水稻稳健生长，中期重施穗肥，促进穗大粒多，后期适当补施粒肥，增加结实率和粒重。

施肥量按栽培目标产量 500kg 计算，亩施纯氮量为 8～12kg，氮、磷、钾肥的施用比例 1∶0.5∶1，不同时期施氮比例为：基肥占30%，分蘖肥 45%，穗肥占 20%～25%，粒肥占 5%左右或不施。在有条件的地方可选用缓释性肥料采用"基肥一次清"施肥法。

（1）施足基肥　基肥以有机肥和磷肥为主。大田基肥的施氮量占总施氮量的 35%～40%（其中有机肥占基肥总量的 50%以上），一般亩施土杂肥 500kg（或绿肥 1000kg）、碳酸氢铵 15～20kg、过磷酸钙 20～25kg。在最后 1 次耕田前施入，结合整田，使肥料与土壤充分混合。

（2）早施轻施提苗肥　在移植后 4～5 天施用，施氮量占追肥量的 25%左右，要用速效肥，以利于分蘖早生快发，一般亩施尿素 3～4kg，配施氯化钾 5kg。

（3）重施促蘖肥　在移植后 10～12 天施用，施氮量占追肥施氮量的 50%～55%，一般施用尿素 6.5～7.5kg，配施氯化钾 5kg，以达到促分蘖、多分蘖、早够苗的目的。

（4）稳施壮苞肥　插植后 35 天左右幼穗分化 4 期末施用，施氮量占追肥施氮量的 20%～25%，一般亩施尿素 2.5～4kg，配施氯化钾 4kg 或用复合肥 10~12.5kg。

78. 连作杂交晚稻施肥技术要点有哪些?

连作晚稻与早稻一样,地上部分干物质积累与养分吸收量主要在生育中、后期,但要求生育前期土壤有较大的供肥强度。由于连作晚稻一般秧龄较长,移栽后在高温下分蘖快,有效分蘖终止早,因此要求施肥上重底肥、早追肥,以满足水稻分蘖和穗粒对养分的需求。对养分的需要量,按每亩产量 600kg 计算,需要施氮 8~10kg、磷 4~5kg、钾 6~7kg。施肥原则是重底肥早追肥补穗粒肥,基蘖氮肥与穗粒肥比例为 (7~8):(2~3),磷肥全部作基肥施用,钾肥作基肥和追肥各 50%。基肥不能施未腐熟的有机肥,避免引起烧苗。在有条件的地方可选用缓释性肥料采用"底肥一次清"施肥法。

(1)基肥 在整田时每亩施有机肥 1000~1500kg、尿素 10~15kg、过磷酸钙 40~50kg、氯化钾 10kg,早稻施足磷肥的丘块,晚稻可以少施磷肥或不施磷肥。免耕田在浸田时施肥,也可将基肥推迟至插秧后 2~3 天施用,施肥时田中要有 3cm 左右深的水层。

(2)分蘖肥 在插秧后 5~7 天,每亩用尿素 8~10kg 撒施。

(3)酌情施穗肥、巧施粒肥 杂交晚稻的增产优势在于穗大,产量靠大穗取胜,因此中期要酌情补肥。在晚稻晒田或露田控苗后,结合复水,亩施尿素 3~5kg,特别是叶片泛黄、缺肥的丘块,但要严控用量,严防贪青晚熟。对于稻草还田的,由于稻草腐烂分解后供给晚稻中后期所需养分,一般可不施穗肥和粒肥,如禾苗长势较差可酌情施用穗肥。

由于连作晚稻灌浆结实常处于低温阴雨的不利气候条件下,喷施硼肥有利于提高晚稻的结实率,提高抵御不良气候的能力。一般在齐穗期和灌浆期各喷 1 次 0.1%~0.3%的硼砂溶液,可增产 10%左右。

79. 单季晚稻施肥技术要点有哪些?

单季晚稻与连作晚稻相比,具有明显的季节优势、气候资源优势和生长优势,因此近年来得到较快发展。在吸肥规律上,单季晚稻吸肥有两个明显的高峰期,一个出现在分蘖期,另一个出现在幼穗分化期,且后期吸肥高峰比前期高,这表明了单季晚稻穗肥更为重要。对氮素化肥的总施用量一般为每亩 15kg 左右纯氮，超高产栽培的氮、磷、钾比例一般为 1：0.5：0.5。

（1）基肥

① 移栽稻　每亩可施总氮量的 20％～30％。有机肥和磷肥全部作基肥施用，在翻耕前每亩施有机肥 1000～1500kg，耙田时每亩施入尿素 5～10kg、过磷酸钙 30～40kg、氯化钾 5～8kg，肥和泥拌和均匀。

② 直播稻　基肥要少施碳酸氢铵，不能施未腐熟的有机肥，以免烧苗。

（2）分蘖肥　分蘖肥一般可施总氮量的 40％～50％。

① 移栽稻　栽后 7 天左右施第一次分蘖肥，每亩施尿素 10～15kg、氯化钾 3～5kg。

② 直播稻　2～3 叶期施第一次肥，过 7～10 天施第二次肥。

（3）穗、粒肥　穗肥的利用率最高，增产幅度大，在晒田复水后每亩施尿素 3～5kg。看苗酌情施用粒肥，在抽穗前叶色淡的，每亩撒施尿素 2～3kg。后期酌情施用叶面肥。

80. 怎样施好水稻分蘖肥？

分蘖肥是在水稻有效分蘖期间发挥作用、促进水稻分蘖所施用的肥料，一般以氮素化肥（如尿素）为主。施分蘖肥的目的是壮根促早发。生产上把分蘖肥看成是基肥量不足或基肥的分解量不足的补充，因而它还可以争取分蘖成穗。在中苗移栽条件下，施用量应视苗情而定。应注意以下几个方面。

① 由于苗伤严重或地力薄或未能施足基肥，返青较迟，大田长出第一个心叶下方第三叶腋中无分蘖芽，全田仅 10％～30％有分蘖芽，这类田要重施，一般为追肥总量的 40％。

② 返青后心叶下第三叶腋内约 50％有叶蘖同伸芽，但比较弱小，达到预期穗数的叶龄期较迟，可少量普施。

③ 返青活蔸后，心叶下方第三叶腋内有健壮分蘖芽，全田 100％植株有叶蘖同伸芽，预计在有效分蘖叶龄期可达到预期穗数的，可以少施或不施。

④ 分蘖肥应尽早施，补肥的最后时间，应在有效分蘖临界叶龄期前两个叶龄，如杂交中稻有效分蘖临界龄期为 12 叶的品种，补施

分蘖肥最迟不宜迟于第 10 叶期，才能达到促进有效分蘖的目的。在无效分蘖叶龄期，氮肥应严格控制使用，如茎蘖数偏少或大苗长秧龄移栽，不宜施用，可采取早施穗肥的方法。在分蘖肥的施用中，可对局部生长较弱的禾苗酌情补施一些平衡肥，每亩施尿素 2～6kg，以促进这些暂时生长滞缓的弱苗加速生长，使全田稻株长势整齐，达到均衡高产的目的。

水稻分蘖苗一般有早蘖苗壮的现象，即分蘖发生得愈早，自养的完全叶愈多，则苗愈壮，成为有效穗或大穗的可能性愈大。有关资料显示，在大田生产条件下，第三片以及完全叶的分蘖基本都能成穗，且完全叶愈多，稻穗愈大，单穗产量愈高。故追施促蘖肥一般都强调早施。迟施的即使能够成穗，也是小穗，经济意义不大。

81. 怎样施好水稻穗肥？

穗肥对水稻孕穗起作用，旨在促进幼穗发育，减少水稻颖花退化时所施用的肥料，以氮素化肥为主。水稻从倒 4 叶伸出后至孕穗，是水稻穗分化形成期，是水稻生长量最大、需肥量最多的时期。从生育上看，水稻正处于营养生长与生殖生长并进期，将逐步过渡至生殖生长期。也是无效分蘖趋于消亡，有效分蘖巩固成穗，每穗的颖花数与颖壳的大小逐步确定的阶段。孕穗期的水稻形态生理发生一系列复杂变化，其营养状况对水稻产量及品质有着较大的影响。

穗肥的施用量要着眼于最大限度增加抽穗后的物质积累。在具体施用时，一定要看叶色，在中期群体叶色正常变淡显"黄"的基础上进行。如果中、后期群体叶色不落黄，则不宜施用；由于栽培条件多变，生产上长穗期的苗情各异，施用穗肥时间与数量因而也不一致。此时的苗情大体可分为 3 类，相应也有 3 种穗肥施用方法。

（1）穗长型　即群体按时在有效分蘖临界叶龄期或稍前够苗，拔节期或拔节稍前达到高峰，其控制在适宜穗数的 1.3～1.5 倍，叶色于无效分蘖期内正常落黄，株型紧凑而叶较挺，群体内受光条件良好。这类群体已有足穗和大穗的基础，施用穗肥可以促进抽穗后物质量的增加，也能较好地促进抽穗前干物质的增长，施用穗肥时必须注意在攻取大穗粒多的同时，防止上部叶片面积过大。此类型又可分以下两种类型。

① 一类是对群体发展稍大，落黄出现略迟，田又比较肥的，宜

在倒 2 叶露尖后施穗肥。这时施肥已不影响基部节间伸长，又能促进剑叶生长，比较安全，还可显著减少颖花退化，增加结实粒数和粒重。其施用量，视叶色变淡程度而有不同，一般每亩施尿素 5～7.5kg。

② 另一类是对于群体较小的杂交稻或群体稍大而落黄较早的穗数型品种（常规稻居多），且体内碳素营养水平较高的，应采用分次稳施穗肥法，即从倒 3 叶抽出起至出剑叶，分 2 次平衡施用，总施肥量为尿素 6～12kg；穗数型品种也可在倒 3 叶露尖后一次施用穗肥。

（2）不足型　指稻株群体于有效分蘖临界叶龄期后才够苗，茎蘖数不足，群体过早落黄，中期干物质生长量偏少，因而施用穗肥的目的既要促使出穗前干物质提高到适宜的水平，又要使后期光合生产量增加，以达到最终高积累。对大穗型品种（如杂交籼稻），最上部的 3 叶大，穗型也大，因此要促保并举，采用倒 3、倒 1 叶期分次施穗肥的方法，可达到此目的。而对穗数型品种，顶上 3 叶叶窄短小，可采用倒 3 叶期或倒 3 叶出叶至剑叶期 2 次稳施的方法，一追一补，前重后轻，亦可取得高产。在水稻有效分蘖期间因低温、缺肥采取两段育秧法的（包括长秧龄大苗移栽）情况下，群体一般都偏小，发苗不足，但施肥量应比稳长型略多一些。

（3）旺长型　中期群体茎蘖数过多，植株松散，叶片长披，叶色深绿而不变黄，生长量较大，这种群体属旺长型。这类秧苗若施用穗肥，往往导致叶量过大，降低结实率与千粒重，甚至群体严重荫蔽，引起病虫害大发生或植株倒伏。因此，只有通过控氮与露田，使群体叶色落黄，而后才能补施穗肥，调整株型，在不增加叶量的前提下，增加光合量，促进可孕颖花量增多，从而提高群体出穗后的物质生产量向穗部的运转量，达到较高的结实率和千粒重。一般旺长型田块，在剑叶露尖时补施少量穗肥，若剑叶抽出期仍未变淡落黄，则不宜施用穗肥。

施穗肥还要考虑到当地的病害问题，如果是病害较重（如稻瘟病、纹枯病等）的稻区，则应减少用量，甚至不施。要结合当地生产条件综合分析，不能一味强调某一点，以免事与愿违，增产不增收。

82. 怎样施好水稻粒肥？

粒肥在水稻灌浆期起作用，是为促进籽粒饱满、提高结实率而施用的肥料。灌浆结实期施用粒肥，可以维持稻株的绿叶数和叶片含氮量，提高光合作用，防止稻株老化。

粒肥的施用应在抽穗后 10 天内进行，即始穗至齐穗期，还要看苗看天而定。如果植株小、单位面积内穗粒少，叶色落黄早、活叶多、无病，可早施用；如果植株大、穗多、落黄晚，可晚施、少施。施用量为每亩尿素 2～2.5kg、氯化钾 1～1.5kg。

施用粒肥要结合天气状况，大雨前不宜施用，以免肥料流失。根外追施 0.2% 磷酸二氢钾与尿素的混合液也有促进谷粒发育的效果。

叶面喷施的尿素溶液必须先溶解以后才能兑水，因为尿素颗粒外面有一层蜡质包膜，若直接加入，难以溶解。根外追肥要求喷雾器的雾化效果良好，以保证施肥效果。

83. 用叶面肥救治水稻伤害的方法有哪些？

在水稻生产过程中，因人为因素和自然灾害原因，使水稻遭受不同程度伤害的现象时有发生，给水稻生产造成一定影响。可用叶面肥进行救治。

（1）救治除草剂药害　当水稻秧田过多喷施二氯喹啉酸或大田错误撒施含乙草胺过多的除草剂造成水稻心叶皱缩、卷曲、稻株丛生等药害时，可将调节型和营养型叶面肥混合使用，如每亩用赤霉酸 0.1～0.2g，兑水 30kg 均匀喷雾，同时加强田间管理，一般 7 天左右水稻即可恢复生长。

（2）救治肥害　因施肥方法不当，肥料施用量过大，化肥质量差使水稻出现叶片枯黄、白根少、苗僵、不分蘖等症状时，立即灌"跑马水"冲洗田块，降低肥料浓度，之后可用复合型叶面肥增产菌 20～30mL＋活力素 50g，兑水 45kg 喷施，一般中轻度伤害田 7～10 天水稻可恢复生长。肥害严重的田块应改种其他作物。

（3）救治工业废气污染　若遇到工业企业的二氧化硫、氟化氢等废气污染，造成水稻叶片灼伤出现灼伤斑点、白根减少、生长受阻时，可立即将营养型和生物型叶面肥混合在一起使用，有利于快速补充水稻营养、刺激生长，使其恢复生机，缓解伤害。如每亩喷高效广谱型叶面肥——磷钾快补 70mL＋神圣液肥 20～40mL，或尿素 250g＋精品浓缩植物肥——丰多收 50～80mL，兑水 45kg 均匀喷施。

（4）救治"寒露风"　对水稻抽穗期遭受"寒露风"影响，出现稻穗包颈现象的田块，可每亩用调节型叶面肥赤霉酸1g兑水45kg进行叶面喷施。包颈严重的水稻在始穗期（抽穗10%）喷施，包颈一般的水稻在抽穗中期（抽穗50%）喷施效果好，没有包颈的水稻在抽穗后期（抽穗80%）喷施，能促进打开水稻包颈和抽穗，提高结实率和产量。

（5）救治洪涝灾害 当降水过多、淹水或洪水泛滥造成水稻洪涝时，首先要打捞稻田中的杂物和清洗叶片上的湖泥，以利于水稻叶片进行正常光合作用和吸收水肥。然后用营养型和调节型叶面肥混合喷施。如每亩用磷酸二氢钾150g+尿素250g+植保素5mL，兑水45kg喷施，能迅速补充植株营养，使其尽早恢复生长。若遇到洪涝灾害的水稻正处在抽穗始期，还应在抽穗20%时用调节型叶面肥赤霉酸1g兑水45kg喷施，以促进水稻抽穗整齐，减少空秕粒，提高产量。

（6）救治缺素症 水稻对营养的需求是多方面的，如需要氮、磷、钾、锌、硼、钙、硫等。在其生长期若出现某种元素缺乏，就会影响到正常生长，甚至出现缺素症状。因此，水稻缺素症发生后，首先要查明其缺乏何种元素，然后再选用某元素的营养型叶面肥或某元素的复合型叶面肥救治。常用叶面肥的使用浓度是：尿素为1%～1.5%，磷酸二氢钾为0.2%～0.3%，硫酸锌为0.1%～0.2%，硼砂（或硼肥）为0.2%～0.3%。

第三节 水稻用水疑难解析

84. 如何针对水稻不同生育期对水分的要求进行灌溉？

灌水方法是以生理需水为基础，结合生态需水来制订，总的灌溉原则是“有水活蔸，浅水分蘖，中期搁田，湿润长穗，干湿壮籽”。

（1）移栽到栽后1个叶龄期 此阶段为水稻返青期。在稻田返青期要保持一定水层，为秧苗创造一个温湿度较为稳定的环境，促进早发新根，加速返青。

① 水稻插秧时，为提高栽插质量，一般稻田内仅有薄水层，这是实现插浅、插直，保证足够苗数的必要条件。

② 插秧后，由于刚移栽的秧苗，老根已伤，吸水力弱，水分容

易失去平衡，栽后稻田保持深不没叶耳的水，有利于创造一个较稳定的温、湿度环境，减少幼嫩苗的蒸腾作用，保持稻体水分平衡，有利于秧苗早发新根，加速活棵进程，起到护苗作用。如遇大风，还可以减轻秧苗受风浪冲刷的程度。如果此时无浅水层，会因拔秧移栽，根部损伤，吸水力减弱，极易失去水分平衡。

③ 但旱育秧苗根系活力强，在湿润条件下发根速度和分蘖发生加快，几乎没有缓苗期，不需深水护秧，浅水层就可以，但切忌断水。

④ 对于干旱少雨、水源不足地区的稻田，不宜采用浅水护苗，可采用深水护苗，以防止干旱田间缺水。

⑤ 北方稻区，春稻插秧后大气湿度较低，如逢阴雨天气，水层可适当浅些；夏稻（麦茬稻）插秧时（夏至前后）正逢伏旱期，气温高，湿度低，如刮西南大风，水层应适当加深，否则可浅些。

此外，根据移栽秧龄长短，水层深度也应有所不同，秧龄小，宜浅；秧龄长，苗大，可稍深。栽秧时气温过高，或面肥过多的田块栽后都应加深水层。盐碱地还应每隔 2～3 天调换 1 次新鲜水，以达到洗盐的目的。

（2）栽后 1 个叶龄期到有效分蘖临界叶龄期　此期是水稻有效分蘖期，是穗数决定期。水稻分蘖期土壤水分在饱和含水到浅水层之间，稻田土壤昼夜温差大，光照好，可促进分蘖早发，单株分蘖数多。分蘖期旱育秧苗一般要求田间土壤持水量在 70% 才利于分蘖，在气温较高（25～35℃）地区，土壤持水量 80% 左右，分蘖发生多，保持水层反而抑制分蘖的发生。分蘖期间实行浅水灌溉，有利于调节分蘖节处温度，扩大昼夜温差，有利于促进分蘖的发生。

具体浇灌方法是：田间灌 1 次水，保持 3～5 天浅水层，以后让其自然落干，待田面无明水、土壤湿润时，再灌 1 次水，如此周而复始。

分蘖期实行浅水灌溉结合适当露田，确保适期够苗。因此，在有效分蘖临界叶龄期以前，为促进早发，在生理生态上均要求以水层灌溉为主，采取浅水勤灌，但也要适当结合断水落干以利于通气。

（3）有效分蘖临界叶龄期到倒 3 叶期（拔节期）　在正常情况下，于预计够苗叶龄期进行排水晒田，一直到倒 2 叶期。晒田使水稻无效分蘖显著减缓，植株形态上表现叶色变淡落黄，叶片挺立，土壤沉实，田面露白根。复水后，入田不陷脚，全田均匀一致。晒田通常在无效分蘖期到穗分化初期这段时间内进行。

应根据"水稻生育进程模式"来确定适宜晒田期,晒田时间因品种类型而异,一般从有效分蘖临界叶龄期前1个叶龄开始至倒3叶期结束这段时间内进行。或当群体总苗数达预期穗数的85%左右时,提早排水晒田,晒田的土壤田间持水量达80%左右时,进行第一次灌水,使土壤湿润,当田间土壤持水量又达到80%左右时,进行第二次灌水,直至倒4叶期中止晒田,苗情不同,晒田有早迟、轻重的差别。

如果够苗过早在有效叶龄期前茎蘖数达到适宜穗数就要晒田,即"苗到不等时",这类苗要适当重晒。如果稻田群体发蘖不足,迟迟不能够苗,可适当推迟晒田。但到了一定叶龄期,无论如何都要晒田,即"时到不等苗",这类苗要适当轻晒。

晒田都要求在倒3叶末期结束,进入倒2叶期,田间必须复水。

(4)倒3叶期至抽穗期 需水量最大,占全生育期需水量的30%～40%,适宜采用水层灌溉,但淹水深度不超过10cm,维持深水层的时间也不宜过长。在晒好田的基础上要求促进上层根的发生,增强根系活力以保障养分吸收,增加光合生产量,促进枝梗和颖花的分化量及防止分化颖花的退化。但是,由于拔节后根系向稻体的供氧距离加大,中上部的节间和叶鞘又缺乏通气组织,此时,一方面株体生长要求根系活力很强,另一方面根系活力又直接受供氧状况的影响。因此,解决好这个问题是一切措施的关键。生产上主要通过水层管理解决这个问题。

具体灌水原则是"间歇灌溉",即田间上1次水保持2～3天后自然落干,不立即进行第二次灌水,让稻田土壤露出表面透气,2～3天后再灌水。这种"间歇灌溉"既能满足水稻正常代谢的需要,又能更新土壤环境,满足根系正常生长的要求,使根系在这一时期发挥出最大的吸水、吸肥能力,以供给地上部分的生长。

剑叶露出以后,正是花粉母细胞减数分裂后期,需水需肥量大,此时应建立水层,保持到抽穗前2～3天,再排水轻晒田,促使破口期再现一次"落黄",以增加稻体的淀粉积累,促使抽穗整齐并为提高结实率奠定基础。

(5)抽穗期至成熟期 水稻抽穗期,植株茎叶的生长结束,主要生理活动是生产、运输和积累光合产物,一般要浅水灌溉,此时水稻的生理需水并不次于分蘖期，水层的存在除直接满足生理需水外，主要是调节土壤温度、提高空气湿度。水分的亏缺，会削弱光合作用，降低植株体内碳水化合物的含量，如果水稻抽穗期遇到高温长期不雨，必将空秕粒多，我国南方稻区早、中稻在抽穗开花期常遇高温伤害问题，稻田保持水层，可明显减轻高温影响。

水稻抽穗到成熟期管理的基本原则是：20～25 天进入黄熟期（穗稍黄色下沉）即开始采用湿润灌溉或间歇灌溉法，保持土壤湿润，使稻田处于水层与露田相交替的状态，做到"以水调气，以气养根，以根保叶"。此后，根据成熟情况决定停灌水时间，排水不良和黏质土或低洼地到抽穗后的 25 天左右，就可以停灌晒田。排水较好的稻区，地下水位又低，到抽穗后的 35 天左右停灌晒田。漏水田适当延长灌水时间，防止土壤过早缺水。

一般情况下要坚持到收获前 5～7 天断水。

85. 怎样对水稻进行晒田？

（1）晒田时期　一般晒田的适宜时期为水稻对水分不太敏感的分蘖末期-幼穗分化初期。生产上因近些年栽培密度加大，基本苗较多，为控制无效蘖，常采用"够苗晒田"，当全田总茎蘖数达到计划穗数（即有效总茎蘖数）时进行晒田；或在有效分蘖临界叶龄期（总叶片数－伸长节间数）开始晒田，考虑到晒田效应滞后，实际晒田时间应提早 1 个叶龄期。若生长过旺，还可以再提前 1 个叶位，称"晒田够苗"。晒田期还必须与肥料施用相结合，在适宜施肥总量下，基蘖肥施用比例大的如占总施肥量 70%～80% 时，晒田要提早到田间总苗数达适宜穗数的 60%～70% 时；基蘖肥施用比例小的如占总施肥量的 40%～50% 时，晒田可以推迟到田间总苗数占适宜穗数的 80%～90% 时。施肥总量过多或基、蘖肥占总施氮量的比例过大，即使提早晒田效果也欠佳。

（2）晒田方法　晒田不宜过重，应采取分次轻晒的方法。分次轻晒能有效地抑制无效分蘖的发生，促进根系下扎，培育受光良好的健壮株形，改善土壤通透性，增强根系活力，为结实期生产更多的产量物质奠定良好的基础。

晒田的土壤田间持水量达 80% 左右时，进行第一次灌水，使土壤湿润，当田间土壤持水量再次达到 80% 左右时，进行第二次灌水，直至倒 4 叶中止晒田，分次轻晒就是每次晒田时间约为 0.5 个叶龄期，即 4～5 天，晒田后，当 0～5cm 土层的含水量达最大持水量的 70%～80% 时再复水。

具体晒田时间因品种类型而异，对 4 个伸长节间的早稻晒田宜在倒 5 叶至倒 3 叶初进行，晒田叶龄少，宜轻晒 1 次；5 个伸长节间的中稻在倒 6 叶至倒 3 叶露尖时进行，晒田叶龄多，进行 2～3 次轻晒；6 个伸长节间的晚稻，在倒 7 叶至倒 3 叶露尖时进行，晒田叶龄多，可进行 3～4 次轻晒田。总之，晒田叶龄多，要多次轻晒；晒田叶龄少，要少晒、轻晒。

（3）晒田程度　要根据苗情、土质、地势而定。稻田施肥足，秧苗长势旺，发苗快，叶色浓绿，叶片长大披垂的宜重晒；而长势差、叶色淡的要轻晒。一般以晒到叶色变淡，叶片变薄而刚挺，叶尖上举，植株有弹性，表土冒白根为适度。烂泥田、冷水田、肥田、泡冬田可重晒，晒到田边开大裂口（6～10mm）、田中开小裂口（2～3mm）、入田不缠脚、站立不陷脚、白根冒出多、土壤湿度为田间持水量的 50%～60%。黏土及重土壤稻田宜晒到田边开细裂口（3～6mm）、入田不黏脚、有白根冒出、不宜重晒，以免裂口大，断根太多，复水后回青迟，影响以后的生长发育。如土壤已裂口，而叶色未变淡，可在复水 2～3 天后再排水晒一次。中壤、瘦田以晒到田边起细麻裂（1.5～3mm）、田中晒紧皮、入田有脚印、田面现白根、田间持水量为 80% 左右为度。轻壤和沙土则宜多次排水晾田，控水调肥，不宜晒田，以免造成脱肥。

晒田程度要多观察，达到要求即可复水，如有褪色过重的田块复水后不回青，还应补充适量肥料，不要造成脱肥，影响成穗率和幼穗的分化。

第四节　水稻用药疑难解析

86. 水稻主要病虫害防控用药基本原则有哪些？

由于水稻病虫特别是水稻害虫重发、频发，复配制剂特别是高效农药的复配品种太多、太乱，一家一户的种植体制等原因，导致农民盲目、乱用和滥用农药严重。必须改变以往的用药模式和习惯，引导农民有节制地、科学合理地使用农药。同时，水稻是一个相对稳定的生态系统，应充分发挥稻田生态系统的自我调控作用，慎重使用农药，切实保护好农田生态系统，水稻病虫害防控用药基本原则如下。

（1）注重生态调控原则　水稻光合作用强，具有良好的自然修复能力，要充分发挥其自身的修复作用。同时，切实保护好稻田天敌，发挥其自然控制作用，严格按照防治指标施药。实践证明，不科学合理的施药方法会降低稻田生态控制病虫害的能力。

（2）合理用药原则　一方面要注意按防治指标用药，不要见虫就打药，各地在实践中对主要害虫的防治都有一定的指标，要切实掌握好；另一方面要根据农药的作用机理，选择适宜的防治时期施用。如杀虫作用慢、持效期长、对稻飞虱若虫效果好，但对成虫效果差的噻嗪酮宜在当地稻飞虱主害代的上一代低龄若虫期使用，以压低稻飞虱主害代的种群数量，减轻防治压力；而内吸活性高、持效期长、对成虫和若虫均有效的吡蚜酮，则宜在当地稻飞虱主害代使用。由于三唑磷可提高褐飞虱的产卵能力，促使其暴发危害，用于防治水稻螟虫时要密切注意褐飞虱的发生动态。

（3）交替用药原则　按作用机理实施药剂分类，上、下代之间或前、后两次用药之间选用无交互抗性或者不同作用机理的药剂进行交替轮换使用，避免连续单一使用某种药剂，降低药剂的选择压力，延缓抗性的发展。例如防治稻褐飞虱可以选用吡蚜酮、噻嗪酮、烯啶虫胺、异丙威等，防治稻纵卷叶螟可以选用氯虫苯甲酰胺、阿维菌素、甲氨基阿维菌素、茚虫威、虫酰肼、氟啶脲、丙溴磷等；防治稻瘟病可以选用三环唑、稻瘟灵、春雷霉素等药剂。

（4）限制用药原则　为了延缓病虫害抗药性的发展，对新颖、高效的药剂品种实施限制用药的原则（即在一个生长期内限制其使用次数）。如鱼尼丁受体的激活剂氯虫苯甲酰胺主要用于防治当地稻纵卷叶螟和二化螟的主害代，建议水稻每生长季限制使用1次；吡啶甲亚胺杂环类杀虫剂吡蚜酮主要用于防治当地稻褐飞虱、白背飞虱、灰飞虱的主害代，建议水稻每生长季节只使用1~2次（一种飞虱只用1次）。

（5）暂停用药原则　在制订防控用药技术方案时，根据抗性治理原则和农业农村部已有的规定，对病虫已产生高水平抗性（抗性倍数＞40）的药剂和具有交互抗性的药剂必须暂停使用。如稻褐飞虱对吡虫啉已产生极高水平抗性（抗性倍数＞160），因此不宜用吡虫啉防治稻褐飞虱，二化螟对杀虫单、三唑磷产生高至极高水平抗性的地区，暂停使用三唑磷、杀虫单防控二化螟。

（6）安全用药原则 稻田是一个特殊的生态系统，生物种类比较多，特别是天敌种类多，对害虫有良好的控制作用。要使用选择性农药，禁止使用溴氰菊酯等对稻田天敌伤害大的农药品种，防止杀伤天敌及引发害虫再猖獗。

87. 提高科学防控水稻病虫水平的措施有哪些？

（1）实施组合用药 通过开展试验示范，研究两种或两种以上药剂的最佳用药时间、最低使用剂量等最佳用药组合模式，以降低用药成本，减少农药使用量，实现控制水稻主要病虫危害、农民增产增收、保证农田生态和稻米食用安全的目的。

（2）积极推广减量用药 以减少农药使用量为目标，采用适宜的施药方法和时间，选择高效安全环保的农药品种，提高病虫防治效果，延缓水稻病虫害抗药性发展，减少单位面积的防治成本。

（3）大力开展专业化统防统治 专业化统防统治符合现代农业发展方向，是解决一家一户防病治虫难、提高防治效果、减少农药污染的有效途径，也是控制高毒农药使用、减少施药人员中毒的有效措施，尤其适合于迁飞性、流行性、暴发性的水稻病虫害。

（4）推广高效药械和先进喷洒技术 水稻生长中后期，株叶茂盛，可选用背负式机动喷雾器、高效宽幅远程机动喷雾器喷洒（彩图34），这类喷雾器雾滴穿透性好，可直达植株中下部，对稻飞虱防控效果好，大幅提高了作业效率，减轻了劳动强度。另外，作业时采用较低的作业速度，小流量喷头，实行低容量喷洒，提高农药利用率。

（5）认真推广应用环保安全剂型 目前，生产上使用的乳油、可湿性粉剂等传统剂型，存在明显的毒性、环境污染等副作用。根据当前生产实际，要认真推广应用环保安全剂型，如水基性剂型和固体粒状剂型，前者如悬浮剂、水乳剂、微乳剂，后者如水分散粒剂、泡腾片剂等。水乳剂和悬浮剂是环保剂型，少用或不使用有机溶剂，安全、低毒、高效、环保，加上成本比较低，应大力推广。

（6）添加助剂 水稻叶片表面蜡质层厚，叶片表面属于天然超疏水性生物表面，水滴在稻叶表面接触角大，不易湿润持留。喷洒农药时可在药剂中添加有机硅助剂，提高药液在作物表面的附着和扩散铺展能力，提高农药利用率和防治效果。

（7）积极推广后期穗部用药 水稻生长后期常发生稻瘟病、稻曲病、叶鞘腐败病等病害，影响产量和质量，可大力推广咪鲜胺、苯甲·丙环唑、肟菌·戊唑醇等杀菌剂，防治水稻后期病害，增加千粒重，提高产量。

（8）加强培训和技术指导 通过举办培训班、现场会以及电视、广播、报纸、黑板报等多种形式，大力宣传、培训水稻病虫防治的有关知识，熟悉和掌握病虫防控关键环节与技术要点，提高安全用药技术水平。

88. 为什么水稻抽穗前后要慎用杀菌剂？

水稻抽穗前后常会遭受多种病菌的为害，需要进行化学防治，但是，穗期前后使用杀菌剂要谨慎，否则会出现药害，导致减产。

（1）水稻抽穗前不宜喷施三唑酮 水稻抽穗前喷施三唑酮防治稻瘟病，其最大的副作用是抑制稻株体内赤霉素的合成，影响穗下节间的拔长，严重的可造成水稻抽穗不良，出现包颈现象。但是，在水稻不同品种间及三唑酮使用量不同情况下，其造成的影响也不一样。并不是抽穗前喷施三唑酮一定会出现抽穗不良现象，事实上在大多数情况下喷施三唑酮，并不会产生太大的不利影响。对在抽穗前喷施过三唑酮，特别是用药过量的田块，应该密切观察，若发现抽穗困难，有包颈现象，可以根据情况喷施赤霉酸，促进水稻抽穗，一般每亩用赤霉酸纯药 0.5g 左右，兑水 45～50kg 喷雾。

（2）烯唑醇可造成水稻抽穗困难 有的地区，防治晚稻稻曲病时，喷施 12% 井·烯唑可湿性粉剂，结果晚稻出现了不抽穗、不灌浆现象，给晚稻生产造成严重损失。在水稻破口期或破口抽穗初期使用含烯唑醇的杀菌剂，会造成大面积的水稻出现不同程度的药物反应，水稻穗颈节间生长受到影响，出现包颈现象，不能正常抽穗。现已发现，烯唑醇等三唑类杀菌剂是植物体内赤霉素的生物合成抑制剂。遇到这种抽穗困难的情况，及时喷施赤霉酸有一定的解害作用，可每亩用赤霉酸 2g，兑水 50kg 喷雾。

（3）短期内水稻不宜连续使用唑类杀菌剂 唑类杀菌剂用好了，

防病又增产，用不好，影响抽穗灌浆。现在生产上使用的唑类杀菌剂品种多，在防治水稻病害时，若不加选择随意混用或滥用，易导致水稻抽穗受影响。如己唑·噻菌酯是己唑醇与嘧菌酯的混配剂，井·酮·三环唑是井冈霉素、三唑酮和三环唑的混配剂，而己唑醇与三唑酮是唑类杀菌剂，对水稻生长均有不同程度的抑制作用，如果在抽穗前过量或短期内连续使用，就易导致水稻抽穗困难。

因此，要合理选用防病虫害药剂，如防治水稻纹枯病、稻曲病，选用丙环唑与苯醚甲环唑复配剂，不仅对多种水稻穗期病害防效好，而且对水稻生长也有调节、抗早衰的作用。另外，甲氧基丙烯酸酯类与三唑类的复配剂如苯甲·嘧菌酯等，对作物虫害也有很好的防治作用。

89. 水稻育秧如何科学施用多效唑？

水稻秧田使用多效唑，具有明显地矮化壮秧、早发争穗、增强抗性、防病抑草、增产增收等作用。但在使用过程中，易因使用不当造成秧苗过于矮化、生长停滞甚至死亡、贪青迟熟等不良后果。为了避免给水稻带来的不利后果，必须合理使用多效唑。

（1）多效唑在水稻育秧上的作用 用多效唑培育秧苗，可以省种，一般每亩杂交稻节省种子 0.3～0.5kg；常规稻节省种子 3～4kg。秧田使用后可以省工，因它对水稻恶苗病、纹枯病有很好的防治效果；可基本杀死稻田毛毡草、三棱草，对稗草也有很好的抑制生长和触杀作用，秧苗使用多效唑后，既节省开支，又减轻了劳动强度。据试验，水稻喷施多效唑，杂交中稻每亩可增产 8％以上，杂交晚稻可增产 10％以上，常规晚稻增产更显著。

（2）多效唑在秧田的使用方法 秧田使用后，秧苗分蘖快、水肥吸收快，应注意施足秧田底肥，有机肥和无机肥搭配，氮磷钾肥配合施用。注意秧田耙平耙细，创造上虚下实、软硬适中、厢面平整、泥熟、田平、草净的良好生长环境。

其具体安全有效的方法：一是浸芽谷。按每克 15％多效唑可湿性粉剂兑水 0.5kg 配成药液，将催好芽的谷种用通水透气的袋子装好，放入药液中浸泡 2～3 分钟，稍搅拌，捞出稍沥干即可播种。此法可避免芽谷受药不均匀，浓度易控制，不易造成药害，并能节省用药。

二是秧厢喷雾。当水稻播种后 3～4 天，长到 1 叶 1 心左右时喷雾。喷药时要提前将厢面水放干，一般施用浓度 200～300mg/kg，即每亩用 15％多效唑可湿性粉剂 100g，兑水 50～75kg，每亩秧苗用 50～75kg 药液。不同品种、不同季节，多效唑施用浓度不尽相同。一般来说，各类秧田每亩使用 15％多效唑可湿性粉剂的量不同，早稻秧田为 120g，加水 60kg 喷雾；晚稻秧田 200g，加水 100kg；中稻秧田早熟品种为 150g，加水 75kg；迟熟品种为 180g，加水 90kg，应掌握在早晚喷药。喷药后遇大雨应及时堵好出水口，并在雨后每亩用 35～50g 药粉兑足水补喷一次。若因浓度过大而造成秧苗滞长，可喷施 100mg/kg 的赤霉酸，促使秧苗转入正常生长。

（3）多效唑使用后的秧田管理　合理用水，喷施前排干田水，只保持厢沟有水，喷后第二天再灌水，3 叶期后保持满沟水，厢面有灌水。早追肥，即当秧苗 2 叶 1 心时，亩施尿素 2～3kg 作"断奶肥"。移栽前亩施尿素 3～4kg 作"送嫁肥"。病虫防治与普通的防治方法相同。

（4）使用多效唑育秧的大田管理　由于喷施多效唑后移栽到大田的秧苗具有返青快等特点，因此，大田田间管理要相应做到"三早"，即早管、早促、早控苗，一般搁（烤）田地迟而贪苗过多，造成病虫加剧、空秕粒增加、粒重下降、倒伏等情况。水稻喷施多效唑后，全生育期有推迟的趋势，要注意上下茬播期的安排和因迟熟带来的一些问题。防止迟熟的关键是将播种期提早 2～3 天。

（5）注意事项

① 有些水稻品种不宜用多效唑处理　多效唑是内源赤霉素合成的抑制剂，也可以提高水稻吲哚乙酸氧化酶的活性，降低稻苗内源生长素的水平，明显减弱稻苗顶端生长优势，促进分蘖发生。据有关资料介绍，使用多效唑处理种子，能控制秧苗叶片和叶鞘伸长，使秧苗矮健粗壮，根系发达，分蘖能力增强，移栽后不易败苗、分蘖早，亩有效穗数增加。但不同水稻品种对多效唑的敏感性有差异，一般来说糯稻最敏感，晚粳稻居中，杂交籼熠最不敏感。对水稻种子或秧田使用多效唑处理，要根据不同品种对多效唑的敏感程度掌握不同的用药量和用药浓度，否则容易使水稻秧苗受到过度抑制，带来负面影响。有些水稻品种则不宜用多效唑处理。在杂交籼稻生产上，为充分发挥其单株生长优势，在秧苗上使用多效唑促进分蘖，使秧苗健壮生长，

有利于高产稳产，成功率比较高。在常规粳稻生产上，大田基本苗比较多，一般不需要过多地利用分蘖成穗，施用多效唑的目的主要是使水稻株高降低，防止倒伏，增产意义并不大，而且使用不当反而有很多负面影响。

②要注意残留影响　多效唑在土壤中移动较慢，如果秧田不翻耕再插秧，会引起植株变矮，穗形变小，严重影响产量（彩图35）。因此，应注意使用剂量和选择好秧田，尽量避免同一块地连年使用或多次使用多效唑。

③要注意防治病虫害和杂草　喷施多效唑后的秧苗，植株矮化、叶片嫩绿，易引起白叶枯病、稻蓟马、稻纵卷叶螟、二化螟和三化螟的危害。因此，要坚持预防为主、综合防治的方法，控制病虫害在水稻上的发生与为害，减轻损失。

90. 水稻秧苗发生药害的原因有哪些，如何防止？

水稻秧苗药害问题较多，轻的秧苗生长受到抑制、苗小苗弱，严重的水稻幼苗干枯、黄化、萎缩、畸形、僵苗，甚至死亡，造成育秧失败。

（1）发生原因

①苗床农药残留药害　有些地方采用玉米田、大豆田等旱田土作水稻苗床土，由于通常玉米田常用莠去津、烟嘧磺隆等，大豆田常用咪唑乙烟酸、氟磺胺草醚、异草松等长残留除草剂，这些除草剂在土壤中残留期均在一年以上。在这样的地方建棚或取土育苗，会发生不同程度的秧苗药害。

②苗床封闭除草剂产生药害　有的农民在苗床使用丁·扑合剂进行苗床封闭除草，丁·扑合剂是丁草胺和扑草净的合剂，有粉剂和乳油等类型，具有防治成本低、使用方便、除草效果好的特点，但该药剂对使用技术和环境条件要求较高，使用不当极易发生药害。

③壮秧剂使用不当　育秧过程有的为图省事将壮秧剂撒在底土上，还有的撒在覆土上，这两种方法虽然简单省工，但壮秧剂很难撒均匀，种子会直接和壮秧剂接触，发生药害，影响出苗或蹲苗，导致秧苗生长不整齐。还有的为了给秧苗后期补充养分，在水稻苗二叶期撒施壮秧剂，因为壮秧剂内的主要成分是肥料、调酸剂、杀菌剂和植物生长调节剂，如果壮秧剂在表土使用或苗后使用，壮秧剂直接与种

子、幼芽、苗接触，往往容易出现药害，尤其是植物生长调节剂，苗后使用容易发生蹲苗现象。

（2）防止措施

① 选择无除草剂残留的地方建棚育秧或取土育苗，防止苗床农药残留药害。

② 按照产品使用说明及注意事项正确合理使用封闭除草剂。

③ 正确合理使用壮秧剂育秧，按说明书上的使用剂量与苗床上的底土混拌均匀，不能图省事将壮秧剂撒在育苗土上，或苗后撒在苗床上。

91. 晚稻如何科学施用赤霉酸促进高产？

晚稻插后若旱象比较严重，一些晚稻主茎会有明显的早穗现象；采用抛秧栽培的晚稻分蘖期长，个体之间发育进度不一，吐穗和抽穗会拉得较长，如果在晚稻生长的中后期巧用赤霉酸，就可缓解这些矛盾，使其抽穗整齐、成熟期整齐一致，既有利于避过"寒露风"，提高结实率增加产量，又有利于小麦、油菜等后茬作物及时播种、种植，实现季季作物丰产，针对晚稻生产的实际情况应分不同情况合理喷施赤霉酸。

（1）秧苗老化的晚稻施用　部分晚稻因干旱迟播，拔节秧超龄老化，主茎有明显的早穗现象，大田生长很不一致。主茎早穗，营养集中于早抽穗的稻株，而大田分蘖特别是迟发分蘖处于抑制状态。对这类田喷施赤霉酸，应抓住在抽穗 40%～50% 时，每亩用赤霉酸1.5g，促迟发分蘖苗早成穗、多成穗。喷施赤霉酸后，能促进稻穗颈的伸长，减少包颈粒，疏松穗层，有利于授粉结实。

（2）干旱田施用　在一些地方夏秋干旱时间长，如果在破口始穗期前后田间因干旱缺水无法灌溉，晚稻可能会出现"难产"的现象，即晚稻的穗子或一部分稻穗因干旱缺水抽不出而死胎于母腹中，如不施用赤霉酸，包在叶鞘内的稻粒因不能及时抽出授粉受精，一般都会变成空秕粒，也就是生产上常说的"包颈现象"。除干旱田外，在生产上因施药不当，如在抽穗前过量施用三唑酮等杀菌药剂，或稻田施用过精噁唑禾草灵等除草剂影响晚稻生长，也会出现包颈抽穗困难，使穗轴伸长不充分，稻穗下部颖花卡在叶鞘内成为空粒。一般应在晚稻抽穗 20%～30% 时，结合干旱情况每亩用赤霉酸 1.5～2g，严重脱水田每亩用2g，脱水不太严重的田每亩用1.5g，用少量浓酒或酒精溶解，再兑水40kg稀释，在阴天或傍晚喷施于叶面，能起到助产的作用，使其包颈穗抽出。

（3）抛秧田施用　采用抛植的晚稻，往往会导致生长不一致，丘块与丘块、个体间发育进度不一。在这类晚稻田施用赤霉酸，可以促进水稻整齐成穗。一般在晚稻抽穗30%～40%时喷施，每亩用赤霉酸1g溶于酒精中后，兑水40kg喷施。需注意的是对该类型稻田要严格控制赤霉酸用量，对排水不干的潜育化稻田应慎用，以防根系支撑力下降，而引起后期晚稻倒伏而减产。

（4）早衰晚稻田施用　晚稻早衰是一个比较普遍的现象，如果在后期补充植物生长调节剂，或其他外源激素，能明显提高后期根系活动，促进生长和延缓衰老。可在晚稻后期喷施叶面肥时，亩用赤霉酸1～1.5g溶解于酒精中，加磷酸二氢钾200g，尿素250g，兑水50kg，在乳熟期或齐穗后均匀喷施于叶面，增强晚稻禾苗叶片光合作用，提高结实率，有明显延缓衰老的效果。

值得注意的是：凡在9月10日～15日前能够安全齐穗的晚稻，一般不施用赤霉酸，需要施用的，在晚稻中后期只使用1次，一般不需要重复施用。对生长过旺，已出现贪青晚熟的晚稻田块不能用赤霉酸。

第四章

水稻主要病虫草害全程监控技术

第一节　水稻病虫草害综合防治技术

92. 如何做好水稻病虫草害的综合防治？

水稻病害的种类很多，全世界有近百种，我国正式记载的达70余种，有经济重要性的20余种，其中稻瘟病、纹枯病和白叶枯病发生面积大、流行性强、为害严重，是水稻上的三大重要病害。水稻害虫近80种，其中常年造成为害的有10余种，如稻飞虱、稻纵卷叶螟、二化螟、稻瘿蚊、稻蓟马和中华稻蝗等。对于主要病虫害的防治，应从稻田生态系统出发，明确水稻各种植环节和各生育阶段的主要防治对象，充分发挥自然控制因素的作用，将病虫害控制在经济阈值之下。

（1）植物检疫　对调运或引进的种子或稻草，应严格进行检疫，防止危险性病虫传入，如细菌性条斑病、稻水象甲等，都是重要的检疫对象。

（2）农业防治

① 种植抗病虫品种　各稻区应根据本地病虫害发生的具体情况，有针对性地选育和推广抗稻飞虱、稻瘟病、白叶枯病等主要病虫的优良品种。

② 合理轮作　实行水旱轮作对水稻病害有很好的控制作用。

③ 加强肥水管理　偏施氮肥能诱发多种病虫害如稻飞虱、稻瘟病、纹枯病及白叶枯病等的发生，要根据水稻不同生育期的长势及生理需要适时合理使用氮、磷、钾肥，避免氮肥施入过多过迟。此外，浅水勤灌、适时晒田、降低植株间的湿度，也可提高水稻的抗病能力。

④ 结合农事操作防治病虫　人工摘除二化螟卵块和稻纵卷叶螟、稻苞虫的虫苞并拔除病虫株；冬季耕翻灭茬，消灭越冬二化螟幼虫及减少纹枯病的越冬菌核数量；春季插秧前，坚持打捞"浪渣"，可减少纹枯病菌核数量和消灭漂浮在水面上的稻蝗卵囊；拔除吸引白背飞虱或灰飞虱产卵的稗草；合理密植，防止稻田郁闭，使田间通风透光等，都可起到恶化病虫害发生环境的作用。

（3）生物防治　利用有益生物或其他生物来抑制或消灭有害病、虫、草的一种防治方法。

① 保护稻田天敌　稻田生态系统中，天敌种类多、发生量大、自然控制能力强，因此，要保护稻田中的自然天敌。

② 创造天敌的适生环境　在稻田田埂或田边保留一定数量的杂草，可招引某些种类的天敌，如蜘蛛、寄生蜂等，或为天敌提供取食、繁殖、隐蔽及越冬场所，以增加天敌数量。待稻田中害虫大量发生时，这些天敌即可转移到稻田中，控制其为害。

③ 释放赤眼蜂　在鳞翅目害虫产卵始盛期、产卵盛期和盛末期释放赤眼蜂，每隔3～4天释放1次，视害虫卵量的多少每次每亩放蜂1万～3万头，连放3～4次，有很好的控制作用。

④ 稻田放鸭（彩图36）　可根据当地情况，在稻田放鸭，啄食稻飞虱或稻蝗等害虫。一般以放养0.25～0.4kg重的小鸭为好，以便吃虫不伤苗。

⑤ 使用生物农药　在稻纵卷叶螟等鳞翅目害虫幼虫孵化盛期、未钻蛀或卷叶之前，每亩用苏云金杆菌可湿性粉剂150～200g，兑水30～40kg喷雾；防治水稻纹枯病、稻曲病时，每亩可用5％井冈霉素水剂100mL兑水50kg喷雾。应用白僵菌防治细菌性病害等。

（4）物理防治　物理防治是利用各种工具和物理因素（如光、热、电、温度、湿度和放射能、声波等）防治病、虫、草害的措施。手工捕杀和清除病株，防治转株危害；用工具诱杀、设障防除，虽费力、低效、不易彻底根除，但在尚无更好防治办法的情况下，仍不失为较好的急救措施。晒种、温汤浸种是最常用的物理防治方法。

利用昆虫趋光性设灯诱蛾灭虫（彩图37）。采用频振式杀虫灯诱杀鳞翅目、同翅目害虫是目前最受欢迎也是应用最为广泛的物理防治方法。随着现代科技的发展，物理防治技术将会有新的发展和广阔的应用前景。

（5）**药剂防治**　药剂防治仍然是无公害水稻生产防治病虫草害的重要措施，但须准确掌握防治指标和时期，选用高效、低毒、低残留的安全农药，既可有效控制病虫草害，又能最大限度地减少农药污染、保护生态环境。

加强水稻病虫草害的预测预报，掌握其发生的种类、数量，发生区域和发育发展进度，及时采取措施，优化药剂防治方法。抓住病虫的薄弱环节，及时用药控制，才能达到以最小的投入，获得最佳防治效果的目的。

药剂防治应严格执行国家《农药合理使用准则》（GB/T 8321.1～GB/T 8321.10）。严禁使用剧毒、高毒、高残留、致畸的农药；限制使用高效、低毒、低残留的农药；推广使用无公害无污染的生物源、植物源农药，降低稻谷中有机磷、有机氯等农药残留。力求农药品种与剂型多样化，选用高效、低毒、无残留、经济、安全的新农药品种、新剂型。特别是选择性农药的应用，应严格掌握有害生物防治的指标，没有达到防治指标的，不用农药或减少农药使用次数和投入量。要严格掌握农药的施用剂量（以最佳剂量范围的下限为宜），严格执行农药的安全使用标准，尤其要严格掌握水稻收获前农药使用的安全间隔期，确保稻米农药残留达到无公害级以上的卫生标准。

93. 如何做好早稻秧苗期病虫害防治？

早稻苗期遇低温、病虫害和烂秧等是生产上常见的问题，应提前做好防控。

（1）**种子消毒**　浸种消毒是预防水稻恶苗病、立枯病、稻瘟病、稻曲病、稻粒黑粉病等的有效方法。

① 三氯异氰尿酸粉剂（强氯精）消毒法　一般用强氯精500～800倍水溶液浸种10～12小时，其间每隔3～4小时将种袋提动1次，然后用清水冲洗干净，再浸种或催芽，该法预防恶苗病等效果好。

② 咪鲜胺消毒法　用250g/L咪鲜胺乳油5mL，兑水10kg，搅匀后浸5kg稻种，浸种10小时后催芽播种，可预防稻曲病等。

③ 其他药剂消毒法　其他药剂消毒可选用75%三环唑可湿性粉剂500倍液，或40%稻瘟灵乳油1000倍液、50%多菌灵可湿性粉剂1000倍液，浸种1天后催芽播种，对稻瘟病等病害均有较好的预防效果。

（2）**抓好秧田病虫防控**　在播种前或浸种后，每千克稻种用10%吡虫啉可湿性粉剂4～5g拌种，根据不同用种量，按上述比例配药后拌种，也可选用60%吡虫啉悬浮种衣剂拌种；或用10%吡虫啉可湿性粉剂30g直接拌芽谷种子10～15kg，拌匀装袋，15～20分钟后立即播种。采用吡虫啉可湿性粉剂拌种主要防治白背飞虱和灰飞虱，有效预防白背飞虱等在秧田传播黑条矮缩病等病毒病，同时还可兼治稻蓟马等害虫。

吡虫啉或吡蚜酮加氯虫苯甲酰胺喷施秧田：在秧苗3叶期和移栽前3～5天，每亩用10%吡虫啉可湿性粉剂或25%吡蚜酮可湿性粉剂40～50g再加20%氯虫苯甲酰胺悬浮剂10mL，兑水50～60kg均匀喷雾，可有效防治稻飞虱、稻蓟马、稻螟虫、稻纵卷叶螟等多种害虫。

（3）**防止水稻烂秧**　早春水稻育秧季节，往往出现低温寒潮（倒春寒）或阴雨连绵。若加上秧田水层管理不当，会造成秧苗衰弱，病菌易趁苗体虚弱而侵入，从而导致水稻烂秧。早春防止水稻烂秧措施如下：

① 秧田通气　秧田既要透水，利于种子发芽出苗，又要通气，便于秧苗扎根生长，可有效防止烂秧。先把田耕耙整细，起沟做畦，施足底肥，再把畦面泥块打碎，初步耙平；然后放水浸泡，再进一步把畦面整平。

② 适时育秧　掌握适宜播期和确定适宜秧龄，以避免烂秧。水稻正常出苗所需温度为15℃，在露地育秧时，当气温稳定在12℃左右时开始播种。如果育秧季节早，气温低，稻苗生长慢，秧龄宜适当长些；在气温较高时育秧，稻苗生长快，秧龄则宜短些。

③ 稀播匀播　秧田播种量应根据秧龄长短及育秧季节气温高低而定。原则上要求稀播匀播，使每株秧苗都能得到足够的阳光、空气和养料。如播种过密，则会造成后期秧苗受光量减少，发根力降低，苗体不壮，易烂秧。

④ 培育壮秧　培育壮秧是防止烂秧的前提，可采用湿润育秧法培育适龄壮秧。在立苗期，一般在秧田沟中灌水，保持田面湿润通气，促使种子迅速伸根立苗。在扎根期，要灵活掌握水层，防冻防晒。保持秧田既有水，又通气，以利于扎根保苗。若遇到寒潮，应灌深水护苗，并要求及时排水通气。遇到阴雨连绵，要打开排水口，勿

使秧田积水。

（4）提高早稻秧苗耐低温能力　针对早春倒春寒等低温天气，建议在早稻育秧过程中用光合细菌生物菌剂 150～250 倍液，于出苗后 7 天均匀喷雾，间隔 5 天喷施 1 次，共施用 3 次；或者在水稻种子播种前，采用 150 倍液浸种 1 小时，然后摊开准备播种。上述做法可以促进秧苗早发，使根系比较发达，提高耐受低温能力，同时增强作物苗期光合作用。

94. 如何做好晚稻秧苗期病虫害防治？

（1）做好种子消毒处理　晚稻秧苗上发生的主要病害有恶苗病、干尖线虫病等，这些病害一旦发生，基本上没有有效药剂防治，因而主要是要做好种子消毒。咪鲜胺用于种子消毒，已在生产上推广多年，其效果明显减退，应改用其他有效的杀菌剂。如氰烯菌酯浸种或咯菌腈类药剂拌种。

① 药剂浸种　用 25% 氰烯菌酯悬浮剂 3g 加 6% 杀螟丹水剂 4mL，加水 6kg 浸稻种 5kg，浸足 48 小时，浸后不淘洗，直接播种或催芽播种。

② 药剂拌种　用 6.25% 咯菌·精甲霜悬浮种衣剂 20mL 加水 150～200mL，搅拌包衣稻种 5kg，能有效地预防恶苗病，但对于干尖线虫病无效。

药剂浸、拌种后可不催芽直接播种或多浸少催，并适当降低塑盘育秧期间的苗床温度，以减少长芽阶段病菌的侵染。

（2）喷施多效唑提高秧苗抗病性　在秧苗 1 叶 1 心期，每亩用浓度为 100mg/kg 的多效唑溶液，均匀喷施于秧苗，可使秧苗矮壮，根系发育良好，抗逆性增强，白根多，根长且粗壮，插秧后返青提早 3～4 天，耐旱，病害发生率和程度明显减轻。

（3）早防黑条矮缩病　抓好秧田秧针期至本田分蘖期传毒媒介白背飞虱的药剂防治。插秧前 3～5 天防治飞虱的"送嫁药"可选用吡虫啉＋吗胍·乙酸铜。秧田宜远离病田，提倡集中连片育秧，清除秧田及周围禾本科杂草，积极推广防虫网育秧，水稻播种后用 20 目以上防虫网覆盖秧田。发病初期，用抗病毒制剂宁南霉素、吗胍·乙酸铜等加入叶面肥和杀虫剂混合喷施，或喷施 20% 吗胍·乙酸铜可湿性粉剂 800 倍液＋植物细胞分裂素 600 倍液，对南方水稻黑条矮缩病的发生有较好的抑制作用，并促进植株恢复健康。

（4）苗期防治稻蓟马　由于晚稻育秧时前作越来越复杂，在麦类、油菜及其他作物上活动与危害的蓟马，会大量向秧田转移危害，造成晚稻秧苗出现黄尖（彩图38），或秧苗叶尖发黄卷曲现象，严重时造成秧苗似火烧一般，影响秧苗的正常生长。为防止蓟马危害，播种前用35％丁硫克百威干粉种衣剂（稻伴）30g拌浸好的稻种5kg，对稻蓟马的控制时间可达1个月左右，同时可有效避免鼠、雀造成的缺苗断垄。晚稻秧苗有些年份常会受到地下害虫为害，主要有蝼蛄，可选用75％辛硫磷乳油75mL，与育秧的营养土拌匀后覆盖稻种。也可采用灯光诱杀或毒饵诱杀。取麦麸或豆饼5kg炒香后用50％辛硫磷乳油50mL加水500mL拌成毒饵，于傍晚投放在秧田沟边，次日清晨捕杀昏迷的地下害虫，保护秧苗不受为害。

（5）防控稻飞虱　采用防虫网、药剂拌种、喷药防治、移栽前喷"送嫁药"等措施。

（6）防治三化螟　可进行人工摘除卵块。在蚁螟孵化盛期喷药防治。

（7）防治稻瘿蚊　主要措施是做好药剂拌种，按每千克水稻种子用10％吡虫啉可湿性粉剂10g拌种防虫，或在晚稻秧苗1叶1心期和大田移栽后5～7天用适宜农药拌细土撒施预防。

第二节　水稻主要病害防治技术

95. 怎样防治水稻恶苗病?

水稻恶苗病（彩图39），又称徒长病、恶脚病、白秆病，属水稻地上部的一种真菌性病害，是水稻生产上的常见病害，主要表现为苗期植株比健苗细长、叶片叶鞘细长、叶色淡黄，根系发育不良，部分病苗在移栽前枯死等症状，一般不抽穗结实，所以俗称"米禾""公禾""标禾""标茅""公秧"。水稻恶苗病从苗期到抽穗期均可发生，一般以分蘖期发生最多。病原为串珠镰孢菌，属半知菌亚门真菌。

（1）农业防治　建立无病留种田和进行种子处理是防治此病的关键。播种前催芽不能太长，以免下种时易受创伤而有利于病原菌的侵入。拔秧时应尽量避免秧根损伤太重，并尽量避免在高温和中午插秧，以减轻发病。对秧苗要做到"五不插"，即不插隔夜秧，不插老龄秧，不插深泥秧，不插烈日秧，不插冷水浸的秧。处理好病草、病谷，做好种子消毒处理。不能用病稻草作催芽或旱育秧的覆盖物。将发病病苗、病株及时拔出处理，减少再侵染源。

（2）种子消毒

① 药剂浸种　水稻播种前，用农药浸种，可有效地杀灭附着在种子内外的病菌，防止或减轻对水稻的侵染危害。药剂浸种是预防和控制恶苗病的关键措施，也是唯一的办法，而在水稻生长期用药防治恶苗病基本上没有效果，目前登记用于浸种防治水稻恶苗病的药有咪鲜胺、二硫氰基甲烷、噁霉灵、咯菌腈、氰烯菌酯、溴硝醇等单剂及多•福、多•咪•福美双、甲霜•福美双、福•甲•咪鲜胺、精甲•咯菌腈等混配剂，其中以咪鲜胺、二硫氰基甲烷及其混配剂最常用。由于多年使用以多菌灵为代表的苯并咪唑类杀菌剂防治，导致水稻恶苗病病菌对这类药产生了较高的抗药性，同类药咪鲜胺也有潜在的抗药性风险。近年来，25%氰烯菌酯悬浮剂2000倍液浸种24小时，种子捞起后直接催芽，对水稻恶苗病有较好的防治效果，能有效杀灭已对多菌灵等苯并咪唑类药产生抗药性的恶苗病病菌。

② 药剂拌种　每100kg种子，选用0.25%戊唑醇悬浮种衣剂2000～2500g，或400g/L萎锈灵•福美双悬浮剂120～160mL、75%萎锈灵•福美双可湿性粉剂150～190g、25g/L咯菌腈悬浮种衣剂400～600g、62.5%精甲•咯菌腈悬浮种衣剂160～200g、16%福美双•甲霜灵•咪鲜胺种子处理悬浮剂267～400g、70%噁霉灵种子处理干粉剂70～140g、20%多菌灵•咪鲜胺•福美双悬浮种衣剂167～250g、15%多菌灵•福美双悬浮种衣剂225～300g、0.78%多菌灵•多效唑拌种剂233～312g拌种，或用3.5%咪鲜胺•甲霜灵粉剂按药种比1:（80～100）、1.3%咪鲜胺•吡虫啉悬浮种衣剂按药种比1:（40～50）、15%甲霜灵•福美双悬浮种衣剂按药种比1:（40～50）拌种。

（3）苗期防治　旱育秧在秧苗针叶期，用250g/L咪鲜胺乳油1500倍液喷雾，对控制病害的发生传播具有较好的作用。肥床旱育秧，每亩用250g/L咪鲜胺乳油4mL。制种田在母本齐穗至始花期每亩用250g/L咪鲜胺乳油7mL加25%三唑酮乳油3.1mL，兑水

50kg，喷雾防治，能有效地防止恶苗病原菌侵染母本花器。

96. 如何防治水稻立枯病？

水稻立枯病，患病秧苗按发病时间可分为3个阶段：芽腐、基腐和黄枯。患病秧苗出苗后就会枯萎，叶色呈枯黄萎蔫状，叶片打绺，且易拔断，病株基部腐烂，散发烂梨味，发病较重时可导致秧苗死亡，枯苗呈穴状（彩图40）。多由不良环境（低温多湿、温差过大、光照不足、土壤偏碱、秧苗细弱、播种量过大等）诱引土壤中致病真菌寄生所致。

（1）农业防治 对种子和土壤进行消毒，控制好温度和湿度，使土壤水分充足，但不能过湿。精选稻种，晒种，并提高催芽技术，培育壮秧。播种时间适宜，不要盲目抢早，播种量要适宜，播种密度不宜过大。同时要做好防寒、保温、通风、炼苗等工作。

（2）药剂防治 选用90%噁霉灵可湿性粉剂1200～1500倍液喷雾，不仅能够对土壤消毒，还能直接被植物根部吸收，进入植物体内，促进植物生长。

97. 如何防治水稻秧苗期绵腐病？

水稻秧苗期绵腐病（彩图41、彩图42）表现为：机插秧苗生长期间，受低温高湿等影响，基部出现水渍状，严重时秧苗发黄枯死。绵腐病的腐霉菌是土壤中弱寄生菌，播种后气温越低，持续时间越长，绵腐病发生越重。

（1）农业防治 严格精选种子，严防糙米和破损种子下地。适时播种，提高整地质量，避免冷水、污水灌溉。发生绵腐病时及时晾田防治。

（2）药剂防治 可喷洒90%噁霉灵可湿性粉剂1200～1500倍液，不仅能够对土壤消毒，还能促进植物生长，并能直接被植物根部吸收，进入植物体内发生作用。

98. 如何防治水稻烂秧病？

水稻烂秧为苗期病害，是水稻育秧期间多种生理性病害和侵染性病害的总称，也叫烂秧病。主要指烂秧和疫霉病，病原为禾谷镰刀菌、尖孢镰刀菌、立枯丝核菌、稻德氏霉等。防治水稻烂秧的关键是抓好育苗技术，改善秧田环境条件，增强秧苗抗病力，必要时辅以药剂防治。

（1）改进育秧方式 因地制宜地采用旱育秧稀植技术或采用薄膜覆盖法或进行温室保温育秧。露地育秧应在湿润育秧基础上加以改进。秧田应选在背风向阳、肥力中等、排灌方便、地势较高的平整田块，秧畦要干耕、干整、水糊。提倡施用酵素菌沤制的堆肥或充分腐熟的有机肥，改善土壤中微生物结构。

（2）精选种子 选成熟度好、纯度高且干净的种子，浸种前晒种。

（3）浸种催芽 浸种要浸透，以胚部膨大突起、谷壳呈半透明状、谷壳隐约可见浅黄白和胚为准，但不能浸种过长。催芽要做到"高温（36～38℃）露白、适温（28～32℃）催根、淋水长芽、低温炼苗"。也可施用 ABT 4 号生根粉，使用浓度为 13mg/L，南方稻区浸种 2 小时，北方稻区浸种 8～10 小时，捞出后用清水冲芽即可；也可在移栽前 3～5 天，对秧苗进行喷雾，浓度同上。对水稻立枯病防治效果好。提倡使用沼液浸种。

（4）提高播种质量 根据水稻品种特性，确定播期、播种量和苗龄。日平均气温稳定通过 12℃时方可进行露地育秧。根据天气预报调整浸种催芽时间，使播后有 3～5 天连续晴天有利于谷芽转青。种子以谷陷半粒为宜，并要均匀。播后撒灰保温保湿，且有利于扎根竖芽。

（5）加强肥水管理 芽期以扎根立苗为主，保持畦面湿润，不能过早灌水，遇霜冻可短时灌水护芽。第一叶展开后适当灌浅水，2～3 叶期灌水以减少温差，保温防冻。寒潮来临要灌"拦腰水"护苗，冷空气过后转为正常管理。采用薄膜育苗的于上午 8～9 时要揭膜放风。放风前先上薄水，防止温、湿度剧变。发现死苗的秧田每天灌一次"跑马水"，并排出，小水勤灌，冲淡毒物。施肥要掌握基肥稳、追肥少而多次、先量少后量大的原则，提高磷、钾肥比例。齐苗后施"破口"扎根肥，可用清粪水或硫酸铵掺水洒施，第二叶展开后，早施"断奶肥"。若秧苗生长慢，叶色黄，遇连阴雨天更要注意施肥。盐碱化秧苗要灌大水冲洗芽尖和畦内盐霜，排除下渗盐碱。

（6）药剂处理 播种前用药剂处理种子和对秧板进行消毒。稻种在消毒处理前，一般要先晒种1～3天，这样可促进种子发芽和病菌萌动，然后通过风、筛、簸、泥水、盐水选种，并消毒。苗期刚发病时即应施药防治。秧田一看到发病株或发病中心即应喷药防治。

① 种子处理　每100kg种子可选用18%多菌灵·咪鲜胺·福美双悬浮种衣剂450～600g，或0.25%戊唑醇悬浮种衣剂200～300g、350g/L精甲霜灵种子处理乳剂40～70mL、400g/L萎锈·福美双悬浮种衣剂160～200g进行种子处理。

② 苗床处理　每平方米苗床可选用20%咪锰·甲霜灵可湿性粉剂0.8～1.2g，或3%甲霜·噁霉灵水剂0.42～0.54mL、20%噁霉灵微乳剂0.4～0.6mL、25%嘧菌酯悬浮剂60～90mL、20%吡唑醚菌酯水分散粒剂80g、10%苯醚甲环唑水分散粒剂10～20g、25%丙环唑乳油30～40mL等，兑水80～100kg，均匀喷雾。

③ 对绵腐病烂秧　可用15%噁霉灵液剂500倍液，播种前喷雾秧板，每平方米喷药液3kg。每亩用95%敌磺钠可溶粉剂900g兑水6.7L，在播种前浇泼秧板；或用50%敌磺钠可湿性粉剂1000倍液，在秧苗1叶1心至2叶期喷雾，如果持续低温，于低温来临时再施药1次。抢救严重病苗时，可将敌磺钠浓度提高到500倍使用，喷雾后有壮苗作用。

④ 水秧田中的绵腐病和腐败病　应在换清水后，浅灌2～3cm深的水，再每亩用0.05%～0.1%硫酸铜水溶液70～100L喷雾；或在秧田进水口处放上装有硫酸铜（每亩用量75～150g）的纱布袋，让硫酸铜随灌溉水溶化流入秧田。

⑤ 防治稻苗立枯病　下种前对苗床床土消毒，已整好的苗床，每平方米用3.2%噁·甲水剂10～15g，兑水2.5～4L，用喷壶均匀洒施于苗床表土上；或在稻苗立针期至1叶期对苗床喷浇，或在秧苗发病初期施药，药剂用量同前，喷药后喷清水洗苗。

99. 怎样防治水稻稻瘟病？

稻瘟病又叫苗稻瘟、叶稻瘟、节稻瘟、枝梗瘟、谷粒瘟、稻热病、火烧瘟、磕头瘟、吊颈瘟、吊头瘟等，为我国南北稻区危害最严重的水稻病害之一，与纹枯病、白叶枯病并称水稻三大病害。根据病害发生的时期和危害部位不同，稻瘟病可分为苗瘟、叶瘟（普通型、急性型、白点型、褐点型）、节瘟、叶枕瘟、枝梗瘟、穗颈瘟、谷粒瘟（彩图43～彩图47）。叶瘟和穗颈瘟最为常见，穗颈瘟对水稻产量影响最大。

（1）种植抗病品种　根据当地稻瘟病流行特点，选择感病率不高、损失率低、呈水平抗性的品种。在暂无良好抗性品种的地区，可用几个不同抗性基因的品种搭配种植，避免主栽品种单一化是延长抗性品种使用寿命的有效途径。鉴于目前水稻没有免疫品种和病菌生理小种的不断变化，病害流行区种植单个水稻品种时间不宜过长，一般以3年左右为宜。

（2）加强田间管理　培育壮秧，增强植株抗病力，有利于减轻病害。如催芽不宜过长，拔秧要尽可能避免损根，做到"五不插"：不插隔夜秧，不插老龄秧，不插深泥秧，不插烈日秧，不插冷水渍的秧。

适当稀插，避免过多、过迟施用氮肥，增加有机肥及磷、钾、硅肥用量，早施追肥，中期适当控氮抑苗，后期要苗补肥。硅、镁肥混施，可促进硅吸收，能较大幅度地降低发病率。冷浸田注意增施磷肥。

尽量做到浅水栽秧、寸水返青、薄水促蘖，分蘖盛期后及时排水晒田，控制无效分蘖，抽穗扬花期保证供水，齐穗后以湿为主，干干湿湿灌溉。推广旱育秧、抛秧、三围强化栽培等规范化栽培技术，有效控制病害的发生。后期干湿交替，促进稻叶老熟，增强抗病力。

发现病株，及时拔除烧毁或高温沤肥。

（3）利用生物多样性防病　稻田生态系统中，水稻品种、稻田病虫草害及相关天敌、稻田水生生物群落，以及人工放养的鸭、鱼、萍等物种能够共同构成自然生态和人为干预相结合的复合生态系统。而选择抗性遗传背景差异大和株高差异较大的品种组合，以1行优质稻、5行主栽稻混合间栽，能起到控病增产的作用。

（4）种子处理　在播种前处理水稻种子。可供选择的药剂和方法有如下几种（表1）。

表1　防治稻瘟病种子处理可选用的药剂及使用方法

处理药剂和浓度	使用方法
80%乙蒜素（抗菌素"402"）2000倍液	每50kg药液浸30～35kg稻种，48小时后，捞出并洗净药液，催芽、播种

处理药剂和浓度	使用方法
40%异稻瘟净乳油 500 倍液	浸种 20 小时，用清水冲洗净后，催芽、播种
40%稻瘟磷乳油 1000 倍液	浸种 48 小时，用清水冲洗净后，催芽、播种
45%咪鲜胺乳油 3000 倍液	浸种 48 小时，捞出洗净药液后催芽、播种
50%多菌灵可湿性粉剂 500 倍液	浸种 48 小时，浸后捞出，催芽、播种
40%多·福粉剂 500 倍液	浸种 48 小时，浸后捞出，催芽、播种
50%福美双可湿性粉剂 500 倍液	浸种 48 小时，浸后捞出，催芽、播种
50%甲基硫菌灵可湿性粉剂 500 倍液	浸种 24 小时，浸后捞出，催芽、播种
40%甲醛 500 倍液	先将稻种用清水预浸 24～48 小时（以吸饱水而未露白冒芽为度），取出后稍晾干，若气温在 15～20℃ 时，将预浸稻种放入 500 倍药液中浸 48 小时，再捞出用清水冲洗净后，催芽、播种
17%杀螟·乙蒜素可湿性粉剂 400 倍液	浸种 60 小时，捞出用清水冲净后，催芽、播种
三氯异氰尿酸	将稻种先用清水预浸 12～18 小时，再用三氯异氰尿酸 10g 兑水 3kg 浸种 1 昼夜，然后用清水洗净，催芽播种。若水稻育秧期发生稻瘟病，也可喷 700 倍药液予以防治
30%苯噻硫氰乳油 1000 倍液	浸种 6 小时
20%稻瘟酯可湿性粉剂 5g＋50%福美双可湿性粉剂 4～10g	兑水 0.5kg，拌种 100g

（5）防治水稻苗瘟 育苗田、直播田等苗瘟发生较多，在发病前期及时防治，每亩可选用 10%环丙酰菌胺可湿性粉剂 50～100g，或 20%三环唑可湿性粉剂 100～120g、20%三环·多菌灵可湿性粉剂 125～150g、20%咪鲜·三环唑可湿性粉剂 50～70g、35%唑酮·乙蒜素乳油 75～100mL、30%异稻·稻瘟灵乳油 150～200mL、18%三环·烯唑醇悬浮剂 40～50mL、21.2%春·四氯可湿性粉剂 75～120g、30%苯噻硫氰乳油 50mL，兑水 40～50kg，全田喷雾，或每亩用 20%噻森铜悬浮剂 100～125mL，或 8%烯丙苯噻唑颗粒剂 1.5～

3kg，拌适量细土撒施，视病情增减药量，隔5～7天再施药1次。

在水稻分蘖期和抽穗期易感病，应加强预防。田间发现病情及时施药防治，发病前每亩可选用45％代森铵水剂77～100mL，或70％甲基硫菌灵可湿性粉剂100～140g、50％多菌灵可湿性粉剂100～120g、75％百菌清可湿性粉剂100～120g、42％硫黄·多菌灵悬浮剂280～340mL、2％春雷霉素可湿性粉剂80～120g、50％四氯苯酞可湿性粉剂65～100g，兑水40～50kg，全田喷雾，要有效提高水稻抗稻瘟病的能力，视病情隔5～7天施药一次。

（6）防治水稻叶瘟　在田间见病斑时，可治疗剂与保护剂混配施用，每亩可选用15％乙蒜素可湿性粉剂130～160g，或40％三乙膦酸铝可湿性粉剂235～270g、36％三氯异氰尿酸可湿性粉剂50～60g、25％咪鲜胺乳油60～100mL、20％井·唑·多菌灵可湿性粉剂100～150g、30％咪鲜·多菌灵可湿性粉剂35～50g、45％硫黄·三环唑可湿性粉剂120～160g、42％咪鲜胺·甲基硫菌灵可湿性粉剂60～80g、13％春雷霉素·三环唑可湿性粉剂80～120g，兑水50～60kg，均匀喷施。

病害发生初期及时施药，每亩可选用40％异稻瘟净乳油120～200mL，或20％异稻·三环唑乳油100～150mL、6％戊唑醇微乳剂75～100mL、0.15％四霉素水剂48～60mL、40％咪鲜·稻瘟灵乳油70～100mL、20％井冈·三环唑可湿性粉剂100～150g、75％肟菌·戊唑醇水分散粒剂15～20g、50％咪鲜胺锰盐可湿性粉剂40～60g、30％敌瘟灵乳油100～130mL、40％稻瘟灵乳油75～120mL，兑水40～50kg喷雾，视病情间隔5～7天施药一次。

（7）防治稻叶枕瘟、穗颈瘟和节瘟　这三种稻瘟病对产量影响均较大。防治穗颈瘟，要着重在抽穗期对水稻进行保护，特别是在孕穗期（破肚期）和齐穗期。感病品种或稻苗嫩绿、施氮过多而发病较重的田块，用药2～3次，间隔期为10天左右，可供选择的药剂和施用方法有如下几种（表2）。

表2　防治稻叶枕瘟、穗颈瘟和节瘟可选用的药剂及使用方法

药剂及亩用量	使用方法	使用时期
20％三环唑可湿性粉剂100g 或75％三环唑可湿性粉剂30g	兑水60L喷雾	破口初期和齐穗期

药剂及亩用量	使用方法	使用时期
40%稻瘟灵乳油（可湿性粉剂）100mL	兑水 60~75L 喷雾	破口期和齐穗期
21.2%春·四氯可湿性粉剂 100g	先用少量水将药粉调成糊状，再兑水 50L 搅拌均匀	破口期和齐穗期
50%多菌灵可湿性粉剂 100g	兑水 30kg 喷雾	初穗期和齐穗期
45%硫黄·三环唑胶悬剂 100~150mL	兑水 60L 喷雾	破口期、齐穗期和孕穗期
50%四氯苯酞可湿性粉剂 100~125g	兑水 75L 喷雾或加 8L 水低容量喷雾	抽穗前 3~5 天（破口期）、齐穗期
2%春雷霉素 100mL	兑水 50L 喷雾	破口期（或始病期）和齐穗期
6%丙多·多悬浮剂 35mL	兑水 50L 喷雾	破口期、齐穗期和孕穗期
40%多·硫胶悬剂 250g	兑水 75L 喷雾	破口期和齐穗期
20%丙硫·多菌灵胶悬剂 25g	兑水 50L 喷雾	孕穗后期和齐穗期
20%三环·异稻可湿性粉剂 100~120g	兑水 50~75L 喷雾	水稻破口期和齐穗期
13%春·三环可湿性粉剂 130~150g	兑水 50~75kg 喷雾	叶瘟发病初期，穗颈瘟水稻破口期和齐穗期
16%井·三环·酮可湿性粉剂 125~175g	兑水 50~75kg 喷雾	稻瘟病和纹枯病混发
20%井·三环悬浮剂或可湿性粉剂 100~150g	兑水 50~75kg 喷雾	稻瘟病与纹枯病、稻曲病混发

100. 如何防治水稻纹枯病？

纹枯病（彩图 48、彩图 49）又名云纹病、花脚秆、烂脚秆、烂脚瘟、眉目斑，是由真菌引起，以土壤传播为主的重要病害，目前在我国水稻上不论是发生频率、发生面积还是为害造成的产量损失均居各病害之首。易造成水稻叶鞘、叶片发生水渍状枯死，严重受害时，造成倒塘、冒穿、串顶、倒伏、枯白穗等，可能颗粒无收。

该病由稻立枯丝核菌引起。在高温、高湿条件下发生和流行。一般水稻在各个生育时期均能被纹枯病菌感染，在分蘖盛、末期病情开始上升，而孕穗至抽穗期为发病盛期。防治适期在分蘖末期至抽穗期，以在孕穗至始穗期防治为最好。

（1）选用抗（耐）病品种　一般水稻植株表面具蜡质层、硅化细胞可抵抗和延缓病原菌的侵入，这是衡量品种的抗病性指标，也是快速鉴别品种是否具有抗病性的一种手段。根据各稻区的生产特点，在注重高产、优质、熟期适中的前提下，宜选用分蘖能力适中、株型紧凑、叶型较窄的水稻品种。

（2）打捞菌核，减少菌源　实行秋翻深耕，把散落在地表的菌核深埋在土中。水田灌水耙地后捞去浮渣菌核，深埋或烧掉。病稻草不能还田，用稻草垫栏的肥料必须充分腐熟后方可使用。

（3）加强栽培管理　施足基肥，早施追肥，不偏施氮肥，增施磷、钾肥，采用配方施肥技术，使水稻前期不披叶、中期不徒长、后期不贪青。

灌水要掌握"前浅、中晒、后湿润"的原则，做到分蘖浅水、足苗露田、晒田促根、肥田重晒、瘦田轻晒、长穗湿润、不早断水，防止早衰。

合理密植，适当稀植可降低田间群体密度，提高植株间的通透性，降低田间湿度，减轻发病程度。

（4）药剂防治　低洼潮湿、菌核量大、多肥、生长过旺的田块，在分蘖期开始调查，采取平行路口跳跃取样法，下田走五六步后选点，每点间隔 10 丛以上，每点查 5 丛，共查 25 丛，发病丛达 8 丛以上需施药防治。

一般田块在孕穗期前后开始调查，方法和防治指标同前。在分蘖期和孕穗期达到防治指标时即要用药防治。气候及苗情有利于病害发生、流行时，要连续打 2～3 次药。

① 发病初期　可结合其他病害的防治，每亩选用 20％苦·钙·硫黄水剂 100～150mL、70％甲基硫菌灵可湿性粉剂 130～160g、25％多菌灵可湿性粉剂 200g、75％百菌清可湿性粉剂 100～126g、4％嘧啶核苷类抗生素水剂 250～300mL、90％三乙膦酸铝可溶粉剂 110～120g、25％络氨铜水剂 124～184mL，兑水 40～50kg 喷雾，视病情间隔 7～14 天施药一次。

② 分蘖盛期　丛发病率达 3％～5％时每亩可选用 5％己唑醇悬

浮剂 80～100mL，或 12.5％烯唑醇可湿性粉剂 37～50g、8％三唑酮悬浮剂 60～80mL、36％三氯异氰尿酸可湿性粉剂 60～90g、240g/L 噻呋酰胺悬浮剂 150～200mL、30％硫黄·三唑酮悬浮剂 150～200mL、10 亿个/g 枯草芽孢杆菌可湿性粉剂 75～100g、40％菌核净可湿性粉剂 200～250g、20％井冈霉素·菇类蛋白多糖水剂 25～50mL、23％醚菌·氟环唑悬浮剂 33～54g、125g/L 氟环唑悬浮剂 40～50mL、13％井冈霉素·水杨酸水剂 75～100mL、16％井冈·羟烯腺可溶粉剂 25～50g、3％井冈·嘧苷素水剂 200～250mL、15％井冈·蜡芽菌可溶粉剂 40～60g、5％井冈·枯芽菌水剂 250g、50％氯溴异氰尿酸可溶粉剂 50～60g、430g/L 戊唑醇水分散粒剂 17～26g、40％多菌灵·三唑酮可湿性粉剂 75～100g、250g/L 丙环唑乳油 30～60mL、20％氯酰胺可湿性粉剂 100～125g，兑水 40～50kg 喷雾，视病情间隔 7～10 天喷施一次。

③ 拔节到孕穗期　从发病率达 10％时，每亩可选用 20％烯肟·戊唑醇悬浮剂 33～50mL，或 12％井冈·烯唑醇可湿性粉剂 50～60g、15.5％井冈·三唑酮可湿性粉剂 100～120g、20％井冈·三环唑可湿性粉剂 100～150g、20％井冈·咪鲜胺可湿性粉剂 40～55g、3.5％井冈·已唑醇微乳剂 60～70mL、15％井冈·丙环唑可湿性粉剂 40～50g、20％井·唑·多菌灵可湿性粉剂 100～150g、20％井·烯·三环唑可湿性粉剂 75～90g、16％井·酮·三环唑可湿性粉剂 125～175g、30％已唑·稻瘟灵乳油 60～80mL、490g/L 丙环·咪鲜胺乳油 13～26mL，兑水 50～60kg，均匀喷雾，也可兑水 400kg 进行泼浇。

值得注意的是，三唑酮、烯唑醇、丙环唑等唑类杀菌剂对水稻体内的赤霉素形成有影响，能抑制水稻茎节拔长。这类药剂特别适合在水稻拔节前或拔节初期使用，在防治纹枯病的同时，还有抑制基部节间拔长，防止倒伏的作用。但这些药剂在水稻（特别是有轻微包颈现象的粳稻品种）上部 3 个节间拔长期使用，特别是超量使用，可能影响这些节间的拔长，严重的可造成水稻抽穗不良，出现包颈现象（不同水稻品种、不同药剂以及不同的用药量条件下，所造成的影响不一样），其中烯唑醇等药剂的抑制作用更为明显。苯醚甲环唑与丙环唑的复配剂在水稻抽穗前后可以使用，不仅能防治纹枯病等病害，还有利于提高结实率，并对杂交稻后期叶部病害有较好的兼治作用。

101. 怎样防治水稻胡麻叶斑病？

胡麻叶斑病（彩图 50）又称胡麻叶枯病、胡麻斑病，属真菌病害，多发生在因缺水肥引起水稻生长不良的稻田，秧苗受害引致苗枯，叶片受害造成叶枯，穗部受害，导致千粒重下降及空瘪粒增多。病原为稻平脐蠕孢，属半知菌亚门真菌。

（1）科学管理肥水 施足基肥，注意氮、磷、钾肥的配合施用。无论秧田或大田，当稻株因缺氮发黄而开始发病时，应及时施用硫酸铵、人粪尿等速效性肥料，如缺钾而发病，应及时排水增施钾肥。在水分管理方面以实行浅水勤灌为好，既要避免长期淹灌所造成的土壤通气不良，又要防止缺水受旱。

（2）深耕改土 深耕能促使根系发育良好，增强稻株吸水吸肥能力，提高抗病性。沙质土应增施有机肥，用腐熟堆肥作基肥；酸性土壤要注意排水，并施用适量石灰，以促进有机肥物质的正常分解，改变土壤酸度。

（3）种子消毒 用 80％乙蒜素（抗菌素"402"）2000 倍液浸种 48 小时，或 50％多菌灵可湿性粉剂 500 倍液、40％多·福粉剂 500 倍液，浸种 48 小时，浸后捞出催芽、播种。或用 250g/L 咪鲜胺乳油 2000 倍液连续浸 72 小时后捞起，不淘洗，不催芽（肥床旱育秧），晾干后直接播种。或用 30％苯噻硫氰乳油 1000 倍液浸种 6 小时，浸种时常搅拌，捞出再用清水浸种，然后催芽、播种。浸种期间不要将浸种容器置于阳光下暴晒。稻种在消毒处理前，最好先晒 1～2 天，这样可促进种子发芽和病菌萌动，以利于杀菌，后通过风、筛、簸、泥水、盐水选种，然后消毒。

（4）药剂防治 秧田出现发病秧苗时即应施药防治，该病大田主要在水稻分蘖期至抽穗期发生，叶片出现病斑应立即药剂喷雾进行防治。每亩可选用 30％苯甲·丙环唑乳油 15mL，或 25％嘧菌酯悬浮剂 40mL、250g/L 咪鲜胺乳油 40～60mL、40％多·硫胶悬剂 200g、40％敌瘟磷乳油 75～100mL、40％异稻瘟净乳油 150～200mL、40％稻瘟灵乳油 100mL、60％多菌灵可湿性粉剂 60g、50％异菌脲可湿性粉剂 66～100mL、30％苯噻硫氰乳油 50mL，兑水 50～60L 喷雾，间隔 5～7 天再喷 1 次。

102. 怎样防治水稻稻曲病?

稻曲病（彩图51、彩图52）是一种为害水稻穗部的病害，又称青粉病、伪黑穗病、绿黑穗病、谷花病，多发生在收成好的年份，故又名丰收果，属真菌病害。此病对产量造成的损失是次要的，主要的是病原菌有毒，孢子污染稻谷，降低稻米品质。水稻破口、始穗、扬花期如遇多雨寡照，相对湿度过高极有利于发病。

（1）选用高产抗病品种　一般散穗型、早熟品种发病较轻；密穗型、晚熟品种发病较重。

（2）农业防治　早期发现病粒及时摘除，重病地块收获后进行深翻，以使菌核和稻曲球在土中腐烂。春季播种前，清理田间杂物，以减少菌源。适当稀植，并采取宽行窄株或宽窄行栽培、半旱式栽培，改善田间通风透光，降低田间湿度，人为创造不利于发病的环境条件。适时施用化肥，防止过迟施用氮肥，氮、磷、钾配合使用，氮肥采取基、蘖、穗肥各1/3的方式施用，不要过多施用穗肥。坚持浅水勤灌，适时晒田。

（3）种子处理　播种前进行种子消毒，可采用以下药剂处理。

每亩用12％松脂酸铜乳油水稻专用型70mL，兑水50L浸种。先将稻种在药液中浸泡24小时，再用清水浸泡，然后催芽、播种。

用15％三唑酮可湿性粉剂300～400g拌种100kg。

用40％多·福粉剂500倍液或70％乙蒜素乳油2000倍液或50％多菌灵可湿性粉剂500倍液，浸种48小时，捞出催芽、播种。

用50％甲基硫菌灵可湿性粉剂500倍液，浸种24小时，浸种后捞出催芽、播种。

用40％甲醛500倍液浸种。先将稻种用清水预浸24～48小时（以吸饱水而未露白冒芽为度），取出后稍晾干，若气温在15～20℃，将预浸稻种放入500倍药液中浸48小时，再捞出用清水冲洗净后，催芽、播种。

（4）大田防治

① 宜在孕穗后期、破口期前5～7天（常规稻可根据植株外观，当剑叶叶环与剑叶下一叶的叶环持平或剑叶叶环高于剑叶下一叶叶环1cm时）施药预防。一般感病品种（籼粳杂交稻）、往年发病重的田

块、植株嫩绿（施氮过多）、气候适宜（温暖、阴雨）需预防。

　　每亩可选用 25％多菌灵·三唑酮可湿性粉剂 80～100g，或 14％络氨铜水剂 250～330mL、30％琥胶肥酸铜可湿性粉剂 100～125g、43％戊唑醇悬浮剂 10～15mL、3％井冈·嘧苷素水剂 200～250mL、25％咪鲜胺乳油 50～100mL、20％三苯基醋酸锡可湿性粉剂 100g、2％蛇床子素乳油 50～100mL、15％井冈·蜡芽菌可溶粉剂 50～70g、15％三唑醇可湿性粉剂 60～70g、28％氧化亚铜·三唑酮可湿性粉剂 50g、86.2％氧化亚铜可湿性粉剂 30g、42％井冈霉素·氧化亚铜可湿性粉剂 50g、12.5％井冈·蜡芽菌水剂 200～250mL 等，兑水 50～60kg，均匀喷雾，可以有效地控制病害的扩展。

　　② 水稻生长中后期、病害初发期，每亩可选用 12％井冈·烯唑醇可湿性粉剂 45～75g，或 35％三苯基乙酸锡·三唑酮可湿性粉剂 60g、30％苯甲·丙环唑乳油 20mL、20％井冈·三环唑可湿性粉剂 150g、24％腈苯唑悬浮剂 10～15mL、75％烯肟·戊唑醇水分散粒剂 10～15g、15％井冈·丙环唑可湿性粉剂 100～120g、20％井·烯·三环唑可湿性粉剂 75～90g、16％井·酮·三环唑可湿性粉剂 150～200g、15.5％井冈·三唑酮可湿性粉剂 100～120g、30％己唑·稻瘟灵乳油 60～80mL、5％己唑醇悬浮剂 20～30mL、2.5％井·100 亿活芽孢/mL 枯草芽孢杆菌水剂（稻曲宁）200～300mL，兑水 50～60kg 喷雾。

103. 怎样防治水稻叶鞘腐败病？

　　水稻叶鞘腐败病（彩图 53）又名鞘腐病，病原为稻帚枝霉，属半知菌亚门真菌，尤以中稻及晚稻后期发生重。幼苗染病，叶鞘上产生褐色病斑，分蘖期染病，叶鞘上或叶片中脉上产生针头大小的深褐色小点，向上、下扩展后形成菱形深褐色斑，边缘浅褐色。

　　（1）农业防治　选择稻穗抽出度较好的品种可以减轻发病。实行配方施肥，勿偏施、迟施氮肥，合理排灌，适时露晒田，使植株生长健壮，后期不贪青。通过加强肥水管理，提高水稻抗病能力。

　　（2）种子处理　用 40％多菌灵胶悬剂 500 倍液浸种 48 小时，捞出洗净、催芽、播种。或用 40％多·酮可湿性粉剂 250 倍液浸种 24小时，捞出洗净、催芽、播种。

　　（3）田间防治　田间喷药结合防治稻瘟病可兼治本病。以杂交稻及杂交制种田为防治重点，杂交制种田应于剪叶后随即喷药保护一次；常规稻于始穗期前后施药。晚稻"寒露风"前后可将叶面营养剂混合杀虫杀菌剂喷施1～2次以利于抽穗及防病。病害常发期为幼穗分化至孕穗期，根据病情、苗情、天气情况喷药保护1～2次。

每亩用40%多·硫胶悬剂200g，或40%多·酮可湿性粉剂75～100g、20%三唑酮乳油70～90mL、25%多菌灵可湿性粉剂200g＋25%三唑酮可湿性粉剂50～75g、50%咪鲜胺锰络化合物可湿性粉剂60～80g、50%甲基硫菌灵可湿性粉剂100g，兑水50～60L，均匀喷雾，发生严重时，间隔15天再喷一次。

也可选用50%苯菌灵可湿性粉剂1500倍液，或3%多抗霉素水剂400～600倍液、25%丙环唑乳油500～1000倍液喷雾，每亩喷药液50～60kg。

🌱 104. 如何防治稻粒黑粉病？

稻粒黑粉病（彩图54）俗称乌米谷、乌籽、黑穗病、墨黑穗病。属真菌性病害。特别是杂交稻制种田，受害更甚。在水稻近黄熟时症状才较明显，主要为害穗部，一般仅个别小穗受害。病谷的米粒全部或部分被破坏，成熟时内、外颖间开裂，露出圆锥形黑色角状物，破裂后散出黑色粉末，黏附于开裂部位。病原为稻粒尾孢黑粉菌。

（1）选用无病种子，防止种子传病　无病区要严禁从病区调运带菌稻种。以种子带菌为主的地区，播种前需用10%食盐水选种，汰除病粒，然后用多菌灵等药剂进行种子消毒。

用40%甲醛500倍液浸种。先将稻种用清水预浸24～48小时（以吸饱水而未露白冒芽为度），取出后稍晾干，若气温在15～20℃，将预浸稻种放入500倍药液中浸48小时，再捞出用清水冲洗净后，催芽、播种。

用50%多菌灵可湿性粉剂800倍液或70%甲基硫菌灵可湿性粉剂500倍液，或1%石灰水，浸种12小时，捞出用清水冲洗干净，催芽、播种。

（2）加强栽培管理　实行2年以上轮作。秋收后深耕土地，将浅土层大量的病菌翻入土层中深埋，或将敏感的秸秆用作生产沼气的原料。畜禽粪肥要经高温堆沤腐熟后方能使用。实行配方施肥或采用新型有机无机专用复混肥，避免偏施、过多施氮肥；制种田通过栽插苗数、苗龄，调节出秧整齐度，做到花期相遇；孕穗后期喷洒赤霉酸等，均可减轻发病。调整播种期，使水稻扬花灌浆期避开高温阴雨天气。实行浅水灌溉，注意晒田。

（3）药剂防治　大田抓住适期防治1次即可。杂交制种田、高感品种（组合）则需防治2～3次。用药1次防治适期在盛花期；用药2次则第一次宜在盛花始期，隔2～3天再用第二次。如在盛花始期、盛花期、盛花末期或灌浆期各治1次，效果则更好。施药时要严格掌握用药量和用水量。用药量和用水量过大或过小均影响结实率和防病效果。

每亩可选用20%三唑酮乳油100mL，或25%三唑酮可湿性粉剂75g＋5%井冈霉素水剂200mL、50%多菌灵可湿性粉剂100g、12.5%烯唑醇可湿性粉剂70g、18.7%烯唑醇·多菌灵可湿性粉剂30～40g、65%代森锌可湿性粉剂100g、30%苯甲·丙环唑乳油15～20mL、40%戊唑醇可湿性粉剂15g、30%联苯三唑醇乳油75mL、40%多·硫胶悬剂200mL、70%甲基硫菌灵可湿性粉剂125g、40%多·酮可湿性粉剂75～100g，兑水50～75L，在水稻孕穗末期至抽穗期均匀喷雾。

105. 如何防治稻颖枯病？

稻颖枯病（彩图55），又称稻谷枯病、谷粒病，是水稻常见的病害之一，发病早的可使稻株不能结实，发生迟的则影响谷粒灌浆充实，千粒重明显降低。病原为谷枯叶点霉，属半知菌亚门真菌。

（1）浸种处理　播种前用盐水或泥水选种，然后选用下列一种药剂作浸种处理。每50L药液浸稻种30～35kg。

用80%乙蒜素（抗菌素"402"）的2000倍液，或40%多·福粉剂500倍液，浸种48小时，捞出洗净药液，催芽、播种。

用50%甲基硫菌灵可湿性粉剂500倍液，浸种24小时，浸后捞出催芽、播种。

用17%杀螟·乙蒜素可湿性粉剂400倍液浸种60小时，捞出用清水冲洗净后，催芽、播种。

用1%硫酸铜溶液浸种1～2小时，捞出洗净，催芽、播种。

用25%咪鲜胺乳油3000～4000倍液，或2.5%咯菌腈悬浮种衣剂20～30mL等，浸10kg稻种3～5天。

（2）**药剂防治**　在水稻孕穗后期至抽穗扬花期或发病初期进行防治，或结合穗颈瘟进行喷药保护。每亩可选用 60％多菌灵盐酸盐可湿性粉剂 60g，或 4％春雷霉素可湿性粉剂 50g、30％敌瘟磷乳油 100mL、40％多·硫胶悬剂 250g，兑水 75L，在水稻破口期和齐穗期各施药 1 次。或选用 45％硫环唑可湿性粉剂 300 倍液、20％三环唑悬浮剂 400～600 倍液、13％三环唑·春雷霉素 350～400 倍液、50％甲基硫菌灵可湿性粉剂 1000 倍液喷雾，视病情间隔 5～10 天喷 1 次，注意喷匀、喷足。

106. 怎样防治水稻白叶枯病？

水稻白叶枯病（彩图 56、彩图 57）又称白叶瘟、茅草瘟、过火风、地火烧，属细菌病害，病原为稻黄单胞杆菌稻致病变种。水稻整个生育期均可受害，苗期、分蘖期受害最重。水稻各个器官均可染病但叶片最易染病，病菌侵染水稻后常引起叶片干枯、不实粒增加、米质松脆、千粒重下降。发生凋萎型白叶枯病的稻田，出现死苗现象，损失更为严重。我国白叶枯病流行季节为：南方双季稻区早稻为 4～6 月，晚稻 7～9 月；长江流域早、中、晚稻混栽区，早稻为 6～7 月，中稻 7～8 月，晚稻 8 月中旬～9 月中旬；北方单季稻区为 7～8 月。

（1）**农业防治**

① 选用抗病品种　选育和换种抗、耐病良种。选用适合当地的 2～3 个主栽抗病品种。

② 处理病草　田间病草和晒场堆放的秕谷、稻草残体应尽早处理，最好烧掉；不用病草扎秧、覆盖、铺垫道路、堵塞稻田水口等。

③ 培育无病壮秧　选择地势较高且远离村庄、草堆、场地的上年未发病的田块作秧田，避免用病草催芽、盖秧、扎秧把；整平秧田，湿润育秧，严防深水淹苗；秧苗三叶期和移栽前 3～5 天各喷药 1 次（药剂种类及用法同大田期防治）。

④ 加强肥水管理　健全排灌系统，实行排灌分家，不准串灌、漫灌，严防涝害；按水稻叶色变化科学用肥，配方施肥，使禾苗稳生稳长，壮而不过旺、绿而不贪青。

（2）**种子消毒**　稻种在消毒处理前，一般要先晒种 1～2 天，这样可促进种子发芽和病菌萌动，以利于杀菌，以后用风、筛、簸、泥水、盐水选种，然后消毒。

用 40％三氯异氰尿酸浸种：稻种先用清水浸 24 小时后滤水晾干，再用 300 倍三氯异氰尿酸药液浸种，早稻浸 24 小时，晚稻浸 12 小时，捞出用清水冲洗净，早稻再用清水浸 12 小时（晚稻不浸），捞出催芽、播种。

用 70％乙蒜素乳油 2000 倍液浸种 48 小时，捞出催芽、播种。

用 10％叶枯净水剂 2000 倍液浸 24～48 小时，捞出催芽、播种。

用 12％松脂酸铜乳油水稻专用型 50～80mL，兑水 50kg 浸种，先将稻种在药液中浸泡 24 小时，再用清水浸泡，然后催芽播种。

用 30％苯噻硫氰乳油 1000 倍液浸种 6 小时，浸种时常搅拌，捞出后用清水浸种，催芽、播种。

（3）药剂防治 有病株或发病中心的稻田、大风暴雨后的发病田及邻近稻田、受淹和生长嫩绿稻田是防治的重点。秧田在秧苗 3 叶期及拔秧前 2～3 天用药（"送嫁药"）；大田在水稻分蘖期及孕穗期的初发病阶段，特别是出现急性病斑，气候有利于发病，则需要立即施药防治，坚持"发现一点治一片，发现一片治全田"的原则，把病害控制在为害之前。

可每亩选用 20％叶枯唑可湿性粉剂 100g，或 50％氯溴异氰尿酸水溶性粉剂 25～50g，3％中生菌素可湿性粉剂 60g、20％噻菌铜悬浮剂 100～125g、10％叶枯酞可湿性粉剂 20～27g、90％克菌壮可湿性粉剂 75g、77％氢氧化铜可湿性粉剂 120g、36％三氯异氰尿酸可湿性粉剂 60～90g、25％叶枯灵可湿性粉剂 200～400g、10％叶枯净可湿性粉剂 400g、12％松脂酸铜乳油水稻专用型 50～80mL、45％代森铵水剂 50mL、30％苯噻硫氰乳油 50mL 等，兑水 50～60kg 喷雾。

或选用 30％金核霉素可湿性粉剂 1500～1600 倍液、20％喹菌酮可湿性粉剂 1000～1500 倍液等均匀喷雾。

白叶枯病防治宜在上午露水干后或下午露水出现前进行，发病田要先打未发病的区域，最后打发病中心，避免人为和田间串灌传播。

白叶枯病发病田有露水时，不要下田喷药、拔草、施肥及进行其他农事操作。用药次数可根据病情发展，每隔 5～7 天，连续施药 1～3 次。为了延缓病菌抗药性的发展，对药剂要进行合理轮换使用，以延长药剂的使用寿命和确保防治效果。

107. 怎样防治水稻一柱香病?

水稻一柱香病（彩图58），病原为稻柱香菌，属半知菌亚门真菌。主要为害穗部，受害水稻抽穗前，病菌在颖壳内长成米粒状子实体，将花蕊包埋在内，壳内子实体从内外颖的合缝延至壳外，形状不一，外壳渐变黑，同时，还有菌丝将小穗缠绕，使小穗不能散开，抽出的病穗呈直立圆柱状，故称"一炷香"。病穗初淡蓝色，后变白色，上生黑色粒状物为病原菌的子座。

（1）加强检疫 严禁病区种子调入无病区，防止带病种子进入无病区，从无病区引种。

（2）种子处理 用50%多菌灵可湿性粉剂500倍液浸种48小时，捞出洗净药液，催芽、播种；或种子先在冷水中预浸种4小时，然后在52～54℃温水中浸种10分钟，催芽播种。

（3）药剂防治 每亩可选用60%多菌灵盐酸盐可湿性粉剂60g，或50%多菌灵可湿性粉剂75g，兑水55～65kg，根据病情，隔7天再喷1次，效果良好。

108. 怎样防治水稻细菌性条斑病?

水稻细菌性条斑病（彩图59、彩图60）简称细条病、条斑病，属细菌性病害。病原为稻黄单胞菌稻生致病变种。高温高湿有利于病害发生，在温度为28～32℃时，病害发展快。台风和暴雨后常因伤口增多，病菌容易侵入和流行。

（1）农业防治

① 把好种子稻草关 严格制止带病稻谷、稻草外运，病草不要散落在田间、渠边和塘边。不能用病草催芽和扎秧，病草不能还田。浸种时应用80%抗菌剂1000倍液浸种48小时进行消毒。或用85%三氯异氰尿酸粉剂400～500倍液浸种24小时，浸种以液面高出种子表面6～8cm为宜，药液浸种后用清水洗干净，再水浸、催芽。

② 加强栽培管理 选择适合本地区种植的抗病良种，并科学管理肥水，做到配方施肥。多施有机肥，控氮增施磷、钾肥。病区严禁串灌、漫灌，实行排灌分家，防止病田之水流入无病田，控制病菌的蔓延。适时落水晒田，可增强稻株的抗病能力，减轻危害。在整田

时，每亩可施石灰 50~60kg，对细条病的发生具有一定的预防作用。在分蘖期、抽穗期每亩分别喷施磷酸二氢钾 200g，能增强稻株抗性，减轻为害程度。

（2）药剂浸种　先将种子用清水预浸 12~24 小时，再用 85％三氯异氰尿酸可湿性粉剂 300~500 倍液浸种 12~24 小时，捞起洗净后催芽播种；或用 50％代森铵水剂 500 倍液浸种 12~24 小时，洗净药液后催芽。

（3）药剂防治　一般在秧苗移栽前 7 天喷一次药，勤检查，发现中心病株后，开始每亩选用 20％叶枯唑可湿性粉剂 100~120g，或 50％氯溴异氰尿酸水溶性粉剂 50~60g、36％三氯异氰尿酸可湿性粉剂 60~80g、20％噻唑锌悬浮剂 100~150g、5％辛菌胺水剂 130~160mL、95％链·铜·锌可溶粉剂 110~150g、12％松脂酸铜乳油 100mL、70％叶枯净胶悬剂 100~150mL，兑水 50~60kg，均匀喷洒。

也可选用 3％中生菌素可湿性粉剂 800~900 倍液，或 80％乙蒜素乳油 800~1000 倍液、14％络氨铜水剂 200 倍液、77％氢氧化铜可湿性粉剂 1000 倍液，病情蔓延较快或天气对病害流行有利时，应间隔 6~7 天喷一次，连续喷施 2~3 次。

若遇上连续阴雨、日照不足，特别是暴雨、台风等情况，水稻细条病会很快蔓延，一次用药难以控制病情，用药后几天内要注意观察，如病情仍在扩展，应再次用药。为延缓病菌抗药性的产生，最好多种药剂轮换使用。现在很多地方将叶枯唑等内吸性较强的药剂，与碱式硫酸铜、噻菌酮、噻森铜、噻唑锌、三氯异氰尿酸、菌毒清、克菌壮等药剂混用或者交替使用，有利于控制病情发展。须注意的是用水量要足，每亩用水 20kg 用弥雾机弥雾，或者用水 50~60kg 手动喷雾。

🌱 109. 怎样防治水稻细菌性基腐病？

水稻细菌性基腐病（彩图 61），主要为害水稻根节部和茎基部，病原为菊欧文氏菌玉米致病变种，属细菌性病害。一般在水稻分蘖期至灌浆期发生，但有两个发病高峰：一是移栽返青期，二是抽穗灌浆期。水稻移栽后两个星期开始发病，多造成僵苗不发或死苗，死苗有

"枯心死"和"剥皮烂"两种类型。尚无特别有效的药剂加以防治，因此，防治难度较大，一般应采取综合防治措施。

（1）农业防治

① 选用抗病品种　各地应根据自己的情况选出适合本地的高产抗病品种。

② 种子处理　用40％三氯异氰尿酸可湿性粉剂浸种。稻种先用清水浸24小时后滤水晾干，再用300倍药液浸种，早稻浸24小时，晚稻浸12小时，捞出用清水冲洗净，早稻再用清水浸12小时（晚稻不浸），捞出催芽、播种。

用80％乙蒜素（抗菌素"402"）2000倍液浸种48小时，捞出催芽、播种。

用50％代森铵水剂50倍液浸种2小时，捞出催芽、播种。

用10％叶枯净水剂2000倍液浸种24～48小时，捞出催芽、播种。

用12％松脂酸铜乳油水稻专用型50～80mL兑水50kg浸种，先将稻种在药液中浸泡24小时，再用清水浸泡，然后催芽播种。

③ 加强栽培管理，培育壮秧　移栽时防止病、弱、嫩苗移入大田，插秧前，整地要力求平整，插秧后避免深灌和局部低洼处积水。采用旱育秧的方式培育壮秧，减少拔秧时的机械损伤。采用小苗抛栽、机插秧等小苗移栽方式，有利于减轻病害的发生。增施钾肥，每亩施氯化钾7.5～10kg，或新鲜草木灰75kg，同时避免偏施、迟施氮肥。促进稻株健壮生长，减少基腐病发生。

④ 加强水浆管理　做到"深水活蔸，浅水分蘖，晒田壮秆，干湿到老"，既要克服"一水到底"的做法，又不能断水过早。洪水退后，应立即排水，撒施石灰、草木灰，控制病害扩展，促进稻根再生。当新根出现时，抓紧追施速效氮肥，促进稻株恢复生长，以减少损失。晚稻乳熟期要特别注意天气状况，一旦有台风或暴雨，应立即在大风前浅灌水，防止病株失水青枯，以减轻为害。

（2）药剂防治　水稻细菌性基腐病应以预防为主，一定要在水稻发病前用药，否则将影响防治效果。抓住在移栽前、分蘖期、抽穗前期各施药一次，效果更好。

秧田期发病，每亩用20％叶枯唑可湿性粉剂100g，兑水70L，在秧苗3叶期和移栽前5～7天各喷雾防治1次。

在大田，每亩可选用20%叶枯唑可湿性粉剂100g，或90%克菌壮可溶粉剂75g、20%乙蒜素高渗乳油75～100mL、36%三氯异氰尿酸可湿性粉剂60～80g、20%噻唑锌悬浮剂100～125mL、20%噻森铜悬浮剂120～200mL、77%氢氧化铜可湿性粉剂120g，兑水50～60L，在秧田或大田发病始期喷药防治。或用23%嘧菌·噻霉酮悬浮剂600倍喷雾防治，宜5天左右喷施一次，视病情程度施药2～3次。

🦠 110. 如何防治水稻细菌性褐条病?

水稻细菌性褐条病（彩图62、彩图63），又称细菌性心腐病，因水稻感病后烂心而得名，特别是台风暴雨后稻田受淹，禾苗生长严重受阻，容易发生。病原菌为燕麦（晕疫）假单胞菌，属假单胞杆菌属细菌。

（1）农业防治　整治排灌系统，避免洪水淹没稻田，合理灌溉，防止深灌积水，以避免稻株感染。增施有机肥，氮、磷、钾肥合理配合施用，增强水稻抗病力。洪水退后，应扶正冲斜禾苗，洗去禾叶上附着的泥浆，排水晒田，要尽量防止田水串流串灌，防止病菌随水流传播。为增加植株营养，提高抗病力，可叶面适当喷施磷酸二氢钾。也可每亩撒施石灰或草木灰15～20kg，以控制病害扩散和促进稻根新生。当新根出现时，抓紧追施速效性氮肥，促进稻株恢复生长，以减少损失。加强秧田管理，避免串灌和防止淹苗。

（2）种子消毒　稻种在消毒处理前，一般要先晒种和选种。稻种先用清水浸24小时后滤水晾干，再用40%三氯异氰尿酸300倍液浸种，早稻浸24小时，晚稻浸12小时，捞出用清水冲洗净，早稻再用清水浸12小时（晚稻不浸），捞出催芽、播种。

或用80%乙蒜素（抗菌素"402"）2000倍液浸种48小时，捞出催芽、播种。或用50%代森铵水剂50倍液浸种2小时，捞出催芽、播种。或用10%叶枯净可湿性粉剂2000倍液浸种24～48小时，捞出催芽、播种。或用12%松脂酸铜乳油水稻专用型乳油50～80mL，兑水80kg浸种24小时，再用清水浸泡，然后催芽、播种。或用30%苯噻硫氰乳油1000倍液浸种6小时，浸种时常搅拌，捞出再用清水浸种，然后催芽、播种。

（3）药剂防治　对未受淹的秧田或稻田，在秧苗2～3叶期或病害初见时用药。药剂可每亩选用20％噻菌铜悬浮剂100mL或20％噻枯唑可湿性粉剂100g，兑水50kg喷雾，隔5～7天再防治一次。

秧田期发病，每亩用20％噻枯唑可湿性粉剂100g，兑水70kg，在秧苗3叶期和移栽前5～7天各喷雾防治1次。

本田发病，每亩可选用20％噻枯唑可湿性粉剂100g，兑水70kg，在水稻发病初期喷药1次，隔7～10天再喷1次药。或每亩用90％克菌壮可溶粉剂75g，兑水65kg，在秧苗或本田发病始期喷药防治。或每亩用77％氢氧化铜可湿性粉剂120g，或10％叶枯净可湿性粉剂200g，兑水50～60kg，在秧苗或本田发病始期喷药防治。本田期用2∶1∶500波尔多液喷雾有一定防效。

111. 怎样防治水稻条纹叶枯病？

水稻条纹叶枯病（彩图64）是一种病毒性病害，俗称"水稻癌症"，病原为水稻条纹叶枯病毒，属水稻条纹病毒组（或称柔线病毒组）。它具有暴发性、迁移性和间歇性。植株发病早的多不能抽穗，发病迟的穗小、畸形，一般减产3％～5％，严重时减产20％以上。

（1）农业防治 主要是选择抗病品种、培育壮秧、推广无纺布育苗或肥床旱育秧，因灰飞虱具趋水、趋嫩绿性，秧苗旱育，植株健壮，灰飞虱迁入量明显比水育秧田低。加强肥水管理，合理施肥，促进水稻健株分蘖，提高秧苗抗病能力。铲除田边杂草，减少毒源。调整稻田耕作制度和作物布局，提倡连片种植，减少混合种植，秧田不要与麦田相间，防止灰飞虱在不同季节、不同熟期和早、晚季作物间迁移传病。调整播期，移栽期避开灰飞虱迁飞期。收割麦子和早稻要背向秧田和大田稻苗，减少灰飞虱迁飞。

（2）药剂浸种 将17％杀螟·乙蒜素可湿性粉剂20g加10％吡虫啉可湿性粉剂10g先混合后加入少量水调成浆糊状，然后加清水8kg均匀稀释（二级稀释法），浸稻种4～5kg。

（3）防治灰飞虱 治虫防病，抓住传毒迁飞前期集中防治。灰飞虱对水稻直接危害不重，主要以传播水稻条纹叶枯病病毒造成危害。在病害流行区以治虫防病为目标。早稻秧田平均每平方米有成虫18头，晚稻秧田有成虫5头，大田前期平均每丛有成虫1头以上时就应施药防治。

每亩用25％噻嗪酮可湿性粉剂25～30g，或10％异丙威可湿性粉剂 25g、50％吡蚜酮可湿性粉剂 15～20g、5％烯啶虫胺可溶粉剂 15～20g、25％噻虫嗪水分散粒剂 2～5g、80％敌敌畏乳油 200～250mL、25％噻嗪酮可湿性粉剂 10g＋10％异丙威可湿性粉剂 100g、25％速灭威可湿性粉剂 150g、25％噻嗪酮可湿性粉剂 10g＋40％稻瘟净乳油 40mL，均兑水 50L 喷雾。每亩用 80％敌敌畏乳油 150mL，拌细土 20～25kg，于早、晚稻秧田及大田灰飞虱头数达到防治指标时喷雾防治。施药时可加入香菇多糖、芸苔素内酯、盐酸吗啉胍等抗病毒药剂。

发病田块尤其要加强对灰飞虱的防控，感病稻株可直接踩入泥土或拔除深埋或烧毁，以减少毒源。

（4）使用病毒钝化剂　在灰飞虱成虫迁入高峰期到发病显症初期，每亩可选用 3.95％三氮唑核苷可湿性粉剂 45～75g，或 50％氯溴异氰尿酸水溶性粉剂 40～60g、8％宁南霉素水剂 30～45mL、1.5％烷醇·硫酸铜（植病灵）乳剂 50mL、5％盐酸吗啉胍可溶粉剂 80～100g、0.5％香菇多糖水剂 50～75mL、20％吗胍·乙酸铜可湿性粉剂 120～150g、7.5％辛菌·吗啉胍水剂 175～200mL、31％三氮唑核苷·盐酸吗啉胍可溶粉剂 37.5～50g，兑水 50～60kg，均匀喷雾。

🌱 112. 怎样防治水稻黑条矮缩病？

南方水稻黑条矮缩病（彩图 65、彩图 66），俗称矮稻、矮子禾，是一种水稻病毒性病害，具有突发性强、扩散蔓延快、危害损失大的特点。水稻苗期、分蘖前期感染发病后可基本绝收，拔节期和孕穗期发病损失达 10％～30％。病原为水稻黑条矮缩病毒，称稻黑条矮缩病毒。

（1）农业防治　在早稻收获后，及时焚烧发病稻草，并清除干净稻田里的杂草。晚稻秧田应尽量选择远离重病田的田块，提倡秧田集中连片培育秧苗。不要将有病秧苗运到无病区。提倡更换品种。合理施肥，适当增施磷、钾肥，加强肥水管理。南方水稻黑条矮缩病重发地区，应适当加大播种量，合理密植，或预留备用苗。对发病秧田，要及时剔除病株。

（2）种子处理　用 25％吡蚜酮可湿性粉剂 1000 倍液浸种 6～10 小时，或播种前 3～5 小时用 25％吡蚜酮可湿性粉剂 2g 先与少量细土拌匀，再均匀拌种 1kg。或用 10％吡虫啉可湿性粉剂 300～500 倍液浸种 8～10 小时。或用 2.5％咪鲜·吡虫啉悬浮种衣剂按药种比为 1∶(40～50) 进行包衣。

(3) 防治稻飞虱 喷洒"送嫁药"，秧苗插前 3～5 天喷施 20％盐酸吗啉胍可湿性粉剂 50～60g 加 20％吡蚜酮可湿性粉剂 20g 或 25％噻嗪酮可湿性粉剂 40～60g 或 10％醚菊酯悬浮剂 30～80mL，加入 3％植物激活蛋白 30g/亩（或宁南霉素等抗病毒病）及叶面肥兑水 30～45kg 均匀喷雾。

本田初期防治灰飞虱，秧苗移栽后 10 天左右，亩用 25％吡蚜酮可湿性粉剂 16～24g，或 10％吡虫啉可湿性粉剂 40～60g、25％噻嗪酮可湿性粉剂 50g 等兑水 40～50kg 均匀喷雾。

对大田分蘖期丛发病率 2％以下的田块，直接将病株（丛）踩入泥中，发病率 2％～20％的田块，及时拔除病株（丛），并就地踩入泥中深埋，然后从健丛中掰蘖补苗，同时要加强肥水管理，促进早发，保证有效分蘖数量及有效穗数。

(4) 药剂防治 对已经发病的田块，发病初期每亩用 2％宁南霉素水剂 250mL，或 1％香菇多糖水剂 60mL，或 3％氨基寡糖素水剂 50～75g，加水 30～45kg 喷雾。

113. 如何防治水稻干尖线虫病？

水稻干尖线虫病（彩图 67）又称白尖病、干尖病、线虫枯死病。苗期症状不明显，偶在 4～5 片真叶时出现叶尖灰白色干枯，扭曲干尖。病株孕穗后干尖更严重，在孕穗期剑叶或上部 2、3 叶尖端 1～8cm 处逐渐枯死，呈黄褐色或褐色、略透明，捻转扭曲，与健部有明显褐色界纹。一旦发生难以防治，在加强检疫，严格禁止从病区调运种子的基础上，最好的防治办法是药剂浸种。

(1) 温汤浸种 先将稻谷放在冷水中浸 24 小时，然后放入 45～47℃温水中预浸 5 分钟，再转入 52～54℃温水中浸 10 分钟，取出用清水冷却后浸种催芽。也可直接用 55～61℃温水处理稻种 15 分钟。

(2) 盐酸液浸种 用工业盐酸 0.3kg 或化学试剂盐酸 0.25kg，兑水 50kg，浸种 72 小时，取出后用水冲洗，催芽浸种，溶液可连续浸 5 次。

(3) 石灰水浸种 取 0.5kg 优质生石灰兑水 50kg，搅拌后滤去石渣，倒入 30kg 稻种，水面高出种子 15～20cm。日平均温度 15℃时浸三天三夜，日平均温度 20℃时浸两天两夜。浸种期间不要弄破水面的结晶膜，浸种后先用清水淘洗后再催芽。

（4）药剂浸种　先用少量水将 1.5％二硫氰基甲烷药粉搅成糊状，然后按每 10g 兑水 7kg，搅匀配成 700～800 倍液，然后浸入种子 5kg，浸种后直接催芽，早稻浸种时间不得少于 72 小时，晚稻浸种不得少于 48 小时。该药对水稻恶苗病和干尖线虫病均有效。

16％咪鲜·杀螟丹（恶线清）可湿性粉剂或 17％杀螟·乙蒜素可湿性粉剂 15g，兑水 6kg 配制成 400 倍水溶液，浸种 8～10kg，日平均温度 18～20℃时浸种 60 小时，日平均温度 23～25℃时浸种 48 小时，对线虫的杀死率可达 100％。

4.2％二硫氰基甲烷乳油 2mL 加水配成 5000～7000 倍液，或 5.5％二硫氰基甲烷乳油 2.5mL 加水配成 5000～6000 倍液，浸种 6～7kg，浸泡 24～48 小时。

用 10％乙蒜素（抗菌素"401"）1000 倍液浸种 48 小时，或用 80％乙蒜素（抗菌素"402"）5000 倍液浸种 48 小时。如消毒时种子未吸足水，可洗净后再用清水浸种。

用 80％敌敌畏乳油或 50％杀螟松乳剂 1000 倍液浸种 24～48 小时，捞出催芽、播种。

在用二硫氰基甲烷浸种过程中，要避免光照，应勤搅动。南方地区因温度较高，可适当缩短浸种时间。

114. 如何防治水稻穗腐病？

水稻穗腐病（彩图 68）是真菌性病害，是由于气候、耕作栽培制度的改变，施肥量的增加、品种的变更等原因造成的，是近年来全国各稻区水稻后期普遍发生的一种穗部病害，在抽穗后期可引起苗枯、茎腐、基腐；小穗受害后出现褐色水渍状病斑，逐渐蔓延至全穗使病穗枯黄、籽粒干瘪、霉烂。病原菌以镰刀菌为主要初侵染源。穗腐病的发生、危害、流行规律与气候条件、品种类型、耕作栽培制度、肥水管理（偏施过施或迟施氮肥）、植株贪青成熟延迟的关系十分密切。

① 种子消毒方法同稻瘟病。

② 处理田间瘪谷，最好烧作灰肥以减少病菌来源。

③ 加强肥水管理，避免偏施、过施、迟施氮肥，增施磷钾肥。适时适度露晒田使植株转色正常、稳健生长，以延长根系活力防止倒伏。

④ 结合防穗颈瘟抓好抽穗期前后喷药预防。在历年发病的地区或田块，在始穗和齐穗期各喷药一次，必要时在灌浆乳熟前加喷一次。另外根据天气预报掌握抽穗前风雨到来前或后喷药 1 次，可减轻发病。

药剂选择：可选用 50％多菌灵可湿性粉剂和 70％甲基硫菌灵可湿性粉剂，或 45％咪鲜胺乳油、80％代森锰锌可湿性粉剂和 20％三唑酮乳油、春雷霉素、噻菌灵等。复配剂中可选用三唑酮＋苯甲·丙环唑、戊唑醇＋丙森锌。另外三环唑＋三唑酮、三环唑＋多菌灵、三环唑＋苯甲·丙环唑和三环唑＋甲基硫菌灵的防效也不错。目前尚无专用药剂防治穗腐病。

第三节　水稻生理性病害防治技术

115. 如何防治水稻赤枯病？

水稻赤枯病（彩图 69）又称铁锈病，俗称僵苗、坐蔸、坐棵等，是一种生理性病害。水稻发病后，造成稻苗出叶慢、分蘖迟缓或不分蘖、株型簇立、根系发育不良等，引起僵苗不发。以预防为主，采取综合性措施，并根据不同发生类型进行针对性防治。

（1）精耕细作，提高土壤熟化程度　前茬收获后及时耕翻晒垡。土质差的要调换客土，种好绿肥，增施充分腐熟的厩肥、土杂肥，促使土壤形成团粒结构，发挥土壤潜在肥力。尽量不用沙土、黏土作稻田土壤用。

（2）合理施肥，提高基肥质量　实施秸秆还田的田块，最迟在插秧前 10 天翻耕，且每亩撒施生石灰 50kg，以加速绿肥及秸秆腐烂分解，也可先将绿肥或秸秆进行沤制后再还田。

（3）加强田间管理，采用水旱轮作，提高土壤通透性能　改进栽培措施，采用培育壮秧、抛秧、浅水勤灌等栽培措施。改选低洼浸水田，做好排水沟（如围沟），将毒素及冷凉水排出稻田，提高泥温。

发病稻田要立即排水，酌施生石灰，轻度晒田，促进浮泥沉实，以利于新根早发。早稻田要浅灌勤灌，及时耘田，增加土壤通透性。

（4）采取相应措施，提高稻株抗病能力 缺钾土壤，应以基肥形式，每亩施氯化钾或硫酸钾 8～12kg，或草木灰 60～80kg。沙土稻田因钾素易流失，基肥应改为分几次追肥应用。缺磷土壤，应早施、集中施过磷酸钙，每亩用量为 30～60kg，或喷施 3%磷酸二氢钾水溶液；缺锌土壤，结合施底肥，每亩施硫酸锌 1～1.5kg，或用 0.5%的硫酸锌液于插秧前蘸稻根；移栽后若发现有赤枯现象，用 0.2%～0.3%硫酸锌每亩 1.6kg 进行叶面喷雾。施用有机肥过多的发酵田块，应立即排水，每亩施石膏 2～3kg 后耘田露田、晒田；低温阴雨期间，及时排出温度较低的雨水，换灌温度较高的河水。对已发生赤枯病的田块，应立即晒田。在追施氮肥的同时，配施钾肥，随后耘田，促进稻根发育，提高吸肥能力。也可叶面喷施浓度为 1%的氯化钾液或0.2%的磷酸二氢钾液。

（5）补救措施 对已发病的稻田，应根据缺素的种类及时追肥，控制病情。对缺钾性赤枯病，应立即排水，每亩追氯化钾 4～6kg，以后浅水勤灌，促进新根形成，也可每亩叶面喷施 1%氯化钾液或硫酸钾液 40～50L。对缺锌性赤枯病，也应立即排水，每亩追施硫酸锌0.8～1.5kg，以后浅水勤灌，促进新根形成，也可叶面喷施 0.3%硫酸锌液或氯化锌液。但要注意这类稻田切不可施用石灰等碱性物质，否则会加重病情。

（6）施生物肥 每亩用圣丹生物肥 3kg，进行撒施，方法简便，见效快。

116. 如何防止晚稻后期生理性青枯死苗？

晚稻生育后期的生理性青枯现象，集中出现于晚稻灌浆期间，对产量和品质影响大。一般多在 9 月下旬至 10 月上旬，在低温骤变后突发性地，田间出现成片的干枯死禾状，损失程度与田间发生的迟早有关，一般发病越早损失越大，多表现为急性型发生，通常大穗型品种及易倒伏的品种易出现青枯，受害更重。因为在晚稻灌浆期出现青枯、倒伏，灌浆时间明显缩短，提前成熟，造成大量的青谷或秕谷，结实率和千粒重明显下降。

（1）完善耕作制度 在免、少耕已基本普及的情况下，推行深耕制。秋播时轮流耕翻，每2～3年耕翻一次；种稻时普耕，改一次性旋耕为深耕再旋耕碎土二次耕整。采用抛秧、直播等轻简种植方式的，更要做好轮耕深耕。沙质土壤田块要加强改良，采取手栽稻作方式，并选用成熟期早的水稻品种，以避开低温天气。

（2）增强土壤肥力　通过增施有机肥、平衡施肥等措施，改变偏施氮肥和后期氮肥偏高的状况，做到降氮、增磷钾、添微肥。

（3）加强水分管理　在水稻生长前期搁好田，促进根系下扎。避免长期深水灌溉，抽穗后坚持间歇灌（灌水2～3天），清水硬板，以水调气促根，增强根系活力，干湿交替养老稻。水稻生长后期断水不能过早，收割前7～10天上一次"跑马水"后断水。如遇低温寒，气温在17.5℃以下、温差在10℃以上的天气时，田间要提前建立水层，待天气转好后排水。尤其是低洼田必须做好此项工作，才能以水调温，保持根系活力，减轻生理性青枯死苗。

第四节　水稻主要虫害防治技术

🐛 117. 如何防治稻纵卷叶螟？

稻纵卷叶螟（彩图70、彩图71）属鳞翅目螟蛾科，别名刮青虫、白叶青、苞叶虫、纵卷螟，是迁飞性害虫，为我国常发生的主要水稻害虫。

（1）农业防治　尽量采用抗虫水稻品种。合理施肥，防止偏施或迟施氮肥。科学管水，适当调节晒田时期，降低幼虫孵化期的田间湿度，或在化蛹高峰期灌深水2～3天。消灭越冬虫源，在冬季和早春结合积肥、治螟，清除田块内的稻桩以及田边的杂草，沤制堆肥，以消灭越冬虫源。

（2）物理防治　安装频振式杀虫灯诱杀成虫效果较好，可有效减少下代虫源。使用性诱剂防治稻纵卷叶螟有一定的效果，且绿色、安全。

（3）生物防治　利用生物农药或天敌资源（昆虫和病原菌）进行防治。使用杀螟杆菌、青虫菌等生物农药，一般每亩用含活孢子量100亿/g的菌粉150～200g兑水4～5L喷雾，加入药液量0.1%的洗衣粉作湿润剂可提高生物防治效果，此外如能加入药液量1/5的杀螟松效果更好。人工释放赤眼蜂，在稻纵卷叶螟产卵始盛期至高峰期，分期分批放蜂，放蜂量根据稻纵卷叶螟的卵量而定，每丛有卵5粒以下，每次每亩放1万头左右；每丛有卵10粒左右，每次每亩放3万～5万头，隔2～3天1次，连续放蜂3～5次。

（4）化学防治 在幼虫盛孵期或3龄、4龄幼虫高峰期，药剂可选用：每亩用200g/L氯虫苯甲酰胺悬浮剂5～10mL，或50%稻丰散乳油100mL、3%阿维·氟铃脲可湿性粉剂50～60g、10%甲维·三唑磷乳油100～140mL、20%杀虫单·丙溴磷微乳剂130～150mL、10.2%阿维·杀虫单微乳剂100～150mL、14.5%吡虫·杀虫双微乳剂150～200mL、50%吡虫·杀虫单可湿性粉剂60～100g、75%杀虫单·氟啶脲可湿性粉剂60～70g、16%阿维·杀螟硫磷乳油50～60mL、20%阿维·三唑磷乳油50～100mL、50%杀螟丹可溶粉剂80～100g、15%茚虫威乳油12～16mL、44%丙溴磷乳油75mL、50%噻嗪·杀虫单可湿性粉剂50～60g、46%杀虫单·苏云菌可湿性粉剂35～50g、25%甲维·仲丁威乳油60～70mL、12%阿维·仲丁威乳油50～60mL、8000IU/mg苏云金杆菌可湿性粉剂100～400g、2%阿维菌素乳油20～30mL、0.5%甲氨基阿维菌素苯甲酸盐（甲维盐）乳油10～20mL、20%抑食肼可湿性粉剂50～100g、20%杀虫双水剂180～225mL、50%杀虫环可溶粉剂50～100g、80%杀虫单可溶粉剂40～50g、0.36%苦参碱水剂60～70mL，兑水60L，均匀细喷雾。

在水稻穗期，幼虫1～2龄高峰期，每亩可选用20%虫酰肼·辛硫磷乳油80～100mL，或25%敌畏·辛硫磷乳油80～120mL、25%三唑磷·仲丁威乳油150～200mL、20%辛硫·三唑磷乳油120～160mL、25%丙溴·辛硫磷乳油50～70mL、40%乐果·敌百虫乳油125～150mL、20%三唑磷·敌百虫乳油125～150mL、35%三唑磷·杀虫单可湿性粉剂80～100g、15%杀虫单·三唑磷微乳剂200～250mL、30%噻嗪·三唑磷乳油80～120mL、40%氯虫·噻虫嗪水分散粒剂6～8g、40%辛硫磷乳油100～150mL等，兑水60kg，均匀喷雾，为害严重时，间隔5～7天再喷1次，连喷2～3次。

或每亩选用复混剂：2%阿维·苏可湿性粉剂50g＋25%辛·氰乳油50mL（或25%氯·辛乳油50mL）＋3%井冈霉素水剂250mL、

50%毒·杀单可湿性粉剂 50g＋25%辛·氰乳油 50mL（或 25%氯·辛乳油 50mL）＋3%井冈霉素水剂 250mL，任选一种兑水 45kg 喷雾。

一般于傍晚及早晨露水未干时施药，效果较好，夜间施药效果更好，阴天和细雨天全天均可施用。在防治失时或漏治、幼虫已达 4～5 龄的情况下，选用触杀性较强的药剂及时补治。施药期间应灌浅水 3～6cm 左右，保持 3～4 天。如在晒田或已播绿肥不能灌水时，药液应适当增加。

🌱 118. 如何防治稻弄蝶？

稻弄蝶（彩图 72、彩图 73）又名稻苞虫，有直纹稻弄蝶、隐纹谷弄蝶等，均属鳞翅目弄蝶科，别名一字纹稻弄蝶。取食稻叶时吐丝缀合稻叶成苞。

（1）农业防治 冬春及时铲除田边、沟边、塘边杂草和茭白残株。种植蜜源植物集中诱杀。放鸭食虫。

（2）物理防治 安装频振式杀虫灯诱杀成虫效果好，可有效减少下代虫源。

（3）化学防治 该类害虫的虫口数量一般较低，除为害较重的局部地区外，一般无需专门用药，可以结合对其他害虫的防治进行兼治。但在虫口密度较大时，可选用以下药剂：杀螟杆菌（含菌 100 亿/g）600～700 倍液、80%敌敌畏乳油 1000 倍液、50%杀螟松乳油 1000 倍液、50%辛硫磷乳油 1500 倍液、50%杀螟硫磷乳油 1000～1500 倍液、1.8%阿维菌素乳油 2000～4000 倍液、25%喹硫磷乳油 1500 倍液、2.5%溴氰菊酯乳油 2000 倍液、10%吡虫啉可湿性粉剂 1500 倍液，均兑水 50～75L 进行喷雾。

🌱 119. 如何防治稻螟蛉？

稻螟蛉（彩图 74～彩图 76）属鳞翅目夜蛾科，又名双带夜蛾，因成虫前翅有两条暗褐紫色宽斜纹而得名，又因化蛹前结三角形虫苞俗称粽子虫。幼虫取食稻叶，1～2 龄幼虫沿叶脉间取食叶肉，将叶片食成白色条纹，3 龄后蚕食叶片，将叶片食成缺口，严重时叶片仅剩中脉。

一般可在防治螟虫、稻纵卷叶螟时加以兼治，但在为害较重的稻区还需采取综合防治措施：铲除田边杂草；成虫盛发期可点灯诱蛾；在低龄幼虫阶段使用化学农药进行防治。

可选用40％乐果乳油2000～3000倍液，或80％敌敌畏乳油1200～1500倍液、20％三唑磷乳油400～500倍液、25％杀虫双水剂300～400倍液、90％敌百虫原药600倍液等喷雾，每亩用水量50～60L。或每亩选用80％杀虫单粉剂35～40g，或5％丁虫腈悬浮剂20mL、10％吡虫啉可湿性粉剂10～30g，兑水50～60kg，均匀喷雾。也可每亩用50％杀螟硫磷乳油100mL，兑水400kg，泼浇。

120. 如何防治黏虫？

黏虫（彩图77、彩图78），属鳞翅目夜蛾科，又名东方黏虫，俗称剃枝虫、行军虫、五色虫。低龄时咬食叶肉形成透明条纹状斑纹，3龄后沿叶缘啃食水稻叶片成缺刻，严重时叶片被吃光，植株仅剩光秆，穗期可咬断穗子或咬食小枝梗，引起大量落粒，故称"剃枝虫"。大发生时可在1～2天内吃光成片作物，造成严重损失。

（1）农业防治　在成虫产卵盛期前选叶片完整、不霉烂的稻草8～10根扎成小把，每亩插30～50把，每隔5～7天更换一次（若草把用40％的乐果乳油20～40倍液浸泡可减少换把次数），可显著减少田间虫口密度。幼虫发生期间，可放鸭防虫。

（2）物理防治　用频振式杀虫灯诱杀成虫，效果理想。

（3）化学防治　重发稻田，可在低龄幼虫期（2～3龄高峰期）选用20％除虫脲胶悬剂5000～6000倍液，或25％除幼脲悬浮剂2000倍液、90％敌百虫原药1000～1500倍液、50％辛硫磷乳油或10％氯菊酯乳油2000～3000倍液、2.5％溴氰菊酯乳油1500～2000倍液、25％杀虫双200～400倍液，每亩用药液50～75L均匀喷雾。也可每亩用2.5％敌百虫粉剂1.5～2.5kg按1∶1拌细土喷施。

121. 如何防治稻蝗？

稻蝗，属直翅目丝角蝗科，我国主要有中华稻蝗、山稻蝗等。成、若虫多从叶边缘开始取食，叶片出现缺刻，严重时全叶被吃光，仅残留稻秆。穗期，会咬伤、咬断穗颈，咬坏谷粒，形成白穗、秕谷和缺粒等。

（1）农业防治　稻蝗喜在田埂、地头、渠旁产卵。发生重的地区组织人力铲埂、翻埂杀灭蝗卵，尤其在冬春铲除田埂草皮或开垦荒地，破坏越冬场所，效果明显。放鸭啄食或保护青蛙、蟾蜍，可有效抑制该虫发生。

（2）物理防治　安装频振式杀虫灯诱杀成虫效果较好，可有效减少下代虫源。

（3）化学防治　抓住稻蝗低龄若虫（1～3龄）群集在田埂、地边、渠旁取食杂草嫩叶特点，突击防治；3～4龄后常转入大田，当百株有虫10头以上时，应及时喷洒25%杀虫双水剂200～400倍液；稻蝗3龄前，每亩用蝗虫微孢子虫以225亿个孢子浓度进行防治，如果已到3龄，可采用5%氟虫脲可分散油悬浮剂与蝗虫微孢子虫协调喷施，每亩用量为6.5～10mL，兑水13mL。插秧后对稻蝗为害较重的田块，每亩可选用20%甲氰菊酯乳油180mL，或90%敌百虫原药100～150g、20%三唑磷乳油75～100mL、90%杀虫单可溶粉剂50g、80%敌敌畏乳油100～150mL、50%杀螟硫磷乳油75～100mL等，兑水50～60L喷雾。

也可在若虫3龄前，选用5%丁虫腈悬浮剂5000倍液，或20%氰戊菊酯乳油4000倍液、2.5%溴氰菊酯乳油4000倍液、2.5%高效氯氟氰菊酯乳油4000倍液、25%杀虫双水剂600倍液等均匀喷施。

防治时要大面积同时用药，对稻田四周杂草也要喷药防治；施药时先喷四周，由四周向中心施药。

122. 如何防治福寿螺？

福寿螺（彩图79、彩图80），又名大瓶螺、苹果螺，主要吞食稻苗（叶），造成少苗缺株，需多次补苗，秧田和分蘖期稻株一般受害率为4%～7%，高的达13%～15%。

（1）消灭越冬螺源　福寿螺大多集中在河道、沟渠里越冬，冬季结合田间管理，清除淤泥、杂草，破坏福寿螺越冬场所，降低越冬螺的成活率和冬后的残螺量。

（2）阻断传播　在重发区的下游片区，灌溉渠入口或稻田进水口安装阻隔网，防止福寿螺随水进入田间。

（3）**人工捕杀**　在春季产卵高峰期，结合田间管理摘除田间、沟渠边卵块，带离稻田喂养鸭子或将卵块压碎。晒田时成螺主要集中在进排水口和秧田沟内，早晨和下午人工拾螺。人工摘除卵块和结合农时捡拾成螺。

（4）**人工诱杀**　稻田淹水后，在稻田中插30～100cm高竹片、木条、油菜秸秆等，引诱福寿螺在竹片、木条、秸秆上集中产卵，每2～3天摘除一次卵块进行销毁。数量以每亩30～80根竹片、木条、秸秆为宜，靠近田边适当多插，方便卵块摘除。

（5）**简易方法**　茶籽麸含有破坏福寿螺表面黏膜结构的活性物质，每亩稻田用茶籽麸（或桐子麸）10～15kg，拌干细土10～15kg均匀撒施，或经粉碎后直接撒施于已耙好的田块或排灌沟上。每亩撒施50～60kg石灰亦可取得较好的防效。

（6）**养鸭食螺**　放鸭时间为水稻移栽后7～10天至水稻孕穗末期，每天早晨和下午五六点各放养一次鸭群（每亩15～30只）到稻田和水渠中啄食幼螺。

（7）**化学防治**　宜在成螺产卵前用药，当稻田苗田期每平方米平均有螺1～2头，田边卵块每平方米1个；分蘖期3～4头，卵块1～2块时，应马上采取化学方法进行防治。每亩可选用50%杀螺胺乙醇胺盐可湿性粉剂65g，或8%四聚乙醛颗粒剂1.5～2kg、70%杀螺胺可湿性粉剂30～40g、6%四聚乙醛·甲萘威可湿性粉剂650～750g、45%三苯基乙酸锡超微可湿性粉剂50g，可拌细沙、细土或饼屑5～10kg撒施。注意施药后保持3～4cm水层5～7天，施药时田间保持5cm浇水层，施药后保持水层7天左右，在此期间尽量保持水清澈。

采用湖南惠农生物工程有限公司生产的0.3%苦参碱可溶性液剂，每亩120～150mL稀释成300～500倍液，在下午5点以后均匀喷雾，秧田水稻2叶1心期施药1次，移栽时施药1次，如螺害严重隔10天再施药1次。

福寿螺常与叶瘟、条纹叶枯病、纹枯病、恶苗病、稻蓟马、飞虱、稻纵卷叶螟等同时发生。防治上宜加强卵孵化高峰期用药，稻田养鸭是很好的生态防控措施。

123. 如何防治水稻负泥甲？

稻负泥甲（彩图 81、彩图 82）属鞘翅目叶甲科，俗称稻叶甲、背屎虫、猪屎虫、巴巴虫。主要为害水稻秧苗，成、幼虫均咬食叶肉，残留叶脉或一层透明表皮，受害叶上出现白色条斑，植株发育迟缓，植株低矮，分蘖减少，严重时全叶发白、枯焦，甚至整株枯死，造成缺苗。被害秧苗即使能复活，也将造成水稻迟熟，从而影响产量。

（1）清除害虫越冬场所的杂草，减少虫源　一般于秋、春期间铲除稻田附近向阳坡、田埂、沟渠边的杂草，可消灭部分越冬害虫，减轻危害。

（2）适时插秧　不可过早插秧，尤其离越冬场所近的稻田更不宜过早插秧，以避免稻田过早受害。

（3）人力扫除　对受害较重的稻田，幼虫始发后把田水放干，撒石灰粉，然后把叶上幼虫扫落田中，也可在早晨露水未干时用笤帚扫除幼虫，连续 3～4 次，结合耘田把幼虫糊到泥里。

（4）秧田灌水灭虫　在水源方便的地方，当秧苗生长高度还未超过田埂时，引水入田，并浸没秧尖，同时分散铺 7～10mm 长的稻草，使成虫附集其上，然后用竹竿或草绳连草带虫收集田角，集中深埋，处理完后，立即放水。

（5）药剂防治　插秧后应经常对稻苗进行虫情调查，一旦发现有成虫发生为害，并有加重趋势时，就应进行喷药。如成虫为害不重，但幼虫开始为害并有加重趋势时，亦进行喷药防治。在幼虫 1～2 龄阶段，喷洒 50％杀螟松乳油 1000 倍液，或 25％喹硫磷乳油 1000 倍液、90％敌百虫晶体 800 倍液、10％吡虫啉可湿性粉剂 1500 倍液、50％杀螟硫磷乳油 1000 倍液、50％辛硫磷乳油 1500 倍液，每亩兑水 50～70L，也可每亩用 2.5％敌百虫粉剂 2～2.5kg 喷施。

124. 如何防治二化螟？

二化螟（彩图 83～彩图 85），属鳞翅目螟蛾科，俗称钻心虫，是我国水稻上为害最为严重的常发性害虫之一。不同生育期的水稻受到二化螟为害后，表现为不同的被害状，如叶鞘枯心、枯鞘、白穗等。

（1）**农业防治** 主要采取消灭越冬虫源、灌水灭虫和避害、利用抗虫品种等措施。

冬闲田在冬季或翌年早春3月底以前翻耕灌水，及早处理含虫稻草，可把基部10～15cm先切除烧毁。在蛾始盛期前，将含二化螟多的稻草，以及田间杂草、茭白遗株、玉米秸秆等及时消除，以消灭越冬虫源。对含有二化螟的早稻稻草，应及时挑到远离稻田的空地上暴晒杀虫，防止幼虫迁移转入晚稻田为害或顺利化蛹羽化。免耕田要实行齐泥割稻，避免高茬高桩。田间一旦发现被害株应及时拔除，如苗期至分蘖期拔除枯心苗、枯鞘株，抽穗期拔除枯孕穗、白穗，此作法不但可以减少虫量，而且可以防止幼虫转株为害。

合理安排冬作物，晚熟小麦、大麦、油菜、留种绿肥要注意安排在虫源少的晚稻田中，可减少越冬的基数。

因地制宜地调整耕作制度，尽量减少单季稻种植面积，规范播种日期，一季稻要集中连片种植，避免单、双季稻混栽，减少桥梁田，可以有效降低虫口数量。不能避免时，单季稻田提早翻耕灌水，降低越冬代数量；双季早稻收割后及时翻耕灌水，防止幼虫转移为害。

在保证安全齐穗的前提下，单季稻区可适度推迟播种期，使其生长发育进度接近双季晚稻，这样既有利于防治，也便于集中消灭迁入虫源。

灌水灭蛹，6月中旬和8月下旬是1、3代二化螟化蛹始盛期，二化螟多在水面不高的稻叶鞘及茎秆中化蛹，选择这时排干田中水，以降低二化螟化蛹部位，待到化蛹高峰时，再灌深水15～20cm淹没3～4天，可杀死大部分预蛹和蛹。

（2）**频振式杀虫灯诱杀** 安装频振式杀虫灯诱杀成虫效果较好，可有效减少下代虫源。一盏灯可控制60亩水稻，降低落卵量70%左右，在4月中旬装灯，并挂上接虫袋，每日傍晚开灯，次日清晨关灯，9月底撤灯。

（3）**性诱剂诱杀** 使用性诱剂（条、棒）诱杀是利用昆虫性信息素诱杀雌成虫，要保持水盆诱捕器的盆口高度始终高出稻株20cm，诱芯离水面0.5～1cm，水中加入0.3%洗衣粉，在盆口边沿下2cm处挖1对小孔以控制水位，每天清晨捞出盆中死蛾，傍晚加水至水位控制口，每10天更换一次盆中清水和洗衣粉，每20～30天更换一次诱芯。

（4）生物防治 利用二化螟的天敌二化螟绒茧蜂（茧蜂科）来降低二化螟卵的孵化率，使用苏云金杆菌复配剂来防治二化螟幼虫等。

（5）化学防治 1代掌握在低龄幼虫高峰期，以打枯鞘团为主，2代和3代掌握在早、晚稻分蘖期或晚稻孕穗、抽穗期螟卵孵化高峰后5～7天，丛枯鞘率5％～8％或早稻每亩有中心为害株100株或丛害率1.0％～1.5％或晚稻为害团高于100个时用药。每亩可选用20％阿维·三唑磷乳油60～90mL，或10％阿维·氟酰胺悬浮剂30mL、40％吡虫啉·杀虫单可湿性粉剂75～125g、40％辛硫磷·三唑磷乳油60～80mL、46％杀虫单·苏云菌可湿性粉剂60～75g、30％敌百虫·辛硫磷乳油100～120mL、36％三唑磷·敌百虫乳油150～180mL、20％马拉硫磷·三唑磷乳油120～180mL、42.9％杀虫单·辛硫磷可湿性粉剂100～120g、40％柴油·三唑磷乳油100～140mL、35％三唑磷·敌敌畏乳油100～120mL、20.1％甲维·杀虫双微乳剂100～180mL、8000IU/mg苏云金杆菌悬浮剂200～400mL、98％杀螟丹可溶粉剂40～60mL、200g/L氯虫苯甲酰胺悬浮剂5～10mL、240g/L甲氧虫酰肼悬浮剂5～10mL、18％杀虫双水剂250～300mL、90％杀虫单可溶粉剂50～60g、78％杀虫安可溶粉剂40～50g、50％杀虫环可溶粉剂80～100g、13.5％三唑磷乳油100～150mL、1％甲氨基阿维菌素苯甲酸盐（甲维盐）乳油20～30mL、5％丁虫腈悬浮剂30～40mL等，兑水50～75kg，均匀喷雾。

在水稻分蘖盛期，低龄幼虫期，每亩可选用15％三唑磷·杀单微乳剂150～250mL，或12％阿维·仲丁威乳油50～60mL、15％杀虫单·三唑磷微乳剂150～200mL、30％阿维·杀虫单微乳剂100～120mL、20％丙溴·辛硫磷乳油100～125mL、40％三唑磷·矿物油乳油100～120mL、2％苏云金杆菌·吡虫啉可湿性粉剂50～100g、42％噻嗪·杀虫安可湿性粉剂80～100g、30％噻嗪·三唑磷乳油80～120mL、37％阿维·丙溴磷乳油30～50mL、21％氟虫脲·三唑磷乳油80～100mL，兑水50～75kg，均匀喷雾，也可兑水400kg进行泼浇，保持3～5cm浅水层持续3～5天可提高防效。

药剂防治要根据不同地区、不同代次因地制宜地选择药剂，尽量减少用药次数和用量，做到轮换用药，减缓抗药性，选择低毒和生物农药。防治第二代二化螟，大水泼浇和粗喷雾的施药方式优于细喷雾和弥雾。

二化螟危害水稻，多从近水稻茎上咬一小孔，如果田间有水层，药液落在田中便会扩散渗透到孔洞里，杀死茎秆里一部分螟虫，发挥防治药剂的最大效果。因此施药一定要保持田间有 3～5cm 水层 5～7 天。

125. 如何防治三化螟？

三化螟属鳞翅目螟蛾科，别名钻心虫，是长江流域及以南水稻主产区最为重要的常发害虫之一，食性单一，仅为害水稻或野生稻。幼虫钻蛀稻茎为害，在水稻分蘖时出现枯心苗，孕穗期、抽穗期形成枯孕穗或白穗、虫伤株及相应的枯心团、白穗群，没有二化螟那样的枯鞘。严重的颗粒无收。

（1）农业防治　适当调整水稻布局，连片种植，在同一地区种植同一品种，使水稻生育期相对一致，既可缩短螟虫有效盛发时间，又可切断三化螟由第二代向第三代的过渡桥梁。及时春耕沤田，处理好稻茬，减少越冬虫口。调节播栽期，使易遭蚁螟为害的生育阶段与蚁螟盛孵期错开，可减轻受害。

（2）物理防治　安装频振式杀虫灯诱杀成虫效果较好，可有效减少下代虫源。

（3）化学防治　防治枯心，掌握在蚁螟孵化高峰期防治白穗，在卵的盛孵期和破口吐穗期，坚持早破口早用药、晚破口迟用药的原则。如三化螟发生量大，蚁螟的孵化期长或寄主孕穗、抽穗期长，应在第一次药后隔 5～7 天再施 1 次。兑水量越大防效越好，泼浇和喷粗雾的防效较理想，尤其是在水稻后期施药时，常规喷雾每亩兑水量不能低于 60L，不宜使用弥雾机。

在幼虫孵化始盛期，每亩可选用 80％吡虫啉·杀虫单可湿性粉剂 40～65g，或 20％阿维·三唑磷乳油 60～90mL、15％杀虫单·三唑磷乳油 200～250mL、25％吡虫·三唑磷乳油 100～150mL、70％噻嗪·杀虫单可湿性粉剂 55～70g、1％甲氨基阿维菌素苯甲酸盐（甲维盐）乳油 20～30mL、18％杀虫双水剂 250～300mL、90％杀虫单可溶粉剂 50～60g、50％杀虫环可溶粉剂 50～100g，兑水 50kg，均匀喷雾。

在水稻破口期，2～3龄幼虫期，每亩可选用55%杀虫单·苏云金杆菌可湿性粉剂80～100g，或200g/L氯虫苯甲酰胺悬浮剂5～10mL、20%甲维盐·杀虫单微乳剂15～20mL、40%稻丰·三唑磷乳油40～60mL、30%辛硫·三唑磷乳油70～90mL、40%丙溴·辛硫磷乳油100～120mL、50%三唑磷·敌百虫乳油100～120mL、20%三唑磷乳油100～150mL、50%杀螟丹可溶粉剂80～100g，兑水50kg，均匀喷雾，当虫口密度较大时，应连续喷药2次，间隔5～7天。

126. 如何防治大螟？

大螟（彩图86、彩图87），属鳞翅目夜蛾科，又名稻蛀茎夜蛾、紫螟。常使水稻出现枯鞘、枯心、死孕穗、白穗和虫伤及相应的枯心团和白穗群。水稻各期均可受大螟为害，一般以近田边5～6行稻株虫口较多，危害较大，而田中央虫口密度小，危害轻。

（1）农业防治　压低及杀灭越冬虫源，可于早春前处理稻茬及其他寄主（如田边杂草、玉米、茭白）越冬残株。在大螟转移为害水稻之前，及时铲除田边杂草可降低第一代虫量。

（2）物理防治　安装频振式杀虫灯诱杀成虫效果较好，可有效减少下代虫源。

（3）化学防治　一般可在防治二化螟、三化螟时兼治，若发生量较大需单独防治。早栽早发的早稻、杂交稻以及大螟产卵期正处于孕穗至抽穗期或植株高大的稻田是化学防治的重点。生产上当枯鞘率达5%或始见枯心苗为害状时，以挑治田边6～7行水稻为主，掌握在1～2龄幼虫阶段及时用药。每亩可选用18%杀虫双水剂250mL，或80%杀虫单可溶粉剂35～40g、90%敌百虫晶体50～75g、50%杀螟松乳油100mL、50%杀螟丹乳油100mL、50%三环唑·杀虫单可湿性粉剂100～120g、50%噻嗪·杀虫单可湿性粉剂100～120g、70%吡虫·杀虫单可湿性粉剂42～70g、8000IU/mg苏云金杆菌悬浮剂200～400mL、46%杀单·苏云金杆菌粉50～60g兑水50kg喷雾，或用90%敌百虫原药100g加40%乐果乳油50mL兑水喷雾。喷雾用水量一般每亩50～75L。

127. 如何防治稻瘿蚊？

稻瘿蚊（彩图 88）属双翅目瘿蚊科，别名稻瘿蝇。主要为害中稻、晚稻秧苗和大田分蘖期稻株。幼虫蛀食水稻苗期生长点汁液，受害初期无症状，待至产卵后 12～15 天稻苗才出现症状，致受害稻苗基部膨大，随后心叶停止生长且由叶鞘部伸长形成淡绿色中空的"葱管"，心叶缩短，分蘖增多，茎基部膨大，再过 5～6 天葱管抽出成"标葱"。

（1）农业防治　铲除越冬寄主杂草、再生稻、落谷稻等以减少越冬虫源。积极调整农田耕作制度，减少稻瘿蚊桥梁田。简化稻作，推行水稻种植区域化。双季稻区一律种植双季稻，避免插花种植其他稻作。种植抗虫品种。

（2）物理防治　安装频振式杀虫灯诱杀成虫效果较好，可有效减少下代虫源。

（3）晚稻秧田防治　两次施药法，第一次是在播种当天，用 10％吡虫啉可湿性粉剂 30g 直接拌芽谷 15kg，拌匀装袋 15～20 分钟后播种。第二次是在抛秧前 2～3 天或移栽前 5～6 天，用 10％吡虫啉可湿性粉剂 50g 兑水 50～60L 喷雾。秧苗 1 叶 1 心期，每亩用毒土法将 10％灭线磷颗粒剂 1～1.25kg 拌细土或细沙 10～15kg 撒施；若秧苗移栽前 7～10 天发现秧苗内活虫率超过 2％时，每亩用 40％乐果乳油 250mL 拌毒土撒施；若移栽前发现秧苗带虫，用 90％敌百虫原药 800 倍液浸秧根后在阴凉处用薄膜覆盖 5 小时再移栽。

卵孵始盛期至高峰期，每亩可选用 1.8％阿维菌素乳油 200～300g，拌土 10～15kg 均匀撒施。

在成虫盛发至卵孵化高峰期，每亩可选用 5％丁虫腈悬浮剂 20～30mL，或 40％三唑磷乳油 60～80mL、10％吡虫啉可湿性粉剂 20～30g，兑水 50～60kg，均匀喷雾。

（4）大田防治　在移栽后 7～20 天内幼虫孵化高峰期用药，方法同秧田期，药量可适量增加。此外，还可选用中低毒、低残留的农药如苏云金杆菌、三唑磷等。注意坚持"药肥兼施、以药杀虫、以肥攻蘖、促蘖成穗"的原则，一般施药时每亩拌施尿素 7～10kg，可进一步利用稻苗较强的补偿力降低稻瘿蚊的危害。

128. 如何防治稻秆潜蝇？

稻秆潜蝇（彩图 89、彩图 90）属双翅目黄潜蝇科，别名稻秆蝇、稻钻心蝇、双尾虫。以幼虫钻食心叶、生长点及幼穗。

（1）农业防治 越冬幼虫化蛹羽化前，及时清除田边及周边杂草，恶化该虫的越冬生存环境，可压低当年虫口基数；适当调整播种期或选择生育期适当的品种，可避开成虫产卵高峰期，如中稻地区适当选用早熟品种，使提早抽穗，可避开 2 代幼虫为害幼穗的危险期；选用抗虫品种；合理密植，不偏施、迟施氮肥，进行配方施肥，使水稻生长健壮。

（2）改进育秧技术 第一代稻秆潜蝇集中在早稻秧苗上产卵为害，有条件的地区可采取地膜打洞育秧方法，使早稻秧苗避过第一代稻秆潜蝇产卵高峰期，减少早稻秧苗受卵量。

（3）化学防治 采取"狠治 1 代、挑治 2 代、巧治秧田"的防治策略，因第一代幼虫为害重，发生较为整齐，盛孵期明显，利于防治。以成虫盛发期至卵孵盛期为防治适期。

① 防治指标 秧田期平均每百株秧苗有卵 10 粒，大田期平均每丛稻有卵 1 粒的田块；卵孵盛期后，为害株以稻苗刚展出的"破叶株"为标志，稻田期株害率在 1% 以上，大田期株害率在 3%～5%，可确定为防治田。

② 秧田防治 可选用 10% 吡虫啉可湿性粉剂 500～1000 倍液浸秧根 1.5～2 小时，沥干后移栽；秧田每亩用 20% 三唑磷乳油 100mL，兑水 50kg 喷雾。

③ 大田防治 每亩可选用 1.0% 阿维菌素乳油 12.5mL，或 20% 三唑磷乳油 100mL、40% 乐果乳油 150mL、50% 杀螟松乳油 100mL、10% 吡虫啉可湿性粉剂 30～50g，兑水 50～60L 喷雾，重发田块隔 5～7 天再施药 1 次。在防治稻飞虱、螟虫、稻纵卷叶螟时兼治稻秆潜蝇。

129. 如何防治稻小潜叶蝇？

稻小潜叶蝇（彩图 91）属双翅目潜叶蝇科，又名稻叶毛眼水蝇、大麦水蝇。幼虫潜入稻苗幼嫩叶片内部，取食叶肉，仅留上下表皮，初出现芝麻大小的黄白色"虫泡"，继续为害形成黄白色或枯死的不规则虫道，稻叶组织的破坏，引水分渗入，致叶片发白、腐烂，引起全株枯死。

（1）农业防治　在冬春季清除田边、沟边、低湿地的禾本科杂草，减少虫源，从而减轻对水稻的为害。旱育稀植。由于倒伏于水面的叶片利于成虫产卵和幼虫转株为害，因此要培育壮秧，避免稻叶倒伏，雨水较多时要及时排水，以湿润灌溉为主，浅水勤灌。当田间发生严重时，采取排水露田。

（2）化学防治　重点是早稻秧苗和早播、早插、生长嫩绿的小苗早稻本田。对发生较重的丘块，可选用 20％三唑磷乳油 2000 倍液，或 50％环丙氨嗪（蝇蛆净）粉剂 2000 倍液、35％驱蛆磷乳油 2000 倍液等喷雾防治，禾苗长势差的可适当追施叶面肥。也可用 70％吡虫啉水分散粒剂 6～8g＋2.5％溴氰菊酯乳油 20～30mL 或 25％噻虫嗪水分散粒剂 6～8g，兑水 5L 弥雾机喷雾防治。喷药前将田水放浅再喷雾。

🌱 130. 如何防治褐飞虱？

褐飞虱（彩图 92、彩图 93）别名褐稻虱、稻褐飞虱。成、若虫都能为害，一般群集于稻丛下部，密度很高时或迁出时才出现于稻叶上。用口器刺吸水稻汁液，消耗稻株营养和水分，并在茎秆上留下褐色伤痕、斑点，分泌蜜露引起叶片煤烟病及其他腐生性病害，严重时，稻丛下部变黑色，逐渐全株枯萎。被害稻田常先在田中间出现"黄塘""穿顶""塌圈"或"虱烧"，甚至全田枯死，造成严重减产或颗粒无收。此外，褐飞虱是齿叶矮缩病的传毒媒介。

（1）农业防治　实施连片种植，合理布局，防止褐飞虱迁回转移为害。合理栽培，科学管理肥水，做到排灌自如；合理用肥，防止田间封行过早、稻苗徒长荫蔽，增加田间通风透光度，降低湿度。利用抗虫品种。

（2）保护利用自然天敌　褐飞虱的天敌多，可以发挥天敌的杀虫作用，减轻防治的压力，发挥抑制作用。如卵期天敌有褐肤赤眼蜂、黑肩绿盲蝽；晚稻褐飞虱成虫和若虫期的主要天敌是狼蛛，当蛛虫比达到 1：（8～9）时，可以控制其危害，因此在选用农药时，要禁止使用对天敌杀伤力大的菊酯类农药；不在天敌活动高峰期使用农药；尽量使用对天敌安全的农药，不使用对天敌影响大的敌敌畏、速灭威、异丙威等中高毒农药等。除减少施药和施用选择性农药以外，可通过调节非稻田环境提高天敌对稻田害虫的控制作用。

（3）稻田养鸭 根据稻田虫害情况，掌握在稻飞虱、叶蝉若虫盛发期以及螟虫、稻纵卷叶螟成虫始发期至盛发期在稻田放鸭防治，不仅对稻飞虱有显著的控制效果，而且由于鸭子的践踏，稻田中杂草也极少，收到了治虫、除草的双重效应。

（4）物理防治 安装频振式杀虫灯诱杀成虫效果较好，可有效减少下代虫源。使用模拟飞虱鸣声和性诱剂防治褐飞虱有一定的效果，且绿色、安全。

（5）化学防治

① 防治策略 单季稻为"治3代、压4代、控5代"；连作晚稻为"治4代、压5代"。重点抓好主害代前一代褐飞虱的防治。

② 防治指标 一查虫龄，定防治适期。褐飞虱防治适期为1～2龄若虫高峰期。二查虫口密度，定防治对象田。主害代前一代防治指标：平均每丛有虫1～2头。主害代的防治指标，5丛的虫量：孕穗期常规稻为50头，杂交稻为75头，齐穗期常规稻为75头，杂交稻为100头。查飞虱时，结合查蜘蛛数量，蛛虱比例，早稻以微蛛为主，比例为1：（4～5），晚稻以大蜘蛛为主，比例为1：（8～9）。如蛛少虱多，应立即施药，如蛛多，暂不打药，隔3～5天再查。

③ 药剂使用 在水稻孕穗期或抽穗期，2～3龄若虫高峰期，每亩可选用40%氯噻啉水分散粒剂4～5g，或25%噻嗪酮可湿性粉剂20～30g、20%吡虫·噻嗪酮可湿性粉剂40～50g、50%吡蚜酮水分散粒剂15～20g、50%吡蚜·噻嗪酮水分散粒剂13～20g、10%吡虫啉可湿性粉剂10～20g、15%阿维·噻嗪酮可湿性粉剂30～40g、2%苏云金杆菌·吡虫啉可湿性粉剂50～100g、30%噻嗪·三唑磷可湿性粉剂80～120g、1.45%阿维·吡虫啉可湿性粉剂60～80g，兑水50kg，均匀喷雾。

在水稻孕穗末期或圆秆期，孕穗期或抽穗期，或灌浆乳熟期，每亩可选用100g/L乙虫腈悬浮剂30～40mL、10%哌虫啶悬浮剂25～35mL、85%甲萘威可湿性粉剂60～100g、20%仲丁威乳油150～200mL、25%噻嗪·杀虫单可湿性粉剂80～100g、30%三唑磷·仲丁威乳油150～200mL、20%吡虫·仲丁威乳油60～80mL、50%吡虫·杀虫单可湿性粉剂 60～80g，兑水 50kg，均匀喷雾，兼治二化螟、三化螟、稻纵卷叶螟等。

施药时一定要保持田间有 3～5cm 水层，用水量是影响褐飞虱防治的关键因素之一，每亩用水量必须在 50kg 以上，可在早上带露水用药，确保药剂喷洒至稻株基部。水稻后期要严格掌握农药安全间隔期，严禁使用高毒农药，确保无公害稻米的生产。注意药剂的轮用，单季水稻使用同一种药剂的次数不超过 2 次。水稻中早期注意避免使用敌敌畏，以免杀伤天敌，不利于褐飞虱的防治。收获前 7 天，停止使用化学农药，以防稻谷农药残留。

131. 如何防治白背飞虱？

白背飞虱（彩图 94、彩图 95）又名白背稻虱，主要为害早稻、中稻和一季晚稻，似褐飞虱，但成、若虫在稻株上的分布位置较褐飞虱高。虫口大时，受害水稻大量丧失水分和养料，上层稻叶黄化，下层叶则黏附飞虱分泌的蜜露而孳生烟霉，严重时稻叶变黑枯死，并逐渐全株枯萎。被害稻田渐现"黄塘""穿顶"或"虱烧"，造成严重减产或颗粒无收。防治重点是迟熟早稻、中稻和籼型单季稻。

（1）两查两定　一查虫龄，定防治适期。白背飞虱防治适期为 1～2 龄若虫高峰期。二查虫口密度，定防治对象田。防治指标：5 丛中的虫量，早、中稻齐穗期为 50～80 头，杂交稻为 100 头。

（2）药剂使用　每亩可选用 10%吡虫啉可湿性粉剂 50g，或 20%异丙威乳油 150mL、25%噻嗪酮可湿性粉剂 50～60g 等，兑水 50～60L 喷雾。田间缺水，且以高龄若虫和成虫为主，可以用敌敌畏毒土熏蒸。但当田间白背飞虱与褐飞虱混发时，不宜选用吡虫啉单剂。施药时稻田保持水层，水稻生长后期或超级稻应加大用水量，以保证防治效果。

132. 如何防治灰飞虱？

灰飞虱（彩图 96）又名灰稻虱，成、若虫都以口器刺吸水稻汁液为害，一般群集于稻丛中上部叶片，近年发现部分稻区水稻穗部受害亦较严重，虫口大时，稻株汁液大量丧失而枯黄，同时因大量蜜露洒落附近叶片或穗子上而孳生霉菌，但较少出现类似褐飞虱和白背飞虱的"虱烧""冒穿"等症状。灰飞虱是条纹叶枯病、黑条矮缩病等多种水稻病毒病的媒介，所造成的危害常重于直接吸食的危害，被害株表现为相应的病害特征。水稻生长前期以治虱防病为目标，后期以治虫保产为目标。

（1）农业防治　水稻育秧时铲除秧田四周的杂草。

（2）化学防治　水稻生长前期防治重点是易感病的秧田期和大田前期，防治的对象是迁入秧田和大田前期的成虫。水稻生长后期防治重点是穗部灰飞虱。

①　防治指标　水稻秧田和大田前期控制灰飞虱，预防两大病毒病的防治指标见水稻条纹叶枯病和黑条矮缩病。晚粳稻穗期灰飞虱防治指标为：水稻齐穗后 7～14 天为防治适期，每穗有灰飞虱成、若虫3～5 头。

②　药剂使用　在条纹叶枯病和黑条矮缩病病区，对直播晚稻和单、连晚秧苗，播种前每亩稻种用 10％吡虫啉可湿性粉剂 30g 拌种，可控制秧苗前期灰飞虱。秧田和大田防治药剂可选用 25％吡蚜酮可湿性粉剂 20g，兑水 30L 喷细雾或兑水 15L 弥雾。

第二次用药：每亩上述药剂加病毒钝化剂 31％吗啉胍·三氮唑（病毒康）可溶粉剂 40g 或加 50％氯溴异氰尿酸 60g 以控制病害流行。

为提高防治效果，第一次用药以速效性药剂为主，第二次药以持效性药剂为主，不同药剂交替轮换使用。因灰飞虱有短距离迁移和回迁现象，要求以镇或村、组为单位，根据播栽期，统一时间全面用药防治，并对路、渠、沟边杂草同时用药，以防灰飞虱来回逃窜，确保防效。施药时必须保持田间 3～5cm 水层 3 天以上。

133. 如何防治稻叶蝉？

稻叶蝉，是为害水稻的叶蝉类昆虫的统称，成、若虫均以针状口器刺吸稻株汁液，在取食和产卵的同时也刺伤了水稻茎叶，破坏其输导组织，轻的使稻株叶鞘、茎秆基部呈现许多棕褐色斑点，严重时褐斑连片，全株枯黄，甚至成片枯死，形似火烧。在水稻抽穗、灌浆时期，成、若虫群集在水稻穗部取食，形成白穗或半枯穗。通常情况下，黑尾叶蝉（彩图 97、彩图 98）吸食为害往往不及其传播水稻病毒病的为害严重，传播的病害有水稻普通矮缩病、黄矮病、黄萎病以及簇矮病、瘤矮病和东格鲁病毒病等多种，被传毒的稻株表现为病毒病症状。

（1）农业防治　种植抗病品种；因地制宜，改革耕作制度，尽量避免混栽，减少桥梁田。加强肥水管理，提高稻苗健壮度，防止稻苗贪青徒长；放鸭啄食害虫。

（2）保护利用天敌　结合耕作栽培为天敌留下栖息场所，保护它们从前茬作物过渡到后茬作物，田埂种豆或留草皮，收种期间不搞"三面光"，为蜘蛛等留下栖息场所。注意合理使用农药，不用对天敌杀伤力大的农药品种。

（3）物理防治　利用该虫的强趋光性，在盛发期采用灯光诱杀。

（4）化学防治　根据治虫防病的要求，治秧田保大田，治前期保后期；结合防治稻蓟马、稻纵卷叶螟等稻虫，做好总体药剂防治。

① 两查两定　一查成虫迁飞和若虫发生情况，定防治适期。绿肥田翻耕灌水期为早稻秧田药剂防治适期；早稻成熟旺收期，为晚稻秧田防治适期。大田掌握若虫 2、3 龄时防治。二查虫口密度，定防治对象田。在病毒病流行区，秧田防治指标：早稻秧田平均每平方米有成虫 9 头以上；双季晚稻秧田露青后，每平方米有成虫 18 头以上。大田防治指标：在病毒病流行区，早、晚稻大田初期（插秧后 10 天内），平均每丛有成虫 1 头以上，早稻抽穗期前后，平均每丛有成、若虫 10～15 头的为防治对象田。

② 药剂使用　可选用 25％噻嗪酮可湿性粉剂或 10％吡虫啉可湿性粉剂 2000～2500 倍液、2.5％氟氯氰菊酯乳油 2000 倍液、20％异丙威乳油 500 倍液、25％速灭威可湿性粉剂 600～800 倍液、50％抗蚜威超微可湿性粉剂 3000 倍液、90％杀虫单原粉 1000 倍液等喷雾防治，每亩用药液 50～60L。

134. 如何防治稻蓟马？

稻蓟马（彩图 99、彩图 100）属缨翅目蓟马科，俗称灰虫、稻管蓟马，是为害水稻的蓟马类害虫的统称，主要吸食水稻幼嫩叶片，部分种类还能在穗部颖花内取食为害。均以成、若虫锉伤稻叶表皮，吸食水稻汁液。苗期和分蘖期叶片受害后，初期叶面出现白色至黄褐色的小斑痕，继而叶尖因失水而纵卷、尖枯，且受害叶中常可见大量的蓟马活动,严重时会造成全叶失绿甚或成片稻苗叶片失绿、枯卷。

稻蓟马主要在水稻抽穗扬花期及穗期为害,多在颖花内取食、产卵和繁殖,被害穗出现不实粒。手掌用水浸湿后扫拂稻叶后仔细观察,可见头发丝大小的短小黑色蓟马成虫爬动。

(1)农业防治 冬春季清除杂草,特别是秧田附近的游草及其他禾本科杂草等越冬寄主,降低虫源基数;同一品种、同一类型田应集中种植,改变混合种植现象;受害水稻生长势弱,适当的增施肥料可使水稻迅速恢复生长,减少损失。

(2)药剂拌种 每100kg水稻干种拌70%吡虫啉可湿性粉剂100～200g,有效期可达30天以上。或用1.3%咪鲜·吡虫啉悬浮种衣剂按药种比1:(40～50)处理种子。

(3)化学防治 化学防治的重点是水稻苗期稻蓟马的防治。狠治秧田,巧治大田;主攻若虫,兼治成虫。

①防治指标 一查发生期和苗情,定防治适期。水稻苗期,即秧田和直播稻苗期防治,以苗情为基础,虫情为依据,以若虫孵化高峰、叶尖初卷时为防治适期。二查卷叶率或虫量,定防治对象田。秧苗,若虫孵化高峰期,叶尖初卷,卷叶率达10%～15%,本田卷叶率达20%～30%时用药,或受害田出现黄苗为防治对象田。

②药剂使用 对直播晚稻或单晚、连晚秧田,播种前每亩稻种用10%吡虫啉可湿性粉剂30g拌种,可控制前期稻蓟马。

秧田和直播稻苗期,每亩用90%敌百虫原药1500倍液,或10%吡虫啉可湿性粉剂2500倍液、40%乐果乳剂2500倍液、50%辛硫磷乳油1500倍液、2.5%高效氟氯氰菊酯乳油2000～2500倍液、50%混灭威乳剂1000倍液喷雾,或每亩用25%吡蚜酮可湿性粉剂20g,或80%杀虫单可溶粉剂37.5～50g、45%马拉硫磷乳油83～111mL,兑水50～60L喷雾。施药后田间保持3～5cm水层5天左右。

135.如何防治稻蝽类害虫?

为害水稻的椿象主要属于半翅目的蝽科和缘蝽科两个科,常见的有稻绿蝽、稻黑蝽、大稻缘蝽、斑须蝽、稻棘缘蝽(彩图101～彩图104)等,均属局部地区间歇性为害的害虫。

(1)农业防治 稻蝽发生严重的地区,冬春季节结合积肥清除田边附近杂草，减少虫源数量。适当调节播种期或选用适宜生育期品种，尽量使水稻穗期避开稻蟓发生高峰期。抽穗前放鸭食虫。

（2）化学防治　虫量较大时，可选用10%吡虫啉可湿性粉剂1500倍液，或90%敌百虫晶体600～800倍液、80%敌敌畏乳油1500～2000倍液、50%马拉硫磷乳油1000倍液、2.5%氯氟氰菊酯乳油2000～5000倍液、2.5%溴氰菊酯乳油2000倍液等喷雾，每亩喷药量50～60kg。施药时一定要保证田中有3～5cm水层3～5天。

136. 如何防治稻水象甲？

稻水象甲（彩图105、彩图106）属鞘翅目象甲科，又名稻水象、稻根象、稻象甲、美洲稻象甲、伪稻水象，其成虫啃食稻叶，幼虫蛀食稻根。成虫咬食稻苗近水面处的假茎，被害心叶抽出后，在幼嫩叶片上沿脉方向取食表皮和叶肉，留下表皮，于叶尖、叶缘及沿叶脉方向形成宽约0.9mm、长短不一的细长条白斑，长度一般不超过3cm，条斑两端呈弧形，比较规则。田间被害叶片上一般有1～2条白色长条斑。为害严重时，全田一片白色，下折，影响水稻的光合作用，抑制植株生长。低龄幼虫在稻根内蛀食，使稻根呈空筒状，高龄幼虫在稻根的外部咬食。

（1）实行检疫　禁止从疫区调运秧苗、稻草、稻谷和其他寄主植物及其制品，不用寄主植物做填充材料。在适生区、适生场所要定期检查，力争早发现、早消灭。严禁向外运送稻谷、秧苗、种子、稻草，自觉执行检疫法规。

（2）农业防治　结合冬春积肥，铲除田边杂草、沟边杂草，消灭越冬虫源。春季翻耕稻田提倡多耕多耙，使蛰伏于土中的成虫浮出水面，并随浪渣及害虫捞起，集中烧毁或深埋，以降低发生基数。在早稻生长期加强肥水管理，提高水稻植株的抗虫能力。在稻水象甲发生区推广水稻旱育秧技术可减轻秧田受害。当稻水象甲幼虫危害稻根时，及时中耕并排水露田，能有效地控制害虫蔓延。调整播种期，合理安排水稻品种布局，造成不利于稻水象甲生存，而利于水稻生长的环境，从而达到抑制害虫的目的，在同一地区内，水稻品种愈单纯，栽培时愈一致，该虫的为害则重，反之则轻。

（3）物理防治　稻水象甲成虫有很强的趋光性。在无风或微风天气，日落后可用黑光灯或日光灯诱集大量成虫集中消灭。也可安装频振式杀虫灯诱杀成虫。

（4）生物防治　实验表明，稻田有鱼类、蜘蛛、线虫、鸟类、菌类等20多种生物取食或寄生于稻水象甲。据观察，一头稻田泥鳅平均日食虫量70头左右。我国稻田白僵菌对稻水象甲有很高的寄生率。在稻田喷洒白僵菌孢子，稻水象甲成虫被寄生率可达60%～90%。

（5）化学防治　在越冬代，成虫迁入稻田的高峰期用药防治，在早稻、中稻插秧后一周左右用药防治幼虫。一般可每亩用20%三唑磷乳油200～400g，或10%吡虫啉可湿性粉剂50～60g，兑水40kg喷雾防治，都有较好的防治效果。

大田期一般在5月上旬早稻插秧后5～7天，还可每亩选用25%噻虫嗪水分散颗粒剂2～4g，或每亩用18%杀虫双水剂300mL、20%辛硫·三唑磷乳油50～70mL、40%三唑磷乳油60～80mL、10%醚菊酯悬浮剂80～100mL、50%氯氰菊酯乳油30～50mL、22%马拉·辛硫磷乳油70～100mL、35%敌敌畏·马拉硫磷乳油40～50mL、30%吡虫啉微乳剂10～15mL，均兑水40kg喷雾。要注意溴氰菊酯对防治成虫效果好，但对水生动物的影响大，不能在稻田使用。无论喷雾还是撒药土，田间均要保持浅水，施药后让其自然落干。

第五节　水稻杂草防治技术

137. 稻田杂草的绿色防控技术措施有哪些？

随着轻简栽培技术的推广、杂草抗药性水平的上升等原因，水稻田杂草危害呈加重趋势，对水稻生产构成严重威胁。开展稻田杂草防除是控制稻田草害的有效措施，也是开展农药使用量零增长行动的重要环节，坚持综合治理和绿色防控的原则，充分发挥农业措施的控草作用，安全使用化学除草剂，根据杂草种类与分布特点开展防除工作，提高除草效果。

（1）优化种植管理　提高种植管理水平，培育水稻壮苗健苗，发挥生态控草作用，降低稻田杂草发生基数，减轻化学除草压力。

① 植物检疫　水稻引种时，经过严格检疫，防止危险性杂草种

子传入。

②清洁田园 选用清洁秧田，利用清洁床土，及时清除稻田周边杂草等，减少杂草种子来源。

③机械除草 利用翻耕、耙地、旋耕等耕作措施，将杂草打碎，或把草籽深埋。

④重草田实施轮作换茬 对上年草害严重的水稻田实施轮作换茬以及休耕，在旱直播水稻种植面积较大的地区，杂草稻等发生严重，要结合种植业结构调整实施轮作换茬，减轻稻田杂草发生基数，压缩重草田面积。

⑤水稻种子去杂 精选水稻种子，汰除混杂在水稻种内的杂草种子；推广使用商品种子，减少农户自留种的比例；如采用自留种应做好筛选工作，减少杂草种源。

⑥栽培措施 适量播种，常规育秧每平方米播芽谷约60g，常规稻盘育秧每盘（内径58cm×28cm）播芽谷约150g，培育壮苗，以苗抑草。插秧后，利用水层管理和水稻群体优势控草。直播田提高整地和播种质量，常规稻每亩播种稻7～10kg，深度1～2cm，及时灌排，确保出苗整齐，加强田间管理，促苗早发，增加有效分蘖。

（2）生物措施 通过稻田养鸭、鱼和蟹，利用动物啄食，以及浑水抑制萌发等，控制稻田杂草危害。

（3）生态措施 使用稻糠控草。于插秧后5～7天，每亩撒施稻糠100kg可较好地控制矮慈姑、鸭舌草、稗草、空心莲子草以及莎草等杂草为害。

（4）精准化学除草 推广"封杀结合"的化学除草技术模式。

①直播稻 采用"一封二杀三补"。

a.封闭处理 不催芽直接播种的田块，每亩用36%噁草·丁草胺，于水稻播种窨水落干后兑水30kg均匀喷雾，药后至秧苗1叶1心期保持田面湿润不积水，遇天旱可灌"跑马水"。

催芽播种的田块，在播后2～4天内，每亩用30%苄嘧·丙草胺可湿性粉剂，兑水30kg均匀喷雾。药后田面不能有积水，土壤保持湿润，利于药效发挥。

b.苗期茎叶处理 掌握在水稻播后20天左右（水稻2～3叶期），每亩再用30%苄嘧·丙草胺可湿性粉剂拌细土20kg撒施，药后保水一周，水层切勿淹至水稻心叶。对稗草等禾本科杂草仍较多的田块，掌握在杂草 2～3 叶期，每亩用 2.5％五氟磺草胺油悬浮剂，于秧苗 3～5 叶期排干田水后兑水 30kg 喷雾，喷药后 1～2 天复水，并保水 5 天。

对近年使用五氟磺草胺防除稗草效果不佳的田块，可用 13％氰氟·吡啶酯乳油，于秧苗 4.5 叶后，稗草 2 个分蘖前，防除抗性稗草。对稗草、千金子、马唐严重的田块，每亩用 10％噁唑酰草胺乳油＋10％氰氟草酯乳油，于秧苗 3～5 叶期排干田水后兑水 30kg 喷雾，喷药后 1～2 天复水，并保水 5 天。

c. 分蘖期补除　分蘖末期莎草和阔叶草严重的田块，每亩用 13％ 2 甲 4 氯钠水剂加 48％灭草松水剂。

② 机插秧稻田　采用"两封一补"。

a. 第一次封杀　栽插前耙田平整后，灌足水层（以不露高墩为准），趁田水混浊时每亩用 50％丙草胺乳油 100mL 均匀撒施，或亩用 47％异隆·丙·氯吡可湿性粉剂兑水 10～15kg 粗喷雾，施药后保持水层 3～4 天后插秧。

b. 第二次封杀　每亩用 53％苯噻·苄可湿性粉剂，在水稻栽后 7～10 天，拌潮细土或肥料均匀撒施，药后保水 5 天。

有条件的种田大户，可每亩用 35％丙噁·丁草胺水乳剂＋19％氟酮磺草胺悬浮剂兑水 2kg，使用专用器械于机插时同时进行行间撒滴，实施"零天化学防除"技术。

c. 分蘖期补除　分蘖末期莎草和阔叶草严重的田块，每亩用 13％ 2 甲 4 氯钠水剂加 48％灭草松水剂混用。

③ 人工移栽大田　在水稻栽后 5～7 天，用苄·乙、异丙·苄、苄·丁、苄嘧·苯噻酰等拌潮细土或拌肥料保水撒施，施药时水不能漫过秧心，药后保水 3～5 天。

水稻移栽后 25 天左右，根据田间草情选择茎叶处理药剂，防除禾本科杂草可选用五氟磺草胺、噁唑酰草胺、氰氟草酯等，防除阔叶类杂草可选用灭草松、2 甲 4 氯钠等茎叶喷雾处理。

（5）注意事项

① 稻田精心整地，确保平整，药后要做好平水缺。

② 直播稻田进行土壤封杀用药时至水稻齐苗前要确保田间湿润无积水，移栽田施药后保持水层 5 天，应以不淹没水稻心叶为准，对漏水田要及时补足水。

③ 二氯喹啉酸已使用多年，抗性上升，效果不理想，易产生药

害，慎重选用。

④ 机插秧秧龄小、栽插浅，对除草剂安全性要求高，因此机插秧稻田禁用苄·乙复配剂，以防药害发生。

⑤ 噁唑酰草胺不可与苄嘧磺隆、吡嘧磺隆、灭草松混用，禁止使用弥雾机喷药，每亩用水量不得少于30kg。

138. 目前稻田常用除草剂有哪些，各有何优缺点？

（1）五氟磺草胺

① 优点　安全性非常高，能用在育秧田等各种栽培方式的稻田，在全国各栽培稻区的籼稻、粳稻品种都能用，在水稻大部分生育期也都能用。用药幅度宽，以2.5%可分散油悬浮剂计，每亩用量33～100mL对水稻安全。此外，该药杀稗草（彩图107）效果突出，被推举为杀稗第一药，并对许多一年生阔叶草及部分莎草也有效；配伍性好，可与多种药剂复配，"陶氏益农"分别推出与氰氟草酯、丁草胺复配的稻喜、稻悠，深受市场欢迎。

② 缺点　作用位点单一，抗性呈上升趋势，且对千金子无效。如管理不好和施用不当，便很快走向衰退。

（2）氰氟草酯

① 优点　对千金子杂草（彩图108）有特效，对稗草也有一定的防效；安全性极高，在各种栽培方式的水稻田、不同水稻品种全生育期内用药均安全，可与多种药剂复配。到目前为止是芳氧基苯氧基丙酸类用于水稻田中最安全的除草剂品种。

② 缺点　与2甲4氯钠等激素类药剂混配会产生拮抗作用，不建议与多效唑生物调节剂混用。

（3）双草醚

① 优点　活性高，杀草谱广，除草效果好；防除稗李氏禾（有的加安全剂）是目前最好的药剂，对双穗雀稗（彩图109）和大龄稗草也有非常好的防效，并能防除多种稗草及其他禾本科杂草，对一些阔叶草、莎草（彩图110）等难治草也有很好防效，适用于几种不同栽培方式的稻田。

② 缺点　对千金子防效差，对粳稻、糯稻耐药力较差，曾有相关药害报道，低于15℃用药也不安全，目前主要用于南方稻区。应提高喷施技术，控制好用药量，并严禁高浓度喷施或重喷。鉴于稻李

氐禾与稗草呈上升趋势和本药剂表现高活性但又存在一定风险的特点，主要使用复配制剂。

（4）噁唑酰草胺

① 优点　活性高，杀草效果好，能防除稻田多种难治禾本科杂草，如稗草、千金子等，尤其对旱直播田的马唐、牛筋草有突出防效，比其他任何药剂都好。可用于几种不同栽培方式的水稻田。

② 缺点　对莎草无效，混配药剂受限，有资料表明只能与灭草松复配，与磺酰脲类药剂复配应先试验后应用，与苯氧羧酸类药剂复配会产生药害。不推荐水稻3叶前应用，低温条件下使用存在不安全性，东北稻区曾有发生药害的报道。不能用弥雾机喷雾，本药剂具高活性，近几年与氰氟草酯的复配药剂表现出很好的除草效果。

（5）嘧啶肟草醚

① 优点　活性高，杀草谱广，防效好。能防除几种栽培方式和水稻田埂上面的多种一年生、多年生的禾本科草、阔叶草和莎草类，尤以对难防除的一些恶性杂草，如稻稗、稻李氏禾（彩图111）、莎草类、野慈姑等表现出非常好的防除效果，尤其加入有机硅喷雾助剂后能明显提高药效，也是稻田杀草谱最广和防效最好的单剂品种。

② 缺点　只能把药剂喷施到杂草茎叶上才有效，毒土法土壤处理无效；见效缓慢，施药7天后才逐渐见效；在低温条件下用量增大后易引起稻苗发黄，但能恢复；防除大龄草和田埂用药时要加入增效助剂。本品防效很好，但尚未大面积推广，应用技术尚不完善。今后要提高用药技术，发挥其更好的效果。

（6）二氯喹啉酸

① 优点　是防除稗草的优秀药剂，在国内稻田已应用20多年，用量少，持效期长，施药期宽，并对4～7叶期的大龄稗草防效突出，对一些阔叶草也有一定的防效，可在多种栽培方式的稻田应用。已上市多个不同含量的剂型，便于稻农选择应用。

② 缺点　由于长期单一使用，在黑龙江、广东、湖南、浙江等稻区疑似产生严重抗性；过量使用或在水稻2叶期以前用药易产生药害；对千金子无效。

（7）灭草松

① 优点　不但能防多种阔叶草，对莎草类也有很好防效；安全性很高，能适用于全国稻区不同栽培方式的多个水稻品种，对水稻安

全，可与多种药剂复配。

② 缺点　亩用药量偏大，成本略高；缺光或低温时用药防效差。灭草松是稻田除草剂的一个传统品种。

（8）氯氟吡氧乙酸

① 优点　内吸性好，是防除水花生的首选药剂，并能防除多种阔叶草，可用在水稻田埂和多种栽培方式的稻田，对下茬作物无不良影响。

② 缺点　低温时影响药效但最终不影响除草效果；在水花生等难防除阔叶草发生的稻区，用量会有所上升。

（9）唑草酮　其作为麦田除草剂早已登记在稻田上。

① 优点　触杀型，杀草速度快，能防除多种阔叶类杂草。

② 缺点　喷施要均匀，不能与乳油类产品复配使用；气温超30℃时喷药易发生药害。是目前防除稻田阔叶草效果非常好的药剂，尤其适用于稻田中后期以阔叶草为主的田块，在西部稻区有一定用量，受安全风险和杂草群落的影响，尚属用量较小的品种。

（10）2甲4氯钠　为苯氧羧酸类品种，在生产上很少应用其原酸，而是广泛应用其钠盐、铵盐、二甲胺盐。

① 优点　杀草速度快，对多种阔叶草、莎草类都有较好的防效；成本偏低，性价比高，可同多种药剂进行复配。

② 缺点　用药量、用药期较为严格，对水稻有一定的安全风险。其是不少复配药剂不可或缺的品种，但因用量有限而不属大品种，在北方稻区应用比2,4-滴类安全。

（11）西草净

① 优点　杀草谱较广，能防除多种阔叶草及部分禾本科草、莎草，对稻田中后期发生的眼子菜有较好防效，毒土法能有效防除稻田水绵。

② 缺点　气温超30℃用药易产生药害，高用量、重喷施对水稻不安全。扑草净可参考本产品，不再描述。

139. 如何对水稻田进行封闭除草？

（1）合理精耕细作　对于水直播田块、机插秧封闭除草田块一定要整平，做到无秸秆、杂草覆盖，不要出现高低不平的田块，否则高的地方封闭除草效果不好、低的地方药害严重，另外对于旱直播田块封闭除草一定要做到田平、土细。

播种前首先灭茬防除空闲田中老草，其次进行深旋耕，如果是旱直播需要2次旋耕耙平，如果是水直播田块则需要先旋耕后上水泡田后再旋耕耙平把漂浮秸秆捞出，这样使用封闭除草剂效果好，不会出现药害症状。另外，如果是麦茬直播田块，注意小麦收割尽量采用低茬收割，尽量减少地下部分的秸秆长度，把一部分秸秆移除田块，再采用大马力旋耕机进行2次深旋耕，这时候秸秆长度比较短，对芽前封闭除草剂的施药效果几乎没有影响。

（2）合理选择产品

① 旱直播田块　对于水稻旱直播封闭田块，不建议使用丁草胺，由于旱直播后墒情不好的时候需要回水，如果保水时间长且水深了容易影响水稻根系生长。整体来说二甲戊灵使用效果不错，但是随着二甲戊灵的使用时间比较长，有些草也产生相应的抗性，在进行封闭时，一定要同其他药剂进行复配使用或者将二甲戊灵亩用量增加20%，配方主要有：二甲戊灵＋丁草胺、仲丁灵＋丁草胺。对于阔叶杂草，封闭时加入吡嘧磺隆即可，但是这样复配施药前一定要盖籽，施药后不能有大雨或积水。

② 水直播、移栽田　对于水稻直播田来说，一般不建议选择药剂耙田撒施，建议第一次选择含有丙草胺＋安全剂或者安全性比较好的丙草胺＋苄嘧磺隆的药剂进行常规封闭，这个时候只要田间水层管理好，杂草发生比较少，另外等水稻25～30天进行一次常规的化学除草，除草后结合施肥选丁草胺＋丙炔草酮＋氟酮磺草胺拌肥撒施，施药方便、封杀结合更彻底。施药后保水5～7天，注意水不能淹没秧心。

对于移栽田块封闭方式有两种：第一种是整田耕耙下田；第二种是移栽后5～7天撒施封闭。对于整田耕耙下田，可以选择撒施丙草胺＋苄嘧磺隆或者丁草胺＋苄嘧磺隆，也可以选择丁草胺＋丙炔草酮。

移栽后5～7天等水稻完全活棵以后，一般选择一些含有苯噻酰胺、丙草胺之类的常规药剂或者泡腾颗粒撒施。

如果杂草抗性比较大，可以选择含有丁草胺＋丙炔草酮的药剂。

如果杂草已经出苗，可以选择丁草胺＋丙炔草酮＋氟酮磺草胺拌肥撒施，封杀结合更彻底。切记施药后保水 5～7 天，水不能淹没秧心。

140. 如何做好水稻秧田和直播田的杂草防除？

（1）防除水稻秧田杂草措施　水稻秧田以稗草为主，同时还常发生其他杂草，如异型莎草、水苋菜（彩图 112）、水莎草（彩图 113）、扁秆藨草、三棱草（彩图 114）、球花草、萤蔺等，可对水稻造成很大危害。在以化学防除为主的同时，还要采用其他综合防治措施，如选用杂草危害轻的秧田、精选种子等。对杂草发生严重的田块，可用除草剂在播种前进行处理。在水稻秧田进行化学除草，一般采用播后苗前防除、早苗期防除、苗期防除的方式。

① 播后苗前防除　是在水稻非常敏感的时期进行，易造成药害。因此，选用除草剂要慎重，比较安全的除草剂品种有哌草丹、苄嘧磺隆、吡嘧磺隆等。

② 早苗期防除　在水稻秧苗 1 叶 1 心期进行，使用禾草丹、丁草胺等比较安全，对刚萌发的稗草、异型莎草、千金子等防除效果较好。进行化学防除时，一般要催芽，保证秧苗的整齐度和安全性。

③ 苗期防除　在播种后 13～15 天，秧苗处于 2 叶 1 心期进行。这时是稗草发生的高峰期，也是异型莎草发生的盛期，是防除水稻秧苗杂草的最佳适期，可选用针对性强、除草效果好的敌稗、二氯喹啉酸、禾草敌等除草剂进行防除。如果稗草处于 4～5 叶期，可选用二氯喹啉酸、禾草敌防除，如果莎草科杂草及阔叶杂草混合发生，可用灭草松、2 甲 4 氯钠防除。

（2）防除水稻直播田杂草措施　对水稻直播田的化学除草措施和水稻秧田近似，许多方法可借鉴水稻秧田的防除方法，基本措施为"封""杀""补"。

① 封　是用化学方法杀灭估计可能发生的稗草及其他发生数量很大的直播田杂草，一般用噁草酮、丁草胺、禾草丹、哌草丹、吡嘧磺隆、苄嘧磺隆等进行播前防除，播后进行苗封闭处理。也可选用如下复配剂。

每亩用 40％苄·丙草可湿性粉剂 60～70g，兑水 30～50kg，于播种后 2～5 天均匀喷雾，药后 3 天内保持田间湿润状态。

每亩用 35％苄·丁可湿性粉剂 120～150g，兑水 30～40kg，于秧苗 1.5～2 叶期均匀喷雾，喷药时排干田水，药后保持田间湿润 5～7 天，淹水直播田禁止使用。

每亩用 17.2%苄·哌丹可湿性粉剂 200～300g，兑水 50kg，于播种后 0～5 天内均匀喷雾，药后保持田面湿润 5～7 天。

每亩用 20%吡嘧·丙草可湿性粉剂 80～120g，在水稻稻苗扎根后，稗草 1.5 叶期以前（播后 2～4 天）施药，药后保持田面湿润 5～7 天。

每亩用 50%苄·四唑酰可湿性粉剂 15～20g，播后 5～10 天，水稻充分扎根后施药，用药时田间保持湿润状态，药后 2 天上水使田间保持薄水层，以保证药效。上水时勿淹没秧苗心叶，在雨季应注意排水以避免产生药害。

② 杀　是在苗后有针对性地对杂草进行化学防除。在稻苗 3～4 叶期建立薄水层，结合追肥，每亩用 53%苯·苄可湿性粉剂 50g，或 10%丁·苄可湿性粉剂 500～600g 拌肥均匀撒施，筑好平水缺，保水 4～5 天，用药后心叶不能淹没在水中，防止药害。

也可在秧苗 2 叶 1 心期，亩用 60%丁草胺乳油 100mL，或 96%禾草敌乳油 125mL，兑水 30L 喷雾；或亩用 50%二氯喹啉酸可湿性粉剂 30g，或 25%二氯·苄悬浮剂 30mL，兑水 30L，放干田水后喷施，隔 1 天后灌水，保水 4～5 天。

3 叶 1 心后，亩用 50%二氯喹啉酸可湿性粉剂 25～30g，兑水 40L 喷雾，施后保水 4～5 天。

除草剂种类很多，应用时一定要按说明书进行。如田间杂草较多，可视杂草群落选用适宜除草剂进行杀草。以稗草为主的田块，亩用 90.9%禾草敌乳油 100mL 加 10%苄嘧磺隆可湿性粉剂 20g，结合促蘖肥拌肥撒施，施药后保水 5～7 天；或每亩用 38%苄·二氯可湿性粉剂 40～60g，兑水 50L，排干田水进行喷雾，药后 1～2 天复水；或每亩用 2.5%五氟磺草胺油悬乳剂 60mL，兑水 40kg 均匀手动喷雾，施药前先排干水层，药后 36 小时复水并保持 5 天以上。以千金子为主的田块，每亩用 38%氰氟草酯乳油 50～80mL，兑水 50L 进行喷雾，喷药时排干田水，喷药后 5 天左右复水。

③ 补　是补救封闭及苗后除草效果不好的田块，根据实际草情用除草剂补治。一般掌握在 7 月中旬水稻初搁田后浇水时进行，每亩用 14%乙·苄可湿性粉剂 40g 拌肥或拌成毒土撒施，建立薄水层提

高药效。也可在播后 25～40 天，秧苗 5～7 叶时，对阔叶杂草及莎草重的田块，排干田间积水，用 20％2 甲 4 氯钠水剂 110mL 加 25％灭草松水剂 100mL 进行喷雾，隔天复水，保持 3～5cm 水层，时间 5 天以上。对高龄稗草（4～5 叶期）、莎草和阔叶杂草较多的田块，每亩可选用 2.5％五氟磺草胺油悬乳剂 80mL。对千金子草龄较大（4～5 叶期）的田块，每亩可选用 10％氰氟草酯乳油 80mL；对 5 叶以上的千金子，每亩用 10％氰氟草酯乳油 100mL 以上。均兑水 40kg，均匀手动喷雾，施药前先排干水层，药后 36 小时复水并保持 5 天以上。

（3）水稻秧田和直播稻田播前土壤化学除草技术 该法适于黏土及腐殖质较多的土壤，不能在容易板结的沙土及散白土上进行。播种前 5～12 天，灌水把田整好，诱发种子发芽，然后保持 3cm 水层，撒毒土。

常用的除草剂配毒土的药量是：每亩用 25％除草醚可湿性粉剂 500～750g，或 75％五氯酚钠原粉 750g、50％禾草丹乳油 200～400mL、25％除草醚可湿性粉剂 500g＋50％扑草净可湿性粉剂 15g。施药前，先将药量称好，每亩用过筛的潮湿细土 20kg，与药剂均匀搅拌，闷后均匀撒在田间，并保持水层 5 天左右。然后排水和换新水，进行播种，播种时不再翻耕土壤。

（4）水稻秧田和直播稻田苗期喷药杀草技术 在秧田和直播田播前处理后，若仍有很多杂草，应根据实际情况选用针对性除草剂，每亩兑水量为 30～50kg 防除杂草。一般可选用的除草剂有以下品种。

① 20％敌稗乳油 敌稗是专门用来防除稗草的茎叶处理除草剂，亦可兼除异型莎草。在稗草 2～3 叶期，每亩用 20％乳油 800～1000mL 兑水后喷雾。喷药前 1 天把水排干，喷药后第二天灌水淹没稗草叶心，增加防除效果。稗草 3 叶期后，防除效果差。要在无风或小风时用药，以免其他农作物受药害。不能和有机磷、氨基甲酸酯类农药混用，以免产生药害。

② 50％哌草丹（优克稗）乳油 优克稗是专杀稗草的选择性除草剂，在稗草萌芽至 1 叶期使用效果最佳。每亩用 50％乳油 150～200mL，兑水后在稗草 1～1.5 叶期喷雾，或制成毒土撒施，并保持浅水层 1～2 天。

③ 30％丙草胺（扫弗特）乳油 扫弗特加有安全剂，对水稻安全。在水稻播种的当天到播后 2～3 天施药，每亩用 30％乳油 100～

150mL，兑水均匀喷洒在土表。喷施时田内不能有水层，以免产生药害。喷药期内遇雨应推迟用药，以免排水减效和浸水伤害秧苗。

④50%丁草胺（新马歇特）乳油加安全剂　该药对水稻安全性优于丁草胺，在湿润秧田和直播稻田内作播后苗前处理。每亩用50%乳油100～133mL兑水喷雾，喷雾时间为水稻播种的当天到播后2～3天。

⑤10%吡嘧磺隆（草克星）可湿性粉剂　草克星杀草谱广，对水稻各生育期都较安全，是秧田和直播稻田的优良除草剂。在水稻播后至2叶1心期和杂草萌发期均可使用。每亩用10%可湿性粉剂10～20g，带水层拌细湿土撒施或兑水喷洒。用药后保持3～5天浅水层。

⑥50%二氯喹啉酸（快杀稗）可湿性粉剂　快杀稗是防除稗草的专用除草剂，对4～7叶期的高龄稗草亦有很好的防除效果，对水稻安全。每亩用50%可湿性粉剂25～50g，兑水喷洒在带有浅水层的稻田，喷药后2～4天内不排水。它可与灭草松或2甲4氯钠混用。施药时间应在稗草2～3叶期，此时用药量少，效果也最好。浅水层喷药后，3～5天不排水。若是遇大雨应推迟用药，以防随田水流失和降低药效。

⑦90.9%禾草敌（禾大壮）乳油　禾大壮杀草谱广，适用于防除秧田和直播稻田的稗草及阔叶杂草，对水稻安全。在稗草2～3叶期施药。每亩用90.9%乳油100～150mL，兑水均匀喷洒在带有浅水层的稻田内，并保持浅水层3～5天，以提高除草效果。

⑧50%灭草松（苯达松）水剂　苯达松是防除莎草科杂草和阔叶杂草的优良茎叶处理剂，在水稻秧田、大田和直播稻田均可使用。在杂草2～5叶期至开花前施药。每亩用50%水剂150～200mL兑水喷雾，喷前排水，使杂草露出水面，喷后1～2天灌水。若施药后24小时内有中等以上的降雨，应补施。

⑨36%二氯·苄可湿性粉剂　一般每亩用30g左右，于水稻秧苗2～3叶期，兑水30～40kg均匀喷雾，湿润施药，药后24～48小时灌水3cm左右深，保水5天。

⑩17.2%哌草丹·苄可湿性粉剂　一般每亩用200g，于水稻播后2～4天，用喷雾法施药，湿润用药，24小时后灌水3cm左右深，保水5天。

141. 如何做好水稻移栽大田杂草的防除？

水稻秧苗移栽到大田后，在插秧后 3～4 天就有杂草发生，7～10 天达到高峰期。多年生杂草，如眼子菜、水莎草、扁秆藨草等于 7～10 天开始发生，15～20 天达到高峰期。根据这些特点，防除的具体措施是：以稗草、异型莎草、水苋菜、鸭舌草（彩图 115）、千金子、水花生（彩图 116）等为防除对象的田块，可用除草醚、丁草胺、禾草丹、噁草酮等防治；以稗草、水莎草、扁秆藨草、矮慈姑等为防除对象的田块，可将丁草胺和苄嘧磺隆或吡嘧磺隆混用防除。到水稻分蘖末期，使用 2 甲 4 氯钠，或 2 甲 4 氯钠与灭草松混用防除。对眼子菜，可用敌草隆、扑草净、苄嘧磺隆防治。在小苗移栽时，秧龄 15 天左右，秧苗高 6～10cm，可用苄嘧磺隆、丁草胺（或混用）防除杂草。由于受气温的影响，水稻大田杂草的萌发不整齐。一般在插秧后 2～5 天施药，药剂兑水量为每亩 30～50kg。若采取毒土法施药，则每亩用潮湿细土 15kg 与药剂混匀后撒施。施药后保持一定的浅水层，才能保证除草效果。浅水层为 3～6cm，保持 7 天以后转为正常管理。水稻大田可选用的除草剂及使用方法有以下几种。

（1）10%氰氟草酯乳油 对各种稗草高效，且可兼治千金子、马唐（彩图 117）、双穗雀稗、狗尾草、牛筋草等。对水稻极为安全，可作为后期补救用药。在稗草 2～4 叶期施药，每亩用 10%乳油 50～60mL，兑水 30～40kg 对茎叶喷施，防治大龄杂草时应适当加大用药量。

（2）60%丁草胺（马歇特、去草胺、灭草特）乳油 在水稻移栽后 2～4 天用药，也可在稻苗 1～1.5 叶期用药。每亩用 60%乳油 100～150mL，兑水喷雾，或混拌潮湿细土（或肥料），在田块保持浅水层的情况下撒施。用药过迟会影响除草效果。

（3）10%环庚草醚（艾割）乳油 在水稻移栽后 2～4 天用药。对稻苗比较安全，不但适用于大苗移栽，也适用于小苗移栽。每亩用 10%乳油 13～20mL，兑水喷雾。喷雾时，田间应保持浅水层，用药后保持浅水层 5～7 天。环庚草醚与苄嘧磺隆混用，可扩大杀草谱。

（4）24%乙氧氟草醚（果尔）乳油 在水稻移栽后 3～5 天用药。每亩用 24%乳油 10～15mL，或 0.5%颗粒剂 500g，兑水喷雾，或拌潮湿土沙撒施。用药时保持浅水层，用药后保持浅水层 2～3 天。对秧龄小的小苗有药害，不能用喷雾法。水层太深也易产生药害。

（5）**50%禾草丹乳油** 在水稻旱苗期和移栽后 5～7 天用药。每亩用 50%乳油 200～250mL，兑水喷雾或拌潮湿细土均匀撒施。施药时保持浅水层 3～5cm，经 5～7 天后，转入正常管理。

（6）**50%扑草净（割草佳）可湿性粉剂** 可防除稻田一年生双子叶和单子叶杂草如眼子菜、四叶萍（彩图 118）、鸭舌草等多种杂草。在水稻插秧后 3～5 天或耘田后 4～5 天用药，在直播稻田、秧田旱苗期用药适期为稗草 1 叶 1 心期。每亩用 50%可湿性粉剂 20～30g，拌潮湿细土，待稻叶露水干后均匀撒施。施药时要有浅水层，并保持浅水层 3～4 天，施药后 7 天内不可耕耘翻动土壤。施药要均匀，严格控制用量，沙性强的土壤不宜使用。

（7）**96%硫酸铜晶体粉剂** 在水稻移栽成株后用药。每亩用 600～1000g，用布袋装好，放在稻田进水口，随灌水流入稻田。可防治水生藻类，如水绵、刚毛藻、茨藻、轮藻等。稻田水应保持 3cm，当硫酸铜达到 3～4mg/kg 时可产生很好的防除效果。

（8）**50%灭草松水剂** 在水稻分蘖期至拔节前用药。每亩用 50%水剂 200～300mL，兑水后均匀喷雾。防除扁秆藨草，应在水稻生长盛期至开花前用药。喷药前要排水，防除四叶萍、眼子菜等更要排水彻底，否则叶片浸在水里不与农药接触，杂草很难被杀死。

（9）**50%杀草隆（莎扑隆）可湿性粉剂** 以防除莎草科杂草为主，在水稻移栽活棵后用药，每亩用 50%可湿性粉剂 150～200g，加水喷雾，或拌潮湿细土（或肥料），在有浅水层的田块均匀撒施。也可用 350g，在大田耙糖插秧前均匀施入，经耙糖后移栽秧苗。

（10）**10%苄嘧磺隆（农得时）可湿性粉剂** 在水稻移栽后 7～10 天施药，可防除大多数一年生和多年生阔叶杂草和莎草科杂草，但对禾本科杂草防效较差。在插秧后 15～20 天用药，可防除眼子菜。每亩用 10%可湿性粉剂 15～20g，兑水喷雾或拌细湿土（肥料、沙）撒施。施药时要有浅水层，施药后保持浅水层 3～4 天。漏水田效果差，保持浅水层效果好。

（11）**80%五氯酚钠可湿性粉剂** 在水稻插秧后 3～6 天用药，每亩用 80%可湿性粉剂 500～750g，与潮湿细土或肥料、沙子均匀搅拌，堆闷 4～8 小时后，在无露水时均匀撒施。保持浅水层 4～8 天，能充分发挥药效。

（12）**4%乙·苄可湿性粉剂** 一般每亩用 40～50g，于大苗（叶龄 6 叶以上）移栽后 4～6 天，水稻活棵后用药土（肥）法施药，水层 4cm 左右深（忌淹水稻心叶，以免药害），保水 5～7 天，自然落干后正常进行水分管理。注意水稻小苗、弱苗不可使用。

（13）**18%乙·苄·甲可湿性粉剂** 一般每亩用 30g，于移栽后 5～7 天水稻活棵后用药土（肥）法施药，水层 3～4cm 深（忌淹水稻心叶，以免药害），保水 5～7 天，自然落干后正常进行水分管理。注意弱苗、小苗不可使用。

（14）**10%庚·苄可湿性粉剂** 每亩用 20～30g，于水稻移栽后 5～7 天用药土（肥）法施药，施药时田间水层 3～4cm 深，不可淹没水稻心叶，保水 5～7 天。注意栽秧质量要好，稻根不外露。沙质漏水田不可应用。

142. 如何做好抛秧田杂草防除？

水稻抛栽有几种形式，一是水稻不同叶龄大、中、小苗抛栽；二是塑盘育秧和肥床旱育秧不同育秧方式秧苗的抛栽；三是人工抛秧和机械抛秧；四是按水稻类型来分有早稻、一季稻（中稻、单季晚稻）、双季晚稻抛秧。由于抛秧后 2～4 天内不上水或干湿交替让其自然落干扎根，土表处于湿润状态，失去了水层抑草的作用，十分利于杂草种子萌发。同时，抛秧的秧龄一般为 20～25 天，秧苗较小，扎根直立期长，前期生态抑制作用小，所以小苗抛秧田具有杂草发生早、早期发生量大、发展快的特点，杂草发生危害期比大苗移栽田增加 20天左右，出草量增加 50%～100%。一般抛秧田有 2～3 个出草高峰，从总体上看，抛秧后当天即有杂草出苗，抛秧后 3～15 天土表及浅土层杂草种子开始大量出苗，出现第一次出草高峰，此时以稗草等禾本科杂草为主；抛秧后 15～25 天出现第二次出草高峰，此时以阔叶杂草如矮慈姑、鸭舌草和异型莎草科杂草为主。第一、第二高峰出草量约占当季总草量的 60%～80%。第三峰发生较迟，多在抛秧后 30～40 天内发生，以水苋菜和节节菜为主，约占总出草量的 20%。因为抛秧苗龄小，根系早期裸露在地表，会增加根系对除草剂的接触与吸收，对除草剂的安全性和使用技术要求严格，一定要选用安全高效的除草剂。根据杂草生长特点，化学防除时控制前期杂草十分重要。一般于抛秧后 5～7 天，秧苗扎根立苗活棵时进行。

（1）丁草胺＋吡嘧磺隆　每亩可用 60％丁草胺乳油 75mL 加 10％吡嘧磺隆可湿性粉剂 10g，拌细土 20kg，在抛秧后 1 周左右稻苗扎根活兜时撒施，可有效防除野慈姑等多年生杂草。

（2）苯噻酰草胺和苯噻磺隆的复配剂或 36％二氯·苄可湿性粉剂（即快杀稗加苄磺隆）　每亩施用 35～40g，可以推迟至抛秧后 10～15 天无水层喷药，用药后 1～2 天浇水，保持浅水层 3～5 天。

（3）50％四唑酰草胺（拜田净）可湿性粉剂　对稻田主要杂草稗草和千金子有特效，对异型莎草、鸭舌草、牛毛毡也有效，广泛应用于水稻直播田、抛秧田以及移栽田，在移栽当天即可用药，对水稻无任何不良影响。

（4）30％丁·苄可湿性粉剂　适用于水稻抛秧田，其防除对象为稗草、异型莎草、千金子、牛毛草、水苋菜、节节菜、泽泻、雨久花（彩图 119）等。亩用量 20～30g，于抛栽后 4～7 天拌土或化肥 5～10kg 均匀撒施。

（5）10％乙·苄·甲（抛秧灵）　对稗草、莎草类及阔叶杂草等稻田常见各种杂草的总防效达 95％左右，每亩的用量为 30～36g。

（6）注意防治药害　抛秧田使用除草剂已非常普遍，但由于各方面的原因，抛秧田特别是早稻抛秧田容易产生药害，其症状表现在以下几个方面：一是全展的部分叶尖部扭曲卷缩；二是叶片中部皱折缢缩；三是整个植株褪色矮缩；四是根部发黄，新发白根少。正处返青分蘖的禾苗发生药害以后，生理机能受阻，稻株缺乏生气，分蘖缓慢，生育期推迟，导致减产。究其原因，多是除草剂品种选择不当，有的选用的是原本已禁止在抛秧田使用的是 25％苄·乙可湿性粉剂（精克草）和精灭草星；其次是施用时间不当和除草剂的施用量不当等造成药害。在药害产生的初期，可采取如下措施。

当药害发生时要马上采用中耕漂水的办法，降低田间药液浓度。同时让作物吸入无药清洁水，稀释植物体内药液浓度，加速降解。

发生药害的稻田应加强管理，增施分蘖肥，多施有机肥。因有机质对除草剂有吸附作用，对一些除草剂还有分解钝化作用，能使除草剂丧失部分活性。同时促进作物健康生长，恢复受害作物的生理机能，以减轻除草剂药害对农作物的危害。

喷施生长调节剂或叶面肥，促使禾苗早生快发，有效减轻药害。

常用植物生长调节剂或叶面肥主要有甲哌鎓、芸苔素内酯、福乐宝、谷粒饱、叶绿宝及光合微肥等。

143. 如何做好机械穴直播稻田"播喷同步"杂草防控？

（1）机械穴直播稻田杂草发生及防除的特点 水稻机械精量穴直播是近几年在长江流域及以南稻区发展起来的一种湿润直播种植方式。首先与传统直播稻田一样，机械穴直播稻田杂草生长快，水稻前期生长慢、竞争力弱，给杂草生长创造了良好的生长环境，给杂草防控带了困难。其次，该稻田种植季节雨水多、施药窗口期短。在长江流域，无论是南方早稻还是单季中稻，种植季节连绵阴雨和大雨情况时有发生，严重制约了除草剂施用时间，导致除草剂下不了田而错过了最佳施药期。再次，昼夜温差大、施药器械落后、技术管理不到位、除草剂使用不当等造成的药害频频发生。最后，水稻低龄期可选择使用的除草剂品种不多。与传统直播稻一样，杂草防控技术同样是机械直播稻取得高产稳产的关键因素。

（2）机械穴直播稻田播喷同步的优点 针对机械直播稻田杂草防控难题，中国水稻研究所研发了机械直播稻田"播喷同步"封闭除草技术，在水稻精量穴直播的同时，采用机械化同步喷施土壤封闭除草剂，将杂草封闭在萌芽状态，一次性完成水稻直播和封闭除草两项工作。该技术不但能够将杂草封闭在萌芽状态，提高了封闭除草效果，同时可以解决杂草抗性问题；通过机械化喷施封闭除草剂，解决了人工施药发生的漏喷、重喷问题；另外，水稻播种和封闭除草全程机械化，解决了除草用工难、用工贵问题，实现节本增收，大大提高了种稻效益。

（3）技术要点

① 田块平整　整地要平，播前要开沟排水，一般情况应提前 2 天排水沉降，确保播时田间无坑洼、无积水，以防出苗率降低。

② 盲谷播种　种子按常规消毒浸种，一般浸种 36～48 小时，沥干水不催芽播种。早稻由于气温较低可催芽 12 小时至种子破胸露白。催芽播种影响播种质量，也容易造成除草剂药害。

③ 喷头、兑水量选择　采用高压雾化扇形喷头，型号根据风力大小确定，0～3 级风选用 ST110-01 喷头、4～5 级风选用 ST110-015、6～7 级风选用 ST110-02。兑水量与直播机牵引动力、行驶速

度相关，需用清水测算出每亩地除草剂兑水量，试验三次取平均值，然后选用无杂质干净水根据兑水量配制除草剂溶液。

④ 除草剂选择　除草剂选择应根据当地品种、气候、草相等情况做适应性试验，根据当地情况选择合适除草剂，用于"播喷同步"技术可选择的除草剂有苄嘧·哌草丹（幼禾葆）、丁草胺、五氟磺草胺、氟酮磺草胺、嘧草醚、丙草胺、噁唑酮、嗪吡嘧磺隆、苄嘧磺隆等单剂或混剂，但使用时需严格按照除草剂使用说明控制用量，使用粉剂类除草剂时需大水量溶解并沉降弃渣，防止堵塞喷头。

⑤ 选择晴好天气播种　播前了解短期天气情况，确保播后有 6～12 小时晴好天气，应尽量避免播种后短时间内降雨。播种后若遇到雨天，要及时做好开沟排水工作，以防积水造成药害和出苗不齐。

⑥ 做好清理和清洗工作　当天播种作业完毕，要清理播种装置，以免稻种发芽堵塞排种孔。除草剂喷雾装置使用前、长时间使用过程中及使用后要做好滤网和喷嘴清洗工作，防止喷头堵塞影响喷雾效果和质量。

⑦ 3 叶期前管理　一般天气情况下不要浇水。如遇特殊连续高温天气，如田块开裂达 1 指，可浇"跑马水"。切忌大水漫灌、深水泡灌。

⑧ 单灌单排　田块与田块之间做到单灌单排，避免产生过水田。播后短时间内一旦遇到下雨天气，下游田块很容易产生药害。

144. 水稻田除草失败后如何"补打"？

随着水稻直播田兴起，水稻田除草变得越来越难，稗草等杂草抗性严重，加上很多农户不太重视芽前封闭，所以导致除草越来越难，除草失败也越来越常见，因此需要进行补打。

（1）水稻田除草"补打"药剂选择　水稻田除草失败，一般是稗草和千金子没有防治成功，也意味杂草对于某些除草剂已有抗性，如果再选择以往药剂来补打，再次失败概率较大，目前可以用于补打的药剂有氰氟草酯、噁唑酰草胺、精噁唑禾草灵、双草醚、敌稗等药剂。

① 氰氟草酯　最安全的水稻田除草剂之一，水稻各生育期使用均安全，使用高剂量氰氟草酯对于抗性稗草效果较好。如果前期使用五氟磺草胺、二氯喹啉酸、双草醚等除草失败，就可以使用氰氟草酯

来补打，氰氟草酯使用时应该避开夏季高温时段，以免杂草气孔关闭对于药剂吸收有限，氰氟草酯可以和噁唑酰草胺、精噁唑禾草灵等混用增效。

② 噁唑酰草胺　目前防治抗性杂草效果较好的药剂，对于抗五氟磺草胺、抗二氯喹啉酸、抗双草醚等稗草效果都较好。噁唑酰草胺可以和氰氟草酯等混用增效，注意噁唑酰草胺在籼稻上使用时禾苗需超过 5 叶。

③ 精噁唑禾草灵　防治抗性千金子、稗草的药剂，性质和噁唑酰草胺差不多，但没有噁唑酰草胺安全，该产品不建议在 5 月 1 号前使用，籼稻上也需 5 叶后使用，可以复配氰氟草酯使用，从而减少精噁唑禾草灵用量，一般亩用量为 6.9％ 精噁唑禾草灵水乳剂 20～40mL。

④ 双草醚　前期用氰氟草酯等除草失败的田块，可以使用大剂量的双草醚来补打，也可以复配二氯喹啉酸使用，水稻拔节后谨慎使用。

⑤ 敌稗　为触杀性除草剂，对于禾苗也有一定伤害，并不能除根，但可以抑制一些顽固稗草长高，建议在没有其他防治办法的情况下才使用。

（2）注意事项

① 补打应该和上一次施药相距 15 天。很多农户在除草失败后，就迫不及待去采取补救措施，事实上，在施用除草剂的时候，即便除草失败了，但这对于杂草叶片还是有伤害的，只有等待杂草叶片恢复吸收功能后，再去施药补打效果才会较好。

② 补打药剂禁止使用激素类除草剂。这一点是很多农户没有注意的，因为补打就意味着禾苗叶龄较大了，很可能进入了幼穗分化期，如果这个时候使用二氯喹啉酸等激素类除草剂，很可能造成孕穗失败或后期出穗困难，特别是某些水稻品种正常情况下出穗都困难，如果再遇到除草剂药害，基本很难出穗成功了。

水稻田除草是水稻种植头等大事，需要农户足够重视，这几年由于抗性管理不善，很多水稻田杂草防治已非常困难了，除草"补打"也成为常态，面对这种情况，要综合考量，如果稗草较少，可以不再打药，后期人工拔除便是，如果稗草等较多，建议还是选择一些安全药剂，采用"点喷"方式进行防治。

145. 水稻除草剂的药害有哪些，如何预防？

（1）常见的除草剂的药害　主要是在低温、深水灌溉、稻株发育不良的条件下，使用激素型除草剂（如 2 甲 4 氯钠、2,4-滴丁酯）造成水稻葱管叶、株形开张，根生长及分蘖受到抑制。

在高温或沙土及沙壤土吸附能力小的田块、极端还原态的水田（透水不良）、极端浅水或深水、弱苗或稻株发育不良的条件下使用均三氮苯类除草剂（如西草净、扑草净、戊草净等）造成水稻从下叶叶尖开始枯黄，抑制分蘖，主茎新叶枯黄，进而全株枯死。

秧田不平或直播田田间积水施用酰胺类除草剂（丙草胺、丁草胺等）造成水稻幼芽扭曲、弯曲呈钩状。酰胺类除草剂在水稻漏水田、浅水浅栽、极端高温（29℃以上）与温度剧变条件下产生严重矮化、生长与分蘖受到抑制的症状。酰胺类除草剂使用前后 10 日内，若使用有机磷类及氨基甲酸酯类农药，水稻叶尖易枯黄凋萎并迅速蔓延至整个叶片枯死。

过量使用噁草酮，水稻会呈现叶片斑枯、心叶枯死、生长受严重抑制状。

（2）预防药害发生的重要措施　避免过量使用，根据土壤与气候条件，调节好用药量；正确掌握用药适期；调节好喷雾器械，均匀喷雾；喷药后彻底清洗喷雾器械；施用长效除草剂后，合理安排后茬作物；在杀草丹中加入甲氧基酚酮或 BNA-80，可防止产生脱氯反应，避免水稻矮化。

146. 湿润秧田易发生的除草剂药害表现有哪些，如何预防？

（1）除草剂药害发生原因及症状　湿润秧田的除草剂使用主要包括苗床封闭类除草剂和茎叶处理类除草剂，封闭类除草剂主要指丁·扑类除草剂，包括 19% 秧草灵、19% 床草克星、45% 封闭一号、40% 苗兴等，这类除草剂多用于播种后苗床封闭，多数是用于喷雾。茎叶处理类除草剂包括二氯喹啉酸类药剂和敌稗等。

封闭类除草剂发生药害的主要原因是床面不平、局部积水、施药不匀、覆盖土厚度不够 1cm 以上等，造成水稻出苗后幼根幼芽粗短、扭曲畸形、基部膨大、叶片不展；严重的会造成秧苗枯黄，甚至死亡。

茎叶处理类除草剂二氯喹啉酸类药剂发生药害，主要原因是稻苗在 2 叶前施药、重复喷施、过量用药等。药害症状表现为：水稻在施药后 15 天症状明显，除秧田受害外，移栽后分蘖期表现为葱状叶、叶色浓绿、分蘖较少、主穗无法抽出。

而敌稗主要在稻苗立针期施用，该药剂如果与有机磷类或氨基甲酸酯类杀虫剂混用，这些杀虫剂能严重抑制水稻植株体内芳基酰胺酶的活性，致使敌稗在水稻植株内不能迅速降解，光合作用受到抑制，而形成药害，药害症状表现为：施药后 7～10 天开始显症，轻时叶黄，重时叶片出现斑点、卷曲、皱缩，直至枯死。

（2）除草剂药害预防措施

① 秧苗选择。选择地势较高的地块作育苗田，苗床间挑出一条明显的排水与作业沟，苗床整平，分期均匀浇足底水，达到底水充足床面不积水的效果，覆盖土要均匀，覆土厚度≥1cm。不能用沙子、锯末、炉渣等覆盖，一旦发生药害可喷施含有机质的叶面肥补救，严重者建议早期毁种。

② 苗床禁止用二氯喹啉酸类药剂除草。

③ 禁止把敌稗与有机磷类或氨基甲酸酯类杀虫剂混用，使用敌稗前两周或后两周不能施用有机磷或硫代氨基甲酸酯类的除草剂。

147. 直播稻易发生的除草剂药害有哪些，如何预防？

（1）药害种类　直播稻田杂草种类主要包括稗草、千金子、莎草、异形莎草、牛毛毡、鸭舌草、矮慈姑、节节菜等。水稻直播田化学除草剂种类主要有芽前封闭除草剂和芽后茎叶处理剂。

① 芽前封闭除草剂药害　目前，直播稻田常用的芽前除草剂有：丁草胺系列（丁草胺、马歇特等）和二甲戊灵（施田补等）除草剂、丙草胺和丙·苄系列复配除草剂。芽前封闭除草剂药剂选择、使用时间、用量不当都易出现秧苗发黄、矮缩、僵苗等药害现象。如丁草胺系列和二甲戊灵等对水稻的露籽会产生明显药害，主要表现为稻苗发芽时破坏其生长点，根芽和叶芽停止生长，根芽枯缩，叶芽枯弯，以后逐渐死亡。另外，施用丁草胺系列除草剂封闭的田块，苗期如遇暴雨致使畦面积水，雨水溶解除草剂的有效成分，下渗到根部，会造成稻苗全部死亡。

② 茎叶除草剂药害　直播田常用茎叶除草剂有二氯喹啉酸、五氟磺草胺、氰氟草酯、2甲4氯钠等，五氟磺草胺、氰氟草酯成本较高，且五氟磺草胺只能杀稗草、莎草科杂草及阔叶杂草，氰氟草酯只能杀千金子等杂草。二氯喹啉酸只能除稗草及部分莎草科杂草，由于田间杂草发生复杂，一般需几种药剂同时使用。同时使用时二氯喹啉酸易产生药害，特别是2叶1心前施用二氯喹啉酸，自药后15天开始，秧苗表现为叶片变深，从新生叶的叶鞘叶片开始卷缩，影响以后新生叶片的出生，新生出来的叶片不能正常地向上生长，长完2～3片叶后才能恢复正常生长。药害严重时新生叶片很难生出，还会造成秧苗死亡。另外，二氯喹啉酸用药量过大也会对水稻造成伤害。

直播田禾本科杂草发生量大、种类多、防除困难时，用除草剂精噁唑禾草灵防除禾本科杂草千金子和大龄稗草，由于用量过大易产生不同程度的药害，甚至会造成严重药害。表现为始终僵苗不发，叶片发黄、蹲苗（彩图120），恢复慢，造成严重减产。

（2）除草剂药害预防措施

① 合理选择封闭除草药剂　直播稻田由于受到各种条件的限制，播种时不可避免地出现露籽，特别是大型拖拉机耕种且不盖籽的直播稻田，露籽现象非常严重。对该类型的田块，不能施用丁草胺系列除草剂，可选用对露籽伤害小的丙·苄系列药剂进行封闭。对于播种期在阴雨天气多的年份，直播稻田施用丙·苄系列除草剂，既能达到良好的除草效果，又能对药害起到预防作用。正常年份田间保湿较好的情况下，施用二甲戊灵、丁草胺＋安全剂（新马歇特）等封闭型除草剂，防止僵苗的发生，这两种药剂对秧苗的间接伤害比丁草胺系列轻，在田间形成的药土层不易被破坏，遇雨水多的年份药液下渗少，秧苗根系不易受到伤害。

② 正确施用二氯喹啉酸　施用二氯喹啉酸时，适期用药，直播稻田的二氯喹啉酸用药适期以在长满3张叶片或3叶1心期为宜。施用二氯喹啉酸除草剂时，要严格用药规程，不任意加大用药量。用药前要放干田水，让杂草整株露出来，使其整株受药；药后24小时不浇水，只有药液被杂草充分吸收，杂草才能整株死亡，从而提高防效。喷药时还要注意不能重喷。

③ 正确施用精噁唑禾草灵（骠马）　在直播稻田秧苗6叶期之前，要禁止施用69g/L精噁唑禾草灵水乳剂防除大龄稗草和千金子，

否则秧苗会出现明显药害，且不能恢复生长。6叶1心期要严格控制施用量，一般控制在每亩用69g/L精噁唑禾草灵水乳剂40mL以内。7叶期至拔节前，施用量以每亩69g/L精噁唑禾草灵水乳剂40～50mL为宜。用药时要放干田水，切勿重喷。药后1天浇水，保持田间湿润，防止药后植株受干旱气候影响蒸发过度而失水枯萎。3～5天后要放掉田水，使田块利于秧苗根系透气而增强活力。出现药害后，主要是通过水分管理来调节，不要盲目喷施各种叶面肥来补救。

④ 加强田间管理　直播田播种前精细整田，做到田块厢面高低基本一致，最后一次整田距施药时间不能超过5天。播种的种谷需催芽，保证芽谷有根有芽方可播种。做好水田管理。播种后浇的水要及时排出，施药时田间不要有积水。遇干旱年份，为了保湿，浇水要速灌速排，不要超过12小时。雨水多的年份，为防止畦面积水，直播稻田一定要开好排水沟，遇暴雨时要留好平水缺，及时排干田水，保证畦面不积水或不长时间积水，防止因药液下渗而破坏根系活力造成僵苗。

⑤ 采用有效措施减轻药害，促进秧苗恢复生长　在出现二氯喹啉酸药害的田块中，每亩用复合锌肥750～1000g拌湿润细土撒施，或喷施叶面肥及叶面喷施植物生长调节剂或药害解毒剂。

148. 移栽稻易发生的除草剂药害有哪些，如何预防？

（1）药害种类　移栽田杂草相对较少，主要在水稻移栽后3～5天用除草剂防治杂草，移栽田除草时产生药害的除草剂有丁草胺、磺酰脲类除草剂和二氯喹啉酸。

① 丁草胺类除草剂药害　丁草胺是移栽稻田常用的一种除草剂，由于受到环境条件和人为因素的影响，每年在水稻田都会出现不同程度的丁草胺药害现象。施药量过大（全生育期每亩超过125mL）；施药不均匀；施药时田间水层过深，淹没水稻心叶或正常用量下遇长时间低温、寡照等恶劣天气，均可使水稻受害。

丁草胺药害症状可分为轻、中、重三种类型。轻度药害表现为植株轻度矮缩，叶色稍有褪绿；中度药害表现为植株矮缩，叶色明显褪绿，分蘖受抑制；重度药害表现为植株矮缩，心叶扭曲或无心叶，叶片颜色加深，呈深绿色，无分蘖，水稻根变黄，新根生长受到抑制，严重时可出现死苗。轻度药害对水稻生育和产量无明显影响。中度药害和重度药害使水稻生育受抑制，植株矮缩，分蘖停止，因而对产量的影响较大。

② 磺酰脲类除草剂药害　常用的磺酰脲类除草剂有10%吡嘧磺隆可湿性粉剂、10%苄嘧磺隆可湿性粉剂等。该类除草剂生产过程中易发生化工污染，或非正规厂家生产的苄嘧磺隆因含有甲磺隆杂质较多，而施用含有甲磺隆杂质的苄嘧磺隆容易出现药害。磺酰脲类除草剂产生轻微药害时，主要表现为根、叶生长受到抑制，植株矮小、丛立、紧凑，生长缓慢，不分蘖或少分蘖，根系黑色坏死；受害苗一般呈连片、块状分布或全田分布，严重受害田幼蘖叶片枯死，新生蘖常表现为扭曲、畸形。

（2）除草剂药害预防与补救措施

① 合理用药，选用适宜药剂　直播田、抛秧田、移栽田分别选用直播、抛秧、移栽类型适宜除草药剂，绝不能乱用、混用。严格按除草剂使用说明决定大田剂量，不能随意加大剂量。不同区域（土壤类型不同）、不同时期可根据杂草发生期及天气情况在当地农业技术人员指导下准确掌握除草剂的剂量。针对丁草胺产生药害的原因，在施用丁草胺时要严格控制使用剂量（一般量每亩不超过125mL），做到均匀施药（用一定量的细沙子、干土或与尿素等肥料混拌后施用），施药时田间保持适宜水层（3～5cm），切忌淹没水稻心叶或断水，国产丁草胺最好用于插前土壤封闭。

② 掌握施药时期　移栽田一般在水稻移栽后3～5天，每亩用25%苄·乙可湿性粉剂（精克草星）25g拌毒土均匀撒施。分蘖期看草施药，有稗草的田每亩用50%二氯喹啉酸40～50g兑水均匀喷雾防治稗草，水稻进入幼穗分化后，严禁使用除稗剂，否则会造成空秕、畸形谷粒，导致严重减产或失败。

③ 及时排灌补救　一旦田间出现丁草胺类药害，将原来的田水换掉，用不含除草剂的清水串灌冲洗，追施磷酸二氢钾等速效肥料，增强秧苗体内代谢，以缓解药害。发生磺酰脲类除草剂药害时可以换水洗田来稀释药剂，促进其淋溶和流失；淋洗后排水晾田，增强土壤微生物活动，提高土壤通气性，促进药剂降解；增施速效氮肥、生物肥，促进秧苗生长；叶面喷施腐植酸或叶面肥可以有效缓解药害。

149. 如何防止水稻田使用除草剂草甘膦产生的药害？

稻田发生草甘膦除草剂药害（彩图121）的现象时有发生，多为误用，有的是用盛装过草甘膦的农药瓶、桶盛装其他农药，有的使用没有清洗干净的喷雾器在稻田中施用其他农药，还有的是在喷洒草甘膦时因大风造成飘移药害。防止与补救措施如下：

① 草甘膦与杀虫双、井冈霉素等杀虫、杀菌的农药分开放置，避免错售、误用。

② 用过草甘膦的喷雾器械需充分清洗干净。

③ 大风天气最好不用草甘膦，防止产生飘移药害。

④ 稻田发生草甘膦药害时，必须立即采取补救措施。一般在分蘖盛期、幼穗分化初期受药害后补救，效果较好。到孕穗期尤其是在孕穗后期受药害，补救效果不佳。

a.用泥水浇洗　因草甘膦遇泥土后即很快失去活性。可将稻田水搅成泥浆，用泥水淋洗稻株，减轻药害。

b.大水洗苗　地势较低的稻田，错用草甘膦后可立即灌入大水漫过稻株顶尖，反复排灌几次，用浑水灌洗更好，此法能基本避免损失。

c.喷施赤霉酸，促进幼穗生长发育　可每亩用赤霉酸粉剂1g，先加少量酒精溶解，再兑水50～60kg喷雾。喷施赤霉酸时，可以在药液中每亩加入磷酸二氢钾100～120g或叶面宝5mL，7天后每亩大田追施尿素5～7.5kg，以促进水稻的灾后转化。

⑤ 严重田块应考虑翻耕重栽或改种。

150. 如何防止水稻田使用除草剂二氯喹啉酸产生的药害？

二氯喹啉酸，主要剂型为30%悬浮剂，在水稻秧苗3叶期施药，每亩用量13.5～25.5mL，可有效防除水稻田稗草。施药时期偏早，若在秧苗1叶期前，尤其是秧苗立针期施药，即使二氯喹啉酸在常规用量下也极易发生药害。在施药前一段时间遇连阴雨、低温，秧苗素质较差，若此时施药，易导致秧苗药害，如3叶期前使用及气温低于15℃时使用易产生药害。不同类型水稻对二氯喹啉酸的敏感性表现不同。在适期内超量使用，尤其在秧苗4叶期前超量使用，易发生药害。小苗秧栽插未成活更易产生药害。

（1）药害表现（彩图122） 叶片浓绿，茎畸形，典型的激素型症状；叶片脆，"葱管"状，根系差，叶皱缩，新叶难展，包茎成圆环状，新叶下有一个淡黄色环。

（2）防止和补救措施 施药时期应在秧苗2叶期以后，以确保安全，应严格掌握施用浓度和剂量。避开连阴雨、低温天气施药。适量施药，一般有效用量不能超过每亩25g。

发生药害后，应在发生初期立即排水露田，以后采用间歇灌溉法；撒毒土的还应灌水反复冲洗排毒。药害后喷一定量的赤霉酸（每亩30mg加水45kg）能缓解药害，同时添加尿素、磷酸二氢钾可恢复生长。严重的应考虑翻耕改种。

此外，二氯喹啉酸不可与多效唑、烯效唑混合喷雾或短期间隔使用，施药时应避开伞形花科作物。

151. 如何防止水稻使用除草剂2甲4氯钠和2,4-滴产生的药害？

（1）药害症状

① 芽谷播种前夕或芽期误用2甲4氯钠、2,4-滴等除草剂，芽谷不长根，幼芽细长扭曲，以后逐渐死亡。

② 秧苗4叶期以前误用这类药剂，或4叶期后用药量过多，在施药2～3天后稻叶张开，植株东歪西斜；一个星期后呈现生长缓慢，植株矮小、僵缩，叶色墨绿，有的基部肿大，老根变褐腐烂，新根短而粗，没有或很少有根毛；20天以后，常出现叶片、叶鞘愈合成管状，叶耳叶舌附近的一段叶鞘愈合成实心的棒状，形成如席草般的管状叶，群众称为"葱管秧"，心叶不能正常抽出，主茎逐渐死亡。受害较轻的秧苗，初期症状不明显，但因生长点受到刺激，心叶发育成畸形的管状叶；过一段时期后，新抽心叶可冲破管状叶鞘，从旁边伸出，开始新抽的心叶一般有3～4张叶片仍然皱缩畸形，以后才逐渐恢复正常。

药害稻苗一般分蘖提早，分蘖数也比正常稻苗多，有别于稻瘿蚊为害造成的"葱管"苗。稻瘿蚊为害所形成的"葱管"色泽褪淡，"葱管"顶有一针状物，由叶片卷合成，"葱管"内一般可剥到稻瘿蚊的幼虫或蛹；而2甲4氯钠及2,4-滴等除草剂药害所形成的"葱管"一般颜色全株一致，自然绿色，剥查"葱管"不会有虫。

（2）防止和补救措施

① 按规定用药量和浓度施用。苗小用较低剂量，分蘖末期可用较高剂量。

如 2 甲 4 氯钠一般用于茎叶喷雾处理，在秧苗 3 叶期每亩用 70% 2 甲 4 氯钠盐粉剂 16.7g，4～5 叶期用 33g，分蘖末期可用 50～100g，各兑水 25kg 左右；气温与药效、药害关系密切，如气温在 30℃ 以上，水稻 4～5 叶期，一般每亩用 30～40g，多于 50g 即易产生药害。

又如 2,4-滴，在插秧后返青时或第一次耕田后，80% 2,4-滴钠盐粉剂每亩用量 5g，分蘖末期可用到 1.5～2.0g，以细土 20kg 拌成毒土，浅水层撒施，保水 3 天，以后正常排灌，一般较安全。

② 避开敏感时期用药。秧苗 4 叶期以前，以及水稻拔节、孕穗后一般都应避免使用。2 甲 4 氯钠对水稻虽比 2,4-滴安全，3 叶期以后就可使用，但药量必须严格掌握，并且避开中午高温期。

③ 尽量不与其他农药混放，以免误用。盛过除草剂的容器、量器、喷雾器，必须冲洗干净。

④ 凡发现芽期和幼苗期药害的，尽快施用草木灰或稀碱水可减轻药害。苗期药害，应立即排水露田、灌水洗田后增施速效氮肥，加强田间管理，促进根的发育及分蘖生长。药害过重的田块应改种或补播。

152. 如何防止水稻田使用除草剂丁草胺造成的药害？

丁草胺主要适用于水稻移栽田，施药时水层保持在 3～5cm，不要淹过稻心（生长点），否则容易产生药害。水稻生产中，常有随意加大使用量的现象，甚至比推荐药量加大了 2～3 倍。气候正常年份，超量施用丁草胺后，由于气候干燥，药效发挥不充分，没有引起药害或者是药害发生较轻。如施药后遇到大雨天气，药效充分发挥，则造成丁草胺药害的发生，水稻秧苗生长严重受抑。另外，施药不均匀，药剂与沙或肥料混合不匀，或施药时喷撒不均匀，造成局部地方施药量过大，从而造成药害现象。施药时田间水层过深，淹没水稻心叶。使得丁草胺药液对水稻生长点直接产生影响，出现药害症状。或者使用丁草胺的同时，又添加了防除同一杂草种类的其他药剂，既加大了药害，又增加了防治成本。

丁草胺的药害受气候因素影响。插秧后出现连续的低温大雨天气，容易导致部分田块积水严重，以至于淹没稻心产生药害，通过调查发现，降雨后及时排水的地块药害轻，没有排水造成秧苗长时间淹心的地块药害重。

（1）药害症状　插后水稻秧苗出现植株轻度矮缩，叶色稍褪绿，心叶扭曲或无心叶，水稻根变黄，新根生长受到抑制。稻芽（生长点）吸收丁草胺后，秧苗生长受到抑制，甚至造成秧苗死亡。

（2）防止措施

① 把好育苗关，提高秧苗素质　精选种子，育苗的时候保证每个钵孔里有3～4粒种子，插前3～5天施好送嫁肥和送嫁药。增强秧苗素质，提高自身解毒能力。

② 关注天气变化　施药后要避免由于降水造成的秧田积水，如果遇到降水要随降随排，避免水层淹过水稻生长点。

③ 及时确认丁草胺药害　插后水稻秧苗出现植株轻度矮缩，叶色稍褪绿，心叶扭曲或无心叶，水稻根变黄，新根生长受到抑制的时候，一定要及时与农技部门沟通，确认以后要及时进行补救。受害严重的地块也不要弃管，要分析药害产生的原因，对症下药，不乱用缓解药。

④ 合理使用丁草胺　国产丁草胺最好用于插前土壤封闭，每亩使用50mL，用药48小时以后进行移栽。移栽后可选用进口丁草胺或者30%莎稗磷（阿罗津）、90.01%禾草敌（禾大壮）等对水稻分蘖无抑制作用的除草剂品种。严格按照说明书使用，不随意增加用药量。禁止使用含有甲草胺、乙草胺、异丙甲草胺等成分的药剂。

⑤ 药害缓解办法　一旦发生药害用清水冲洗几次，或适当追施硫酸铵或磷酸二氢钾等速效肥料，以增加养分，加强秧苗生长活力，促进早发和加速作物恢复能力，对受害较轻的秧苗效果比较明显。

建议水稻发生丁草胺药害后，绝不能弃管。对受害程度较轻的，应积极采取措施促其转化。主要通过加强肥水管理，使之尽快恢复生机，也可施用解毒物品进行缓解。对受害严重而且无法挽救的，要抓住农时改种其他作物，以弥补损失。

153. 如何防止水稻田使用除草剂精噁唑禾草灵（骠马）产生的药害？

骠马通用名为精噁唑禾草灵，为内吸性茎叶处理除草剂，药物被禾本科杂草的茎、叶吸收后，即在杂草体内上下传导到分蘖、叶、根部生长点，抑制杂草分生组织中脂肪酸的合成。一般施药后2～3天杂草停止生长，然后分蘖基部坏死，叶片出现褪绿症状，最后杂草死亡。水稻对精噁唑禾草灵有较强的抗耐性，在用药量较少的情况下一般不会产生药害，骠马一般在直播田使用，特别是禾本科杂草发生量大、种类多，防除困难时，常有农民用除草剂骠马防除禾本科杂草千金子和大龄稗草。用量过大易产生不同程度的药害，甚至产生严重药害。

（1）药害症状　主要表现为秧苗上部2～3叶萎蔫并纵卷成细线状，但叶色仍为绿色，并有所加深，似缺水干枯状；剂量较小、药害较轻时，叶片有不规则褪绿现象，主要发生在新展开叶片上，褪绿不均匀，初始呈病毒病相似症状，各叶片中的维管束先褪绿，以后整张叶片均褪绿，新展开叶片的叶鞘发白。有些秧苗新生叶片虽可抽出，但包在叶鞘中。骠马用量过大后秧苗叶片明显灼枯，心叶出生枯死，经2～3片叶后才能恢复生长，影响秧苗后期的正常生长，最后穗型变小、结实率不高，严重影响产量；或者用药时期不准，在秧苗6叶期以前施用，导致田块始终僵苗不发，叶片发黄、蹲苗，一直到生长后期都没有恢复，造成严重减产。

（2）防止措施　直播稻田正确施用骠马，预防药害的发生。在直播稻田苗6叶期之前，要禁止施用骠马防除大龄稗草和千金子，否则秧苗会出现明显药害，且不能恢复生长。

严格控制施用量，6叶1心期要严格控制施用量，一般控制在每亩40mL以内。7叶期至拔节前，施用量以每亩40～50mL为宜。

用药时要放干田水，切勿重喷。药后1天浇水，保持田间湿润，防止药后植株受干旱气候影响蒸发过度而失水枯萎。3～5天后要放掉田水，利于秧苗根系透气而增强活力。

出现药害后，主要是通过水分管理来调节，不要盲目喷施各种叶面肥来补救。若管理及时，药害能得到控制，秧苗会逐渐恢复生长。

第五章

水稻减灾技术疑难解析

154. 如何防止水稻干旱?

由于生态环境不断遭到破坏,水资源日趋匮乏,干旱已成为制约粮食作物种植面积和丰产稳产的主要自然因素。其中最为频繁的是夏秋旱,影响早稻灌浆和晚稻生长。

(1)水稻干旱的危害 开始受旱时水稻叶片白天萎蔫,但夜间可恢复。继续缺水则出现永久萎蔫,直至逐步枯死。苗期受旱(彩图123),则生育期延长,抽穗延迟且不整齐,最多可延长 $14\sim18$ 天。植株矮小分蘖少,发生不正常的地上分枝。孕穗到抽穗期受旱(彩图124),将导致抽穗不齐、授粉不良、秕谷大增。水稻干旱的土壤水分指标是小于田间持水量的 60%,生育期将受明显影响。如降到 40% 以下,叶片气孔停止吐水,产量将剧减。

(2)水稻干旱的防止与补救措施

① 避旱栽培 挖掘水源扩大灌溉面积。选用抗旱品种,一般陆稻比水稻耐旱,大穗少蘖型品种比小穗多蘖型品种耐旱,受旱后恢复力强。抗旱力强的品种具有根系发达、分布深广、茎基部组织发达、叶面茸毛多、气孔小而密、叶片细胞液浓度高及渗透压高等特征。水稻杂交育成的品种和籼、粳稻杂交育成的品种有良好的抗旱性。杂交中籼组合中的籼优系列比协优系列组合耐旱。

采用集中旱育秧的方法。旱育秧苗发根多、抗旱能力强,插秧后返青成活快。适当稀播扩大单株营养面积有利于壮秧。分期播种和插秧可避开用水高峰。水源不足可实行旱直播,插秧时若大田缺水可采取暂时寄秧的方法补救。可采取适期早播、分段育秧、合理肥水管理的方式,使抽穗期赶在伏旱高温来到之前。

② 大田干旱要实行节水灌溉 重点确保返青和孕穗等关键期的

水分供应。在早稻生长期间，充分利用自然降雨，采用深蓄水、浅灌水的灌溉方法（即苗期大田蓄水 10cm，中后期蓄水 15cm，田面不开毛坼不灌水，每次灌水深度不超过 3cm），力争早稻不用或少用水库蓄水资源。在早稻成熟期和收割时，不排水不晒田，晚稻采用免耕插秧的方式，间歇湿润灌溉。在不影响水稻产量的前提下，尽量减少灌溉用水量，增强蓄水资源抗大旱的能力。

③ 保水技术　利用有利地形修筑塘坝和水库，扩大蓄水能力，保证旱季稻田灌溉用水，或建设引水工程，引附近湖泊、江河水进行灌溉。中耕除草有利于根系发育，并减少杂草对水分的消耗。增施有机肥和磷钾肥，提高土壤和植株保水能力。稻草还田覆盖，减少水分蒸发。对于水分极其缺乏的地区，可使用高分子保水剂（如以淀粉、丙烯腈为原料制成的高分子吸水树脂）提高土壤保水能力。平整土地，改良土壤，是增强稻田保水力的重要措施。平坦的稻田可以减少每次供水量，使全田稻株吸肥、吸水均匀，泥、水升温一致，促进水稻群体平衡生长，发育健壮，增强植株抗逆性。对于沙性土和盐碱土，可大量施用有机肥料改良土壤，减少稻田渗漏量，提高保水能力，避免或减轻水稻旱害。

④ 合理布局　当初夏雨水充足时，扩大水稻种植面积，春旱连初夏的年份，则改水为旱，合理布局作物。按照水源供水状况，合理搭配早、中、晚熟水稻品种。在干旱地区，可根据当地雨季到来迟早，进行分期播种，分期育秧和移栽，保证有水栽秧。易旱地区，也可采用旱直播的办法，在苗期实行旱生旱长。

⑤ 减灾技术　在旱情开始前，喷施 0.2%～0.5%磷酸二氢钾，提高植株持水能力；当土壤中有效水含量减少，植株开始出现暂时卷叶时，喷施抗蒸腾剂（如以黄腐酸为主要成分的旱地龙），减少水分丧失，提高耐旱能力。当久旱使上部叶片枯死时，则割去叶片并覆盖稻兜，旱情解除后，稻兜茎秆如果仍为绿色，则增加一次追肥，促进腋芽生长和再生稻的形成。干旱严重导致失收的，可改种玉米、甘薯等。

155. 如何预防水稻洪涝灾害？

在 6～7 月，地势低洼或排水不畅的区域种植水稻易导致洪涝灾害（彩图125），分蘖期淹水2～3天，出水后尚能逐渐恢复生长，淹水4～5天，地上部分全部干枯，但分蘖芽和茎生长点尚未死亡，故出水后尚能发生新叶和分蘖，淹水时间愈长，生长愈慢，稻株表现为脚叶坏死，呈黄褐色或暗绿色，心叶略有弯曲，水退后叶片有不同程度的干枯。要提前做好预防措施。

（1）加强农田水利建设 对于低洼、渠、沟、河套地，要经常疏通内外河道，保持排灌系统运行正常，雨季适当增加装机容量，提高排灌能力，预降沟河水位，扩大调蓄能力。

（2）合理安排栽培季节，避开洪涝灾害 易发生春涝的地区以种植中稻加再生稻或一季晚稻为主；易发生夏涝的地区可种植特早熟早稻，在洪水到来之前收割。易发生秋涝地区以种植早稻和中稻为宜。

（3）种植耐涝品种 利用不同品种水稻耐涝能力的差异，在洪涝易发、多发地区种植耐涝品种。通常根系发达、茎秆强韧、株形紧凑的品种耐涝性强，涝后恢复生长快，再生能力强。一般籼稻抗涝性强，糯稻次之，粳稻最不抗涝。在相同淹涝胁迫下，耐涝能力强的品种可少减产20%～30%。但在生产上还要兼顾丰产性。

（4）灾前耐涝栽培措施 在洪涝灾害发生前通过水培调控、化学调控等措施促进水稻生长旺盛，可增加植株的"物资储备"。如充足的氮素基肥可促进水稻早发，增加分蘖数和干物质积累；高钾水平有利于壮秆和增加细胞中糖分积累，提高水稻的耐涝性。另外，硅、钙微肥提高抗涝能力的效果也比较显著，一般每亩施用可溶性二氧化硅10～20kg。可在苗期喷施烯（多）效唑以增加分蘖和干物质，促进根系发育，提高水稻耐涝能力。

156. 水稻涝害的补救措施有哪些？

水稻耐涝性较强，一般洪涝期间被淹没一昼夜的，稻苗生育基本不受影响；被淹没2～3昼夜的，只要排水后补救措施跟上，产量也不会受到大的影响，被淹没3昼夜以上对产量有较大影响，受淹7昼夜以上，影响极大，基本绝收。在受淹3～7昼夜范围内，受淹时间每增加一昼夜，单产会下降10%左右。

灾后及时补救应视水稻生育期、受害程度和生产季节采取相应措施。水稻分蘖期间受到雨涝，通常受涝3～5天排水后，仍然有绿叶存在，只要加强肥水管理，及时增施恢复肥，就能促进早发、快发分蘖成穗。雨涝7～9天的稻苗排水后，几乎不见绿叶，则要进行外部诊断，若叶鞘内部发绿，没有腐烂，且有一定硬度，说明有发叶可能。如果排水2～3天后有新叶生出，需视苗情而异。分蘖前期受涝的稻苗，每穴包括分蘖有1～2茎成活，就可早施适量速效氮肥，并辅以磷、钾肥。分蘖中后期受淹的稻田，后生分蘖成穗时间短，每穴应有2茎以上的成活苗，加强管理才可获得一定产量。否则，应重新补种或改种其他作物。水稻苗期、分蘖期和灌浆期耐涝性较强，如排水后心叶为绿色，有白根，可采取下述补救措施。

（**1**）**及时抢排积水** 及时清沟排洪，减少浸没时间，排水应注意受涝的稻苗更怕旱，如果在阴天，可采取一次性排水，如遇烈日高温天气，排洪后田间（特别是秧田）要保持一定的浅水层，太阳落山后再排水露田以避免暴晒。如发现有泥沙、漂浮杂物附着应及时清除，以减少压伤和苗叶腐烂。

（**2**）**及时扶苗定苗洗苗** 人工逐株把倒伏稻苗扶起，并培土定根，防止扶后再倒伏；扶苗时要小心，避免断根伤叶。然后用喷雾器喷洗稻株上的泥沙等杂物，使其较快地恢复呼吸、光合等生理功能，有大面积淤泥的也可放清水冲洗。与此同时，应鉴别稻株受害程度，判定稻苗是否具有生机，根据不同情况采取补救措施。特别是对于受淹时间较长（7天以上）、根系严重被破坏、活力衰退的稻株，应先检查其有无挽救的可能，如稻株容易拔断、分蘖节变软、心叶已死、根系变黑或腐烂就要考虑补种其他作物；根系有部分白根或黄根的，仍能恢复生机，可适当喷施一些生根剂如萘乙酸等，帮助其恢复生理机能，尽量减少产量损失。换水3～5天后，待水稻适应了新的环境，再做进一步补救工作。

（**3**）**适时开沟控水** 稻田洪水退后，田间水分仍处于饱和状态。应开沟排水，使田间土壤的水渗到沟中排出，尽快降低田间含水量，使淹水而形成的浮泥逐渐沉实，以促进新根的生长。受淹后的稻田不宜深水管理，尽量采取湿润管理，采取干干湿湿的灌溉方法，既保证稻株用水需要，又保证土壤通气，促进上部节位根系发生数量多、活力强。抽穗期如遇低温，应灌深水；灌浆结实后期，注意避免过早断水。

（**4**）**增施速效肥料** 受淹期间，稻株营养器官受到不同程度的损害，出水后根、叶、蘖重新恢复生长，需要大量的矿质营养，加之原有稻田肥料流失较多，因此，追肥要快，田间不积水、能站脚时就可施肥。

肥料品种以化肥为主，根施与叶喷相结合，根际施肥要深，叶面施肥浓度要准，施肥量要足，以促进稻株尽快恢复生长，争取大穗保产。

在分蘖至拔节期受淹后，可采取一追一补的方法，施肥以氮肥为主，配以磷钾肥；可在排水后 3 天以内，每亩施尿素 6.5～8.0kg 或三元复合肥 20～30kg，或适量的复混肥。淹没时间短，稻苗受害轻的，施肥量可少些；反之，施肥量适当多些。后期为促进穗型的增大，应重视补施促花肥，每亩用尿素 4～6kg。

重视配施钾肥。钾肥不仅可以增强水稻抗倒伏能力，还可以增强水稻抗病力和提高水稻结实率。因此灾后一定要重视钾肥的配合施用。每亩可施氯化钾 7.5～10kg。

（5）施用化学调控剂（抗涝剂）　水稻受淹后，因缺氧导致细胞代谢混乱、结构损伤、内部激素比例失调。喷施多种化学调节剂如释氧剂、膜稳定剂、活性氧清除剂及细胞激素等均可缓解或部分消除淹涝对水稻的不良影响。无论是在淹涝前还是淹涝后喷施抗涝剂（多德利），均可提高水稻耐淹涝能力，起到较好的增产作用。在抽穗 20％时，每亩喷赤霉酸 0.5～1g 促进抽穗整齐，防止包颈；灌浆结实期结合喷施磷酸二氢钾，促进物质运转，有利于提高结实率和千粒重，一般每亩喷 0.2％磷酸二氢钾 50～70kg，隔 5～7 天再补喷 1～2次。孕穗结实期受淹的稻田应补喷叶面肥，每亩用叶面宝 15～30mL加磷酸二氢钾 100g，兑水 30kg 均匀喷雾，一般喷施 1～2 次为宜。

（6）防治病虫害　雨水冲刷和淹没可增加害虫死亡率。通常洪水过后，很多叶片出现伤口，虫害减少但病害加重，最容易出现白叶枯病、纹枯病、稻瘟病、细菌性条斑病、螟虫和稻飞虱等病虫害，针对以上病虫害及时用药防治。

（7）早稻生育后期受淹补救措施　除了以上的田间管理外，还必须适度搁田，抑制高位芽。乳熟期喷叶面肥壮籽，黄熟期喷施乙烯利促熟抢收。

（8）中稻田受淹后补救措施　中稻灾后损失有充分的光热资源弥补，淹涝 1～2 天，受害相对较轻，通过争前保后减少损失，即始穗期喷施赤霉酸，灌浆期喷施谷粒饱，收割前追施促芽肥，高桩收割后蓄留再生稻。中稻孕穗期受淹 3～4 天，受害较重、穗头死亡较多的丘块，其产量形成主要依赖高位芽，宜割除死穗头，留高桩，及时施肥，促发高位芽，减轻死穗腐烂致病和荫蔽，可明显降低受淹水稻产量损失。中稻受淹涝 6 天以上的，若心叶尚存或根系色泽仍为黄色或黄白色者，应选择移苗并丘，补足禾蔸，留桩再发。

（9）晚稻受淹后的补救措施

① 刚播种不久的秧田，应及时排水，覆盖一层土木灰，有利于秧苗扎根、立苗与生长。播后一个星期后的秧田，及时清洗秧苗。适时喷施抗菌素、杀虫剂，退水的次日，用 50％福美双可湿性粉剂 1000～1200 倍液，或 25％多菌灵悬浮剂 1000～1200 倍液喷雾。加强秧苗管理，培育壮秧。

② 对已播种的晚稻秧田被冲毁的，应及时补播早、中熟品种。确保全年水稻播种面积和晚稻安全齐穗。

③ 对杂交水稻的中、晚制种田受害严重的田块，根据受害情况，及时补播母本种子或改种晚稻。

④ 由于早稻受低温和洪涝灾害的影响，造成早稻生育推迟 10 天左右，晚稻的插秧季节推迟，容易造成早孕、早穗。应适当推迟晚稻播种期，在品种选择上，应选择中熟或早熟品种。

157. 如何防止水稻低温冷害？

水稻低温冷害，通常指水稻遭遇生育最低临界温度以下的低温，从而导致水稻不能正常生长发育而减产。低温冷害是寒地稻作生产的主要障碍之一。一般发生于两个时期：一是 4～5 月份育苗期出现冻害，即幼苗青枯。二是本田期由延迟型冷害和障碍型冷害造成"秃尖""瘪粒"，甚至不抽穗等。

秧苗期受低温为害后，全株叶色转黄，植株下部产生黄叶，有的叶片呈现褐色，部分叶片现白色或黄色至黄白色横条斑，俗称"节节黄"或"节节白"。在 2～3 叶苗期遇日均气温持续低于 12℃时，易产生烂秧。孕穗期冷害，可降低颖花数，使幼穗发育受抑制。开花期冷害常导致不育，即出现受精障碍。低温常使开花期延迟、成熟期推迟，造成成熟不良。成熟期冷害，谷粒伸长变慢，遭受霜冻时，成熟进程停止，千粒重下降，造成水稻大面积减产。

（1）**工程措施** 兴修水利，搞好稻田基本建设。

（2）**生物措施** 建立和完善良种繁育体系，对现有品种进行提纯复壮，保持和增强原有品种的种性和抗性。引进和培育抗寒性强的早熟优质品种。选用适合当地的抗冷品种，早稻选籼稻品种，重点是苗期的抗冷性要强，尤其是直播的品种更要注意筛选。晚稻以粳稻品种为主，所选品种应在开花灌浆期抗冷性强。培育壮秧，提高秧苗素质。

（3）**改进栽培措施** 大力推广水稻薄膜覆盖，使稻田土壤的温、光、水、气要素优化组合，创造良好的生育环境。可提早播种、移栽和提早成熟，提高低温地区的生长水平，甚至可使南方的低洼冷浸田由一年一熟向一年两熟发展，高山田由低产短组合品种向高产长组合品种转变。

（4）**调整播期** 根据当地的气候规律来确定水稻的安全播种期、安全齐穗期和安全成熟期，以避开低温冷害。粳、籼稻无保温设施的安全播种期，长江流域为 3 月底至 4 月中旬。若采用旱育秧加薄膜覆盖保温措施，则双季早稻播种期可提早到 3 月下旬至 4 月上旬；早稻大田直播的则要在 4 月中、下旬。中稻品种的播种期则应安排在 4 月下旬至 5 月上旬，这样既有利于避开 4 月上旬播种的低温冷害，又可有效地避开 7 月下旬至 8 月上旬开花期的高温热害。双季晚稻播种期的确定要以在 9 月 10 日～15 日前能安全齐穗为准则，以避开"寒露风"为害，再根据早稻让茬时间、品种特性和秧龄综合确定，尽可能早播早栽，下限掌握在籼稻播种期为 6 月中旬、晚粳为 6 月 25 日前。

（5）**培育壮秧** 在同期播种的情况下，不同的育秧方式和不同的播种量培育出的秧苗，其素质和抗冷性差异很大。旱育壮秧在插秧后具有较强的抗冷能力，能早生快发，提早齐穗。不仅能防御苗期冷害，而且也能有效地防御出穗后的延迟型冷害。秧田施肥应适当控制氮肥用量，少施速效氮肥，施足磷、钾肥。这样培育出的磷、钾含量高的壮秧，不仅抗寒力强，而且栽插到冷浸田中也不至于因磷、钾吸收不良而发病。

（6）**合理密植** 推广旱育稀植技术，透风透光好，分蘖整齐，分蘖期短，无效分蘖少，抽穗整齐，保证正常成熟。

（7）**合理施肥** 为防御晚稻后期低温冷害，采取促早发施肥法，即施肥水平较高的稻田，按基肥 40%、分蘖肥 30%、孕穗肥 30% 的比例施肥。

①控制氮肥的施用　如遇冷害年，通常应减少氮肥总量的20%～30%，剩余氮肥的70%～80%作基肥和蘖肥，20%～30%在抽穗前10～20天用作穗肥。

②增施磷肥　磷能提高水稻体内可溶性糖的含量，从而提高水稻的抗寒能力，还可促进早熟。将全部用量作基肥1次施入根系密集的土层中，可防御低温冷害。

③配施钾肥和微量元素　钾能促进碳水化合物的代谢合成，提高作物的抗逆性。将全部用量的60%～70%作基肥全层施用；余下的30%～40%后期作追肥施用。同时适当搭配部分微量元素以改善水稻的品质。

（8）以水调温，减缓冷害的发生　针对水田地膜湿润育秧，根据天气预报，在寒潮来临前，尽可能将畦面淹没，水位的深浅根据秧苗的高度确定，幼苗期（1叶1心）灌水2cm，小苗（2叶1心）以上灌水2～5cm，可起到防寒作用。

插秧时要深水护苗至少3天左右，不要淹没秧苗，做到秧苗露出水面即可。

晚稻在气温低于17℃的自然条件下，采用夜灌河水的办法，对水稻减数分裂期和抽穗期冷害都有一定的防御效果。据试验，晚稻抽穗期间遇低温，用灌深水法护根，效果较好，在气温16℃的情况下，田间灌水4～10cm，可比不灌水的土温提高3～5℃，可促进晚稻提早抽穗。在连续低温危害时，每隔2～3天更换田水一次，天气转暖后逐渐排除田水。

（9）应急补救措施　在水稻生育期间，预测可能发生的低温冷害，据此合理施肥。预计低温前抽穗长势较旺的田块，穗肥尽量少施或不施；长势差的田块，穗肥也要适当控制，避免延迟开花，要促进提早抽穗开花；预计不能在低温前抽穗的应采取措施促进抽穗开花；抽穗开花期遇低温冷害，可灌水防御，夜排昼灌提高稻田温度，减轻低温危害。

在水稻开花期发生冷害时，喷施化学药物和肥料，如赤霉酸、硼砂、萘乙酸、激动素、2,4-滴、尿素、过磷酸钙和氯化钾等，都有一定的防治效果。据试验，用30mg/kg的赤霉酸或与2%的过磷酸钙液混合喷施，在冷害发生时可减少空粒率5%左右，减少秕粒率

5%～8%。另外，喷施叶面保温剂，在水稻秧苗期、减数分裂期及开花灌浆期防御冷害，都具有良好的效果。

158. 如何防止晚稻"寒露风"危害？

在我国南方，寒露风多发生在寒露节气，故名"寒露风"，寒露风通常指秋季水稻抽穗开花期间，日平均气温连续 3 天或 3 天以上低于 20～22℃的天气。这时正是南方晚稻抽穗开花季节，寒露风对水稻的主要影响是：导致水稻抽穗缓慢，甚至有些稻穗不能完全抽出，出现包颈现象。有的影响颖花的开花授粉受精，导致空粒增加，有的出现"白穗"。有的籽粒正常灌浆，形成秕粒及千粒重下降。寒露风可造成10%～20%的空秕率。

（1）合理安排种植季节，选用耐低温早中熟品种　晚稻要选用生育期适当的品种搭配，合理安排适宜播期和插期，确保晚稻品种在寒露风出现前能在安全期齐穗。

晚稻品种选用生育期适中，在正常年份能高产、严重寒露风年份也能成熟的品种。达到安全齐穗，避过抽穗开花期寒露风的目的。

（2）科学施肥　增施有机肥，采用磷、钾肥配合平衡施肥法，防止氮肥施用过多、过迟，造成生育期推迟，加重寒露风危害。对于长势较弱、回色不好的禾苗，在寒露风入侵前几天，宜适量偏施氮肥，这样可提高光合作用效率，增强抗性，减少包颈现象。寒露风过后要及时喷施根外肥，可看苗补苗，每亩叶面喷施磷酸二氢钾45g，或者看苗补施尿素 4kg，可减轻寒露风危害。一般可提高结实率5%～8%。

在晚稻抽穗扬花期间每 7～10 天叶面喷洒一次 0.3%磷酸二氢钾、600 倍氨基酸活性液肥、1000 倍天然芸苔素、1500 倍圣农素螯合肥混合液，连喷 2～3 次，均匀喷湿所有的叶片，以开始有水珠往下滴为宜，则能明显增强晚稻抗击寒露风的能力，使晚稻正常抽穗扬花和授粉受精，不但结实率高，而且谷粒饱满，产量明显提高。

（3）灌深水增温　以水调温，以水调湿，改善田间小气候。在寒露风到来时立即灌深水，尽量避免田土散失热量，减缓降温过程，待寒露风害过后逐渐排浅。如果白天气温高，夜间气温低，则采用日排夜灌方法保持田间温度。寒露风入侵前灌 5cm 以上深水，能提高田面温度 1～3℃，温度较低时做到日排夜灌，增温效果更好。

采用人工叶面喷雾，能有效提高田间温湿度。具体做法是在上午9时水稻开花前和下午3时水稻收花后，田间人工喷灌，至温度回升时才停止，可减少叶片干枯，防止花粉、柱头干枯而促进授粉。

（4）喷施调节剂　始穗期在寒露风来临前，亩喷1～2g赤霉酸，兑水60kg，加速抽穗进度，减少包颈现象，可提早齐穗3天左右，可降低空秕率，提高结实率。

159. 如何救治水稻冰雹灾害？

冰雹在水稻生产季节频繁发生，从水稻育秧直至水稻成熟期间，均可受到冰雹的威胁，砸伤水稻叶片、茎秆和颖花，导致水稻损叶、折秆、脱粒而减产。同时降雹常伴有狂风暴雨还容易造成水稻大面积倒伏。苗期遭受冰雹危害后，会使秧苗受伤而不能正常生长，若秧苗被砸伤过重，则需重新播种而延误农时季节。在灌浆期遭受冰雹袭击，会直接影响并阻碍正常灌浆成熟而造成严重减产和品质变劣，成熟期遭受冰雹袭击还会形成严重脱粒现象而导致大幅度减产。此外，降雹前，常有高温闷热天气出现，降冰雹后气温骤降，前后温差可达7～10℃。剧烈的降温使水稻生长遭受不同程度的冷害，使水稻伤口组织坏死，再生恢复慢，少数降雹过程有局部洪水灾害等。

（1）育秧期雹灾救治

① 如果受损较轻，可加强秧田（床）保温措施，地膜被冰雹打烂的要迅速换上新膜，并坚持勤覆膜和揭膜。

② 理顺厢沟，扶正秧苗，及时追肥，合理控水。

③ 在秧苗恢复正常生长后叶面追施1%～2%磷酸二氢钾，精细管理，培育壮苗，提高成秧率，便于以后移栽时有充足的高素质秧苗用于移栽和受灾地区的秧苗调剂。

④ 加强秧床的病害防治，冰雹冷害的袭击，会加快和加重秧苗病害的发生，特别是旱育秧床，在温度回升后可能会出现部分秧苗青枯、立枯死苗现象，要喷施敌磺钠2～3g/m³的稀释液或3%甲霜·噁霉灵水剂900～1000倍液。如果冰雹灾害发生较重，及时补育水稻秧苗。

（2）分蘖前期雹灾的救治　如果受损较轻，应及时扶正稻株，查苗补缺，排水露田，提高土温，并施用速效氮肥，如每亩施尿素5kg，促进分蘖早生快发，以弥补部分稻株受损、群体苗数的不足，以蘖代苗，提高有效分蘖数量，保证有效穗数。如果在大田移栽后不久遇重雹危害，应根据当地光、热、水资源条件，抢时补种早熟水稻品种。

（3）分蘖中后期雹灾的救治　如果造成严重灾害，可改种秋玉米、蔬菜、秋马铃薯、秋甘薯、秋豆类等作物，尽量弥补灾害损失。

（4）孕穗期雹灾的救治　如果受到轻雹危害、受灾不严重的稻田，冰雹后应及时扶正稻株，保持浅水灌溉，及时在幼穗分化前期施促花肥，在孕穗前期看苗施用保花肥，以促进水稻大穗、稳定产量，肥料选用尿素和氯化钾，用量根据水稻长势长相而定，一般两次用肥量为每亩施尿素、氯化钾各5～10kg作促芽肥，在再生稻苗期，每亩施用尿素10kg左右作长苗肥，并加强再生稻水分和病虫害管理，力争再生稻高产。

（5）开花结实期雹灾的救治　如果受灾较轻、受损不重的稻田，冰雹后应及时扶正稻株，浅水灌溉，确保抽穗扬花正常和结实率的提高。在灌浆结实期要保持干湿交替灌溉，看苗施用尿素或磷酸二氢钾作粒肥，以养根保叶、促进籽粒灌浆，提高结实率和粒重。受到重雹危害后，如果稻桩未受到严重影响，可割去稻株上部，保留20～30cm稻桩，蓄留再生稻，割后每亩及时施用尿素15～20kg、氯化钾5kg作促芽肥，在再生稻苗期，每亩施尿素10kg作长苗肥，并加强再生稻水分和病虫害管理。

160. 如何防止水稻高温热害？

水稻高温热害，一般是指在水稻抽穗结实期，气温超过水稻正常生育温度上限，影响正常开花结实，造成空秕粒率上升而减产甚至绝收的一种农业气象灾害。

我国长江流域，双季早稻的开花灌浆期正值盛夏高温季节，经常出现水稻高温热害，造成水稻结实率下降及稻米品质变劣，影响早稻生产。

减轻或避免高温热害，除选择抗高温的品种和调整播种期、移栽期，使水稻易受高温伤害的敏感阶段避过高温天气外，在高温期来临或到来时，还可以采用增施肥料、改善水层管理、喷灌和喷洒化学药剂等应急措施。

（1）选用耐高温品种　不同品种的高温热害受灾程度有一定差

异。如籼优系组合比特优、协优系列组合抗性强。因此，生产中必须选择高抗性品种。早稻可选用抗高温力较强的品种，并同早熟高产品种合理搭配，利用抗高温品种减轻对灌浆结实的伤害，利用早熟高产品种避开高温季节。

（2）调整播期　长江中下游地区高温一般在 7～8 月份。对于早稻，在热量较充足的地方可适当提早播期，使其提前成熟，避开灌浆期高温危害。中稻种植区应根据当地高温发生情况，将中稻开花期安排在高温集中时段之后。长江中下游地区一般将其安排在 8 月中旬或以后，能较好避开前期高温。

（3）提倡施用多得稀土纯营养剂　每亩用多得稀土纯营养剂 50g，兑水 30L，于灌浆至孕穗期喷施，隔 10～15 天 1 次，连续喷 2～3 次。

（4）增施肥料　通过肥料的作用，控制水稻的长势长相，改善孕穗期和始穗期的株间通风透光条件，可减轻高温危害，在孕穗期看苗情每亩施尿素 10～15kg 以巩固穗粒数，增加颖花数量，减少颖花退化率，增加粒重。在花期每亩施 0.2%～0.3% 的磷酸二氢钾 50kg，可减轻高温伤害，并兼治病虫害。

（5）灌水调温　水稻处于抽穗扬花等高温敏感期，如遇可能形成热害的高温，可采用日灌夜排或喷灌措施，保护作物不受高温热害，改善田间小气候，促进根系健壮，增强抗性防早衰。高温时节，灌水可改善田间小气候，据测定，能使稻株群体间气温降低 1～3℃，穗部温度降低 1～5℃，从而减轻高温对早稻颖花和光合器官的损害，高温时段灌深水后，日灌夜排，泥烂和长势好的田，可于上午 11 时前灌水，到下午 2～3 时排水，调节中午前后高温时段的温湿度。必要时在中午前后水稻闭颖后，每亩用清水 200～250kg 喷洒，一般可使温度降低 1～2℃，湿度增加 10%～15%，并能维持 1～2 小时。

（6）喷灌　有条件的地方高温时段进行喷灌，能明显降低温度，增加湿度。喷灌一次后，田间气温可下降 2℃ 以上，相对湿度增加 10%～20%，有效时间约 2 小时，可降低空秕率 2%～6%，增加千粒重 0.8～1.0g。喷灌时间以盛花期前后为最佳，否则，反而会降低结实率，喷灌后适时落干。高温时白天加深水层，调节稻田小气候。

（7）喷洒化学药剂　可以减轻高温危害，每亩用硫酸锌 100g、食盐 250g 或磷酸二氢钾 100g 兑水喷施叶面；或在高温出现前喷洒浓度 50mg/kg 的维生素 C 或 3% 的过磷酸钙溶液，都有减轻高温伤害的效果。

（8）蓄养再生稻 对 8 月 15 前结实率在 10% 以下的绝收田块，可因地制宜地蓄养再生稻，割去空穗头。每亩追施尿素 10kg，加强水肥管理和病虫害防治，促再生芽萌发，继而抽穗结实，可亩产 200～250kg。

161. 如何防止干热风造成的水稻叶尖发焦？

水稻生长遇干热风时，水稻上部叶片的叶尖，通常 3～5cm，先是发白，后卷曲发焦。

（1）发生原因

① 生理性叶片发焦 主要是由水稻生长后期根系活力衰退，或者脱水脱肥引起的，有的与品种特性有一定关系。

② 缺钾、缺锌 水稻如果大量短缺这两种元素会造成叶尖发黄发焦。

③ 肥害 主要是氨水、碳酸氢铵等肥料或者农药施用不当造成叶片焦灼黄化。

（2）防止措施

① 对于生理性叶尖发焦 可选种优质抗旱衰品种，保持农田湿润水分充足；增施有机肥和磷肥，适当控制氮肥用量，合理施肥不仅能保证供给植株所需养分，而且可以改良土壤结构，蓄水保墒。加深耕作层，熟化土壤，使根系深扎，增强抗干热风能力。适时早播，促使水稻躲过或减轻干热风的为害。

② 抗旱剂拌种 亩用抗旱剂 1 号 50g 溶于 1～1.5kg 水中拌种 12.5kg。也可用万家宝 30g，加水 3kg 拌种 20kg，拌匀后晾干播种。

③ 对于缺素造成的叶尖发焦 最好的方式是叶片喷施叶面肥如磷酸二氢钾；对于肥害引起的叶尖发焦，应立即灌深水，或向叶片喷洒清水来稀释药液。

162. 如何防止水稻倒伏？

随着种植密度、施肥水平的提高和病虫危害的加重以及不良气象条件频繁出现等，在水稻生产过程中经常会出现倒伏现象（彩图

126）。倒伏多发生在水稻生长后期，尤其是乳熟至成熟期，这时正值水稻籽粒灌浆期，穗头较重，如遇易造成倒伏的内、外在条件，极易出现倒伏现象。倒伏越早，对产量的影响越大。据测算，水稻乳熟期倒伏可减产 30％，蜡熟期与黄熟期倒伏可减产 20％。造成倒伏的原因有品种自身原因，栽培技术不到位，干旱、洪涝、台风等自然灾害以及病虫害破坏水稻根系等。要提前做好预防。

（1）倒伏的预防措施　水稻倒伏是多种因素造成的，应采取综合性措施防治。

①　选用抗倒伏品种　因地制宜选用适合当地的 2～3 个抗倒伏品种。一般株高较矮、茎秆较粗、抗倒伏能力较强的品种比较合适。

②　加强管理　培育壮苗，优化群体，科学灌溉，使水稻的生长更加健康，增强其对自然灾害的抵抗能力。

③　合理用肥　后期氮肥用量过多会出现稻株的贪青，营养器官继续生长，极易出现倒伏。要采用配方施肥技术，合理施用氮、磷、钾肥，防止偏施、过量施氮肥，必要时喷施壮秆调节物质，如惠满丰，每亩用 210～240L，兑水稀释 300～500 倍，叶面喷施 1～2 次，或喷施促丰宝Ⅱ型活性液肥 600～800 倍液。

④　科学管理水分　浅湿灌溉，水稻"拔节期"田面灌水坚持干湿交替原则，每次灌 3～6cm 深的水层，让其自然落干，待水层降到地面以下 10～15cm 时再灌水，从而使田间水分状态呈现几天水层、几天湿润、几天干的周期性变化。

⑤　合理密植　后期加强纹枯病、二化螟、三化螟、稻飞虱等病虫害的防治。

⑥　适时晒田　在水稻分蘖末期要进行排水晒田，控制无效分蘖，改善土壤环境，增强根系活力，使稻苗健壮稳长。

⑦　化学调控　在直播稻分蘖末期和破口初期各用一次多效唑调控，每亩用 15％多效唑可湿性粉剂 30～50g，兑水 30～40kg 均匀喷施。有显著的控长防倒伏增粒重效果。在水稻拔节期搁田，结合施用烯效唑与钾肥，防倒伏效果也很明显。

必要时喷洒惠满丰（高美施），每亩用 210～240mL，兑水稀释 300～500 倍，喷叶 1～2 次或促丰宝Ⅱ型活性液肥 600～800 倍液。对有倒伏趋势的直播水稻，在拔节初期喷洒 5％烯效唑乳油 100mg/L，也可选用壮丰安水稻专用型，防倒伏效果优异。

⑧ 加强预测预报 加强自然灾害和病虫害的预报工作，增强防御自然灾害和病虫害的能力。在病虫害的防治方面，要早发现早防治，在药剂选择方面，要仔细分析病虫害的类型和药剂的特性，合理用药。

（2）倒伏后的补救措施 对刚齐穗就发生倒伏的晚稻，可立即采取以下补救措施。

① 及时开沟排水轻搁田 有利于降低田间湿度，防止纹枯病等病害的蔓延，延长稻叶功能期，促进籽粒继续灌浆，减少茎秆因腐烂而导致的倒伏。可在田间四周开排水沟，保持干干湿湿的灌水方法，恢复稻体生机。阴天时可一次性排干积水，高温强光时应逐步排水，傍晚时排水最有利于恢复生长。对这类倒伏田，以后田间不宜再留水层，可用灌"跑马水"的方式补充水分。

② 喷施叶面肥 倒伏的早青水稻，光合作用差，影响灌浆结实，必须及时补充营养。一般亩施尿素 2～2.5kg＋磷肥 5kg，并进行根外追肥，即在抽穗 20％时，亩用赤霉酸 1g＋尿素 250g＋磷酸二氢钾 150g，兑水 60kg 进行叶面喷施。

③ 及时用药防治病虫害 水稻倒伏后很容易诱发病虫害，要特别注意防治纹枯病、二化螟、三化螟、稻飞虱、纵卷叶螟等。

④ 拉网拦扶 对存在倒伏倾向的田块，及时采取拉网拦扶等预防措施。

⑤ 适时抢收 已成熟的水稻，待天晴后要适时抢收，以防止谷粒霉烂、发芽。不提倡扎把，水稻倒伏时有的农户习惯将其扶起，一把把扎起来，这种做法有害无益。刚齐穗就倒伏的晚稻，上部节间靠地面一侧的居间分生组织还能进行细胞分裂和伸长，使茎秆上弯生长，穗子和上部 1～2 张功能叶能直立生长，进行正常的光合作用，为籽粒灌浆提供养分。如果在这时实行扎把，人为地破坏了稻穗、穗颈、叶片的自然分布秩序，加重了人为践踏，使倒伏后的损失更大。但已经灌浆较多，倒伏后穗子不能抬起的晚稻，扎把有利于防止稻粒发芽和霉烂，有一定的保产作用。

🌀163. 台风后水稻如何减灾补损？

八月上旬，长江下游地区一季中稻处于拔节孕穗期，或进入破口抽穗期；东北一季稻进入抽穗灌浆期，是水稻产量形成的关键时期。此期遭遇台风，应针对台风对水稻带来的不利影响和潜在风险，采取"两促一降"的灾后恢复技术措施。

（1）排涝降渍促恢复 受淹稻田应尽快排除田间积水，防止长时间积水导致茎叶腐烂和烂根，减轻渍涝对水稻生长的影响。

倒伏稻田应及时扶苗洗苗，恢复叶片正常光合功能，促进植株恢复生长。

灾后如遇高温晴热天气，切忌一次性排尽田水，要保留田间 3cm 左右水层，防止高强度叶面蒸发导致植株生理失水。部分双季晚稻绝收田块，应直接改种应季作物。

（2）科学追肥促生长 退水后 3～5 天追肥，长江下游地区灾后生长偏弱的稻田，适量追施速效氮肥，或采用磷酸二氢钾加少量尿素均匀喷施，提高植株抗病力，加快植株恢复生长。对于东北地区贪青晚熟地块，适时叶面喷施磷酸二氢钾，提高水稻光合效率和灌浆速度，加快生育进程，促进安全成熟，降低"早霜"风险。

（3）严控病虫降危害 加强水稻病虫的监测预警和适时防治。长江下游地区的水稻细菌性病害以预防为主，重点是已发病田块和新出现的发病中心，台风过后及时用药全面预防 1～2 次，防止病害流行危害。一季稻穗期病害防治应重点把握破口前 7～10 天的关键节点，预防稻曲病和稻瘟病，同时做好"两迁"害虫监测和药剂防治。

参考文献

[1] 王迪轩. 水稻优质高产问答. 北京：化学工业出版社，2013.

[2] 邱强. 作物病虫害诊断与防治彩色图谱. 北京：中国农业科学技术出版社，2013.

[3] 鲁传涛. 农作物病虫害防治原色图谱. 北京：中国农业科学技术出版社，2013.

[4] 彭红，朱志刚. 水稻病虫害原色图谱. 郑州：河南科学技术出版社，2017.

[5] 尹海庆，王生轩，王付华. 一本书明白水稻高产与防灾减灾技术. 郑州：中原农民出版社，2016.

[6] 朱德峰，张玉屏. 图说水稻生长异常及诊治. 北京：中国农业出版社，2019.

[7] 闵军. 湖南一季晚稻栽培技术操作流程表(软盘抛秧). 种植大户，2017，5(6).

[8] 闵军. 湖南一季晚稻栽培技术操作流程表(硬盘机插). 种植大户，2017，5(8).

[9] 闵军. 湖南一季晚稻栽培技术操作流程表(直播). 种植大户，2017，5(9).

[10] 湖南省农业委员会. HNZ121—2016 水稻软盘育秧技术规程，2016.

[11] 湖南省农业委员会. HNZ120—2016 超级晚稻有序(点)抛秧栽培技术规程，2016.